普通高等教育高职高专"十二五"规划教材 电气类

发电厂变电站电气设备与运行维护

主　编　路文梅

副主编　李文才　张励　马朝华　刘静　孙勇

U0280861

中国水利水电出版社

www.waterpub.com.cn

内 容 提 要

本书为普通高等教育高职高专"十二五"规划教材。全书共分 4 个教学模块包括19 个项目。基本知识模块，包括发电厂、变电站的类型及特点等；电气设备模块，包括电弧与电气触头、高压开关、互感器、熔断器、母线、电缆及绝缘子、电力电容器、电抗器及低压电器的作用、原理、结构特点和使用；电气一次主接线设计模块，包括电气主接线、配电装置、防雷保护及接地、短路电流实用计算、设备的选择；电气设备运行维护模块，包括运行基础知识、高压设备的运行及维护、倒闸操作等。

本书是高等职业学校电力技术类的专业教材，也可作为电力系统职工岗位培训用书，还可供从事电力工程设计、运行、管理等工作的工程技术人员参考使用。

图书在版编目（ＣＩＰ）数据

发电厂变电站电气设备与运行维护 ／ 路文梅主编
． -- 北京 ： 中国水利水电出版社， 2014.3（2020.11重印）
普通高等教育高职高专"十二五"规划教材． 电气类
ISBN 978-7-5170-1793-6

Ⅰ．①发… Ⅱ．①路… Ⅲ．①发电厂－电气设备－运行－高等职业教育－教材②发电厂－电气设备－维修－高等职业教育－教材③变电所－电气设备－运行－高等职业教育－教材④变电所－电气设备－维修－高等职业教育－教材 Ⅳ．①TM62②TM63

中国版本图书馆CIP数据核字（2014）第043409号

书　　名	普通高等教育高职高专"十二五"规划教材　电气类 **发电厂变电站电气设备与运行维护**
作　　者	主编　路文梅
出版发行	中国水利水电出版社 （北京市海淀区玉渊潭南路 1 号 D 座　　100038） 网址：www. waterpub. com. cn E - mail：sales@ waterpub. com. cn 电话：（010）68367658（营销中心）
经　　售	北京科水图书销售中心（零售） 电话：（010）88383994、63202643、68545874 全国各地新华书店和相关出版物销售网点
排　　版	中国水利水电出版社微机排版中心
印　　刷	清淞永业（天津）印刷有限公司
规　　格	184mm×260mm　16 开本　21 印张　498 千字
版　　次	2014 年 3 月第 1 版　2020 年 11 月第 4 次印刷
印　　数	7001—10000 册
定　　价	**48.00 元**

前　言

　　本教材是根据教育部对职业教育的有关指示精神，结合电力职业教育的任务和实际要求编写的。以培养高素质技能型人才为目标，突出针对性、先进性、实用性，并力求适应素质培养的要求，满足电力及相关部门对人才的需求。

　　《发电厂变电站电气设备与运行维护》是一门实践性很强的课程，本书的教学内容主要根据实际工作岗位对能力的要求设置的，全书共分为4个模块，19个教学项目，对每个模块都提出能力目标要求。通过该教材的学习及相关的实践教学，使学生重点掌握发电厂变电站主要电气设备的结构、原理及使用等，具备工作岗位所必需的电气一次部分的专业知识和基本技能，具有一定的电气运行检修和维护的能力，具有一定的电气一次设计的能力。本书的教学重点是突出对学生实际应用能力的培养，尝试增加了与其相关的教学内容，注重工学结合，舍去不必要的公式推导过程，引入大量的工程图片，结合典型的案例进行讲解，突出教学过程的实践性、开放性、职业性，强化学生职业能力培养，符合高等职业教育教学改革的方向以及供用电技术等电力工程类专业教学改革的要求。

　　本书的项目十、十一、十三、十六、十七由河北工程技术高等专科学校路文梅编写，项目一、二、三、五、六、十五、十九由河北工程技术高等专科学校李文才编写，项目四、十二、十四、十八由郑州职业技术学院马朝华编写，项目七、八、九由湖北水利水电职业技术学院张励编写，项目十七由安徽水利水电职业技术学院刘静和三峡电力职业技术学院孙勇编写。全书由路文梅统稿，夏国明教授主审。

　　限于作者的水平，书中难免存在缺点和不足，恳请读者批评指正。

编　者

2013 年 11 月

目 录

模块三 发电厂、变电站电气一次主接线设计

模块一　发电厂、变电站电气设备的基本知识

项目一　我国电力工业的发展概述

能力目标

（1）熟悉我国电力工业发展现状。

（2）了解我国电力工业未来发展趋势。

案例引入

问题：图 1-1 和图 1-2 代表了我国电力工业的主体，请问其发展现状及未来趋势如何？

图 1-1　某火电厂

图 1-2　高压架空线路

知识要点

任务一　我国电力工业的发展现状

作为一种先进的生产力和基础产业，电力行业对促进国民经济的发展和社会进步起到重要作用。随着我国经济的发展，对电能的需求量不断增大，电力销售市场的扩大又刺激了整个电力生产的发展。

认知 1　我国电源结构

一、我国电力工业发展历程

我国电力发展经历了以下几个阶段：

（1）中华人民共和国成立前。从 1882～1949 年，我国电力发展缓慢，全国总装机容量为 185 万 kW，年发电量 43 亿 kW·h，居世界第 25 位，而且设备陈旧、类型庞杂、效率低下、安全可靠性差。

（2）中华人民共和国成立到 2000 年。我国电力工业快速发展，建立起了较为完善、具有相当规模的电力工业体系。截至 2000 年底，全国总装机容量达到 3 亿 kW，年发电量 13685 亿 kW·h，均位居世界第 2 位。

（3）21 世纪前 10 年。进入 21 世纪以来我国电力工业实现跨越式发展，截至 2012 年底，我国发电装机容量达到 11.45 亿 kW，年发电量 49774 亿 kW·h，均位居世界第 2 位。

二、电源结构及比例

1. 装机容量

截至 2012 年底，水力发电装机容量为 2.489 亿 kW，占总装机容量的 21.74%；火电 7.964 亿 kW，占总装机容量的 69.555%；核电 0.126 亿 kW，占总装机容量的 1.1%；风电 0.627 亿 kW，占总装机容量的 5.476%；太阳能 0.0328 亿 kW，占总装机容量的 0.286%。

2. 发电量

2012 年全年，水力发电量为 8641 亿 kW·h，占全国总发电量的 17.36%；火电发电量为 39108 亿 kW·h，占全国总发电量的 78.57%；核电、并网风力和太阳能发电量为 2025 亿 kW·h，占全国总发电量的 4.07%。

认知 2　我国电网发展水平

一、电网结构建设

目前，我国超高压输电线路以 220kV、330kV、500kV 交流输电和 ±500kV 直流输电线路为骨干网架。全国已经形成 5 个区域电网和南方电网。其中，华东、华北、华中、东北 4 个区域电网和南方电网已经形成了 500kV 的主网架。

由于目前我国电网跨区域输电主要依靠 500kV 交流和 ±500kV 直流，在提高电力输送能力方面受到技术、环保、土地资源等多方面的制约。

二、特高压电网建设

随着我国机械制造工艺和高压绝缘等技术水平的不断提高，以交流 1000kV 和 ±800kV 为代表的特高压输电线路开始建设并投入使用，按照"十二五"规划，到 2020 年我国将全面建成坚强智能电网。届时，"三华"（华北、华中和华东）特高压同步电网形成"五纵五横"主网架，电网规模比 2010 年翻一番以上。

认知 3　我国电力体制改革

一、政企分开

我国电力体制改革大体上经历了 3 个阶段。

（1）1985 年之前政企合一国家独家垄断经营阶段。这一时期的突出矛盾是体制性问题造成电力供应严重短缺。

（2）1985～1997 年，为了解决电力供应严重短缺的问题，实行了发电市场的部分开放，以鼓励社会投资。这一时期突出矛盾是存在着政企合一和垂直一体化垄断两大问题。

（3）1997～2000 年，以解决政企合一问题作为改革的重点，成立了国家电力公司，同时将政府的行业管理职能移交到经济综合部门。这一时期的突出矛盾演变成垂直一体化垄断的问题。从这一改革的历史轨迹可以清晰地发现，改革的主线是市场化取向改革的逐步深化、政企关系的逐步确立，以及集中解决不同时期存在的突出矛盾。

二、厂网分开

2002 年 4 月，国务院下发《电力体制改革方案》。方案的 3 个核心部分是：实施厂网分开，竞价上网；重组发电和电网企业；从纵、横双向彻底拆分国家电力公司。初步建立竞争、开放的区域电力市场。

任务二 我国电力工业的发展趋势

认知 1 能源的需求趋势

一、经济增长率仍将持续走高

目前我国处于工业化的阶段，重工业产业发展迅速，全社会用电以工业为主、工业用电以重工业为主的格局还将持续一段时间。随着增长方式的逐步转变、结构调整力度加大、产业技术进步加快和劳动生产率逐步提高，第二产业单耗水平总体上将呈下降趋势。但随着工业化、城镇化进程及人民生活水平的提高，我国电力消耗仍会有一个加大的过程。

二、用电负荷增长速度高于电量增长

预计用电负荷增长速度高于电量增长，但考虑加强电力需求侧管理，负荷增长速度与电量增长速度的差距将逐步缩小。2010 年我国全社会用电量为 30450 亿 kW·h 左右；2005～2010 年间平均增长 6% 左右；2020 年全社会用电量将不低于 45000 亿 kW·h，2011～2020 年预计年均增长 4% 左右。

认知 2 电源的未来发展趋势

一、优化电源结构

我国电力行业的产业政策主旨是优化电源结构，优先发展水电、核电、风电、太阳能发电、生物质发电等可再生能源及新能源。按照提高经济性和改善环境的原则，适度建设燃煤电厂，大力实施西电东送工程。

二、加大西电东送

根据电力发展规划，进一步加大"西电东送"工程的规划和建设，形成"南、中、北"三大通道。一是将贵州乌江、云南澜沧江和桂、滇、黔三省区交界处的南盘江、北盘江、红水河的水电资源以及黔、滇两省坑口火电厂的电能开发出来送往广东，形成南部通道。二是将三峡和金沙江干支流水电送往华东地区，形成中部通道。三是将黄河上游水电和山西、内蒙古坑口火电送往京津唐地区，形成北部通道。

认知3 智能电网建设速度加快

一、智能电网的概念

智能电网是以特高压电网为骨干网架，各级电网协调发展的坚强网架为基础，以信息通信平台为支撑，具有信息化、自动化、互动化特征，包括电力系统的发电、输电、变电、配电、用电和调度各个环节，覆盖所有电压等级，实现"电力流、信息流、业务流"高度一体化融合的现代化电网。统一坚强智能电网的体系结构如图1-3所示。

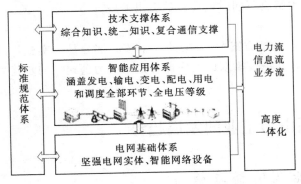

图1-3 统一坚强智能电网体系结构

二、智能电网应具备的基本特征

（1）具有自愈能力。智能电网可以在故障发生后短时间内及时发现并隔离故障，防止电网大规模崩溃，这是智能电网最重要特征。自愈电网不断对电网设备运行状态进行监控，及时发现运行中异常信号并进行纠正和控制，以减少因设备故障导致供电中断现象。

（2）具有高可靠性。一方面，需要提高电网内关键设备的制造水平和工艺，提高设备质量，延长设备使用寿命；另一方面，随着通信技术和计算机技术的发展，对设备的实时状态监测成为可能，便于及早发现事故隐患。

（3）资产优化管理。电力系统是一个高科技、资产密集型的庞大系统，运行设备种类繁多，数量巨大。智能电网采用数字化处理手段达到对设备信息化管理，从而延长设备正常运行时间，提高设备资源利用效率。

（4）经济高效。智能电网可以提高电力设备利用效率，使电网运行更加经济和高效。

（5）与用户友好互动。

（6）兼容大量分布式电源接入。储能设备、太阳能电池板等小型发电设备广泛分布于用户侧，储能设备可以在用电低谷时接纳电网富余电能，并可以与小型发电装置一起在用电高峰时向电网输送电能，以到达削峰填谷、减少发电装机的效果。这要求电网必须具备双向测量和能量管理系统，以便于电能计量计费及可靠接入。

三、智能电网的发展目标

智能电网的关键技术可划分为3个层次。第一个层次是系统一次新技术和智能发电、用电基础技术，包括可再生能源发电技术、特高压技术、智能输配电设备、大容量储能、电动汽车和智能用电技术与产品等。第二个层次是系统二次新技术，包括先进的传感、测量、通信技术以及保护和自动化技术等。第三个层次是电力调度、控制与管理技术，包括先进的信息采集处理技术、先进的系统控制技术、适应电力市场和双向互动的新型系统运行与管理技术等。

智能电网发展的最高形式是具有多指标、自趋优运行的能力，也是智能电力系统的远景目标。多指标就是指表征智能电力系统安全、清洁、经济、高效、兼容、自愈、互动等特征的指标体现。自趋优是指在合理规划与建设的基础上，依托完善、统一的基础设施和先进的传感、信息、控制等技术，通过全面的自我监测和信息共享，实现自我状态的准确认知，并通过智能分析形成决策和综合调控，使得电力系统状态自动自主趋向多指标最优。

小　结

近年来，随着我国现代化进程的加快、综合国力和科学技术水平的不断提高，我国电力工业取得长足发展，西电东送、南北互供、全国联网的格局已基本形成；电力运行的技术经济指标不断完善；电力管理水平和服务水平不断增强；电气设备制造水平和制造工艺大大提高；电力环境保护得到加强。我国电力工业正在从大机组、大电厂、大电网、自动化发展时期逐步跨入坚强智能电网发展的新阶段。

我国电力工业发展的基本方针是：优先发展水电、核电、风电、太阳能发电、生物质发电等可再生能源及新能源，对煤电则立足优化结构、节约资源、重视环保、提高技术经济水平。

思　考　练　习

1. 电能有哪些优点？

2. 我国电力工业发展概况怎样？

3. 未来我国电力技术将如何发展？

项目二　发电厂、变电站的类型及特点

能力目标

(1) 熟悉发电厂的分类方法，掌握各类发电厂的发电原理和发电过程。

(2) 熟悉变电站的分类方法，掌握变电站的主要类型和特点。

案例引入

问题：

1. 图 2-1 是哪种类型的发电厂？还有哪些类型的发电厂？

图 2-1　发电厂　　　　　　　　　　　图 2-2　变电站

2. 各类发电厂的发电原理是什么？

3. 图 2-2 中的变电站有何作用？变电站主要分为哪几种？各有何特点。

知识要点

任务一　发电厂主要类型及特点

认知 1　发 电 厂 的 分 类

一、发电厂概念

发电厂是将自然界蕴藏的各种一次能源（如燃料的化学能、水流的位能和动能、核能、太阳能、风能等）转换为电能（二次清洁能源）的工厂。

二、发电厂分类

发电厂的分类方法很多，按其所利用的一次能源不同，分为火力发电厂、水力发电厂、核电厂、风力发电厂、太阳能发电厂等；按发电厂的规模和供电范围不同，又可以分为区域性发电厂、地方发电厂和自备发电厂等。

认 知 2 火 力 发 电 厂

一、火电厂的概念

火力发电厂简称火电厂，是利用煤、石油、天然气作为燃料生产电能的工厂。其基本原理是利用燃料的化学能使锅炉产生蒸汽，蒸汽进入汽轮机做功，推动汽轮机转子转动将热能转变为机械能，汽轮机转动再带动发电机转子旋转，在发电机内将机械能转换成电能。火电厂的全景如图2-3所示。

图 2-3 凝汽式火电厂全景

二、火电厂分类

火力发电厂的分类方法较多，主要有以下几种：

（1）按燃料分，可分为燃煤发电厂、燃油发电厂、燃气发电厂和生物能源发电厂等。

（2）按蒸汽压力和温度分，可分为中低压发电厂（3.92MPa，450℃）、高压发电厂（9.9MPa，540℃）、超高压发电厂（13.83MPa，540℃）、亚临界压力发电厂（16.77MPa，540℃）和超临界压力发电厂（22.11MPa，550℃）。

（3）按原动机分，可分为凝汽式汽轮机发电厂、燃汽轮机发电厂、内燃机发电厂和蒸汽—燃汽轮机发电厂等。

（4）按输出能源分，可分为凝汽式发电厂和热电厂。

（5）按发电厂装机容量分，可分为小容量发电厂（100MW以下）、中容量发电厂（100～250MW）、大中容量发电厂（250～1000MW）和大容量发电厂（1000MW以上）。

三、火力发电厂生产过程

火电厂的容量大小各异，具体形式也不尽相同，但就其生产过程来说却是相似的。图2-4是凝汽式燃煤电厂的生产过程示意图。

1. 燃烧系统

燃煤通过皮带从煤场运至煤斗，然后送至磨煤机磨成煤粉。煤粉由热空气携带经排粉风机送入锅炉的炉膛内燃烧，燃烧后形成的热烟气沿锅炉的水平烟道和尾部烟道流动，放出热量，最后进入除尘器，将燃烧后的煤灰分离出来。洁净的烟气在引风机的作用下通过烟囱排入大气。助燃用的空气由送风机送入装设在尾部烟道上的空气预热器内，利用热烟

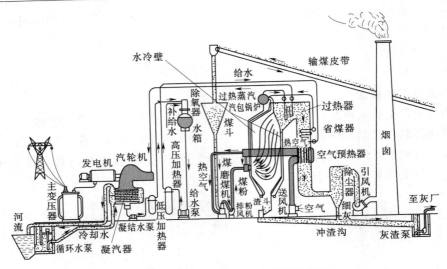

图 2-4 凝汽式火电厂生产过程示意图

气加热空气。从空气预热器排出的热空气，一股去磨煤机干燥和输送煤粉，另一股直接送入炉膛助燃。燃煤燃尽的灰渣落入炉膛下面的渣斗内，与从除尘器分离出的细灰一起用水冲至灰浆泵房内，再由灰浆泵送至灰场。

2. 汽水系统

除氧器水箱内的水经过给水泵升压后通过高压加热器送入省煤器，水受到热烟气的加热后进入锅炉顶部的汽包内。锅炉炉膛四周密布着水管，称为水冷壁。水冷壁水管的上下两端均通过联箱与汽包连通，汽包内的水经由水冷壁不断循环，吸收着煤燃烧过程中放出的热量。部分水在冷壁中被加热沸腾后汽化成水蒸气，这些饱和蒸汽由汽包上部流出进入过热器中。饱和蒸汽在过热器中继续吸热，成为过热蒸汽。过热蒸汽有很高的压力和温度，因此有很大的热势能。具有热势能的过热蒸汽经管道引入汽轮机后，便将热势能转变成动能。高速流动的蒸汽推动汽轮机转子转动，形成机械能。

3. 电气系统

汽轮机的转子与发电机的转子通过联轴器连在一起。当汽轮机转子转动时便带动发电机转子转动。在发电机转子的另一端带着直流发电机，叫励磁机。励磁机发出的直流电送至发电机的转子线圈中，使转子成为电磁铁，周围产生磁场。当发电机转子旋转时，磁场也是旋转的，发电机定子内的导线就会切割磁力线感应产生电流。这样，发电机便把汽轮机的机械能转变为电能。电能经变压器将电压升压后，由输电线送至用电户。

四、火力发电的优、缺点

优点：火力发电技术成熟，成本较低，对地理环境要求低。

缺点：火力发电环境污染大，可持续发展前景暗淡，耗能大，效率低。

认知 3 水力发电厂

一、水电厂的概念

水力发电厂简称水电厂，是把水的位能和动能转变成电能的工厂。其原理是利用水的能量推动水轮机转动，再带动发电机发电，即水能→机械能→电能。水电厂全景如图2-5所示。

图2-5　水力发电厂全景

二、水电厂的分类

（1）按集中落差的方式分为堤坝式、引水式和混合式。

（2）按运行方式分为有调节水电站、无调节水电站和抽水蓄能水电站。

三、几种水力发电厂

1. 堤坝式水电厂

在河流的适当位置上修建拦河水坝，形成水库，抬高上游水位，利用坝的上下游水位差，引水发电。堤坝式水电厂可以分为坝后式和河床式两种。

（1）坝后式水电厂的厂房建筑在大坝的后面，不承受水的压力，全部水头由坝体承受。由压力水管将水库的水引入厂房，转动水轮发电机组发电。这种发电方式适合于高、中水头的水电厂，如三峡、刘家峡、丹江口水电厂。图2-6是坝后式水电厂布置示意图。

（2）河床式水电厂厂房和大坝连成一体，厂房是大坝一个组成部分，要承受水压力，因厂房修建在河床中，故名河床式。

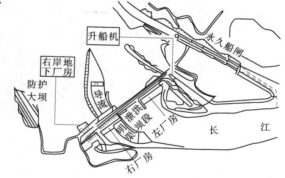

图2-6　坝后式水电厂布置

这种发电方式适合于中、低水头水电厂，如葛洲坝水电厂。

2. 引水式水电厂

水电厂建在水流湍急的河道上或河床坡度较陡的地方，由引水管道引入厂房。这种水电厂一般不需修坝或只修低堰。

3. 抽水蓄能电厂

这种水电厂由高落差的上下两个水库和具备水轮机—发电机或电动机—水泵两种工作

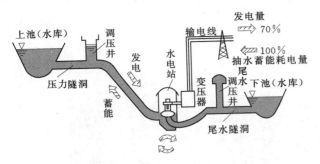

图 2-7 抽水蓄能水电厂工作过程

方式的可逆机组组成。抽水蓄能电厂一般作为调峰电厂运行，还可以作系统的备用容量、调频、调相等用途。生产过程如图 2-7 所示。

四、水力发电的优、缺点

水能为可再生能源，基本无污染；运营成本低，效率高，技术成熟；取之不尽，用之不竭；控制洪水泛滥，提供灌溉用水，改善河流航运。但是，水力发电破坏生态环境，大坝以下水流侵蚀加剧，河流的变化及对动、植物产生影响等；需要筑坝移民等，基础建设投资大；降水季节变化大的地区，少雨季节发电量少甚至停发电。

五、三峡水电站

三峡水电站全景如图 2-8 所示。三峡水电站大坝高程 185m，蓄水高程 175m，安装 32 台单机容量为 70 万 kW 的水轮发电机组，年发电量达到 981.04 亿 kW·h，现为世界最大的水力发电站和清洁能源生产基地。

图 2-8 三峡水电站全景

认知 4 核 电 厂

一、核电厂概念

核能电厂简称核电厂，是指用铀、钍等做核燃料，将其在可控链式裂变反应中产生的能量转变为电能的工厂。其原理是它是以核反应堆来代替火力发电厂的锅炉，以核燃料在核反应堆中发生特殊形式的"燃烧"产生热量，来加热水使之变成蒸汽。蒸汽通过管路进入汽轮机，推动汽轮发电机发电。核电生产过程如图 2-9 所示。

二、核电厂分类

按照反应堆形式分为压水反应堆核电厂、沸水反应堆核电厂、重水反应堆核电厂、快堆核电厂和石墨气冷堆核电厂。

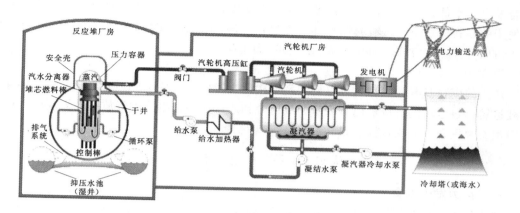

图 2-9　核电生产过程示意图

1. 压水堆核电站

它是以压水堆为热源的核电站，主要由核岛和常规岛组成。压水堆核电站核岛中的四大部件是蒸汽发生器、稳压器、主泵和堆芯。在核岛中的系统设备主要有压水堆本体、一回路系统以及为支持一回路系统正常运行和保证反应堆安全而设置的辅助系统。常规岛主要包括汽轮机组及二回路等系统，其形式与常规火电厂类似。

2. 沸水堆核电站（现在发生事故的日本福岛第一核电站）

它是以沸水堆为热源的核电站。沸水堆是以沸腾轻水为慢化剂和冷却剂，并在反应堆压力容器内直接产生饱和蒸汽的动力堆。沸水堆与压水堆同属轻水堆，都具有结构紧凑、安全可靠、建造费用低和负荷跟随能力强等优点。它们都需使用低富集铀做燃料。沸水堆核电站系统有主系统（包括反应堆）、蒸汽—给水系统及反应堆辅助系统等。

3. 重水堆核电站（如中国秦山Ⅲ核电站）

它是以重水堆为热源的核电站。重水堆是以重水做慢化剂的反应堆，可以直接利用天然铀作为核燃料。重水堆可用轻水或重水做冷却剂，重水堆分压力容器式和压力管式两类。

4. 快堆核电站（如日本茨城县东海村常阳和福井县敦贺市文殊反应炉）

它是由快中子引起链式裂变反应所释放出来的热能转换为电能的核电站。快堆在运行中既消耗裂变材料，又生产新裂变材料，而且所产可多于所耗，能实现核裂变材料的增殖。

5. 石墨气冷堆

以气体（二氧化碳或氦气）作为冷却剂的反应堆，这种堆经历了3个发展阶段，有天然铀石墨气冷堆、改进型气冷堆和高温气冷堆3种堆型。天然铀石墨气冷堆实际上是天然铀做燃料，石墨做慢化剂，二氧化碳做冷却剂的反应堆。改进型气冷堆设计的目的是改进蒸汽条件，提高气体冷却剂的最大允许温度，石墨仍为慢化剂，二氧化碳为冷却剂。高温气冷堆是石墨作为慢化剂，氦气作为冷却剂的堆。

三、核电厂的优、缺点

1. 优点

核电厂没有大量污染物排放到大气中，不产生加重地球温室效应的二氧化碳；核电厂

11

综合发电成本低，经济效益好；核燃料能量密度比起煤等燃料高上几百万倍，故核能电厂所使用的燃料体积小，运输与储存都很方便，一座 1000MW 的压水反应堆核电厂一年只需 1t 的铀燃料，而普通火电厂一年则需 300 万 t 煤。

2. 缺点

产生的废料具有放射性，难以处理；一次性投资较大；核电厂不适宜做尖峰、离峰之随载运转；核电厂的反应器内有大量的放射性物质，如果在事故中释放到外界环境，可能会对生态及民众造成灾难性后果。

认知 5　风 力 发 电 厂

一、风力发电概念

风力发电是指利用风力发电机组直接将风能转化为电能的发电方式。

二、风力发电机构成

风力发电机一般由风叶、机舱和塔筒 3 部分组成。风力发电机的工作原理如图 2-10 所示，风轮在风力的作用下旋转，它把风的动能转变为风轮轴的机械能。发电机在风轮轴的带动下旋转发电。

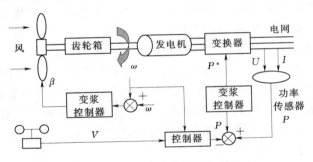

图 2-10　风力发电机工作原理

图 2-11　风力发电机叶片

1. 风叶

风叶是集风装置，如图 2-11 所示。它的作用是把流动空气具有的动能转变为风轮旋转的机械能。一般风力发电机的风轮由 2 个或 3 个叶片构成。风轮叶片的材料因风力发电机的型号和功率大小不同而异，如玻璃钢、尼龙等。

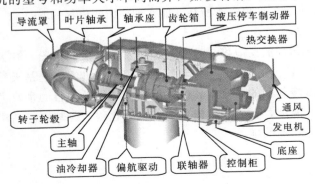

图 2-12　机舱内部结构

2. 机舱

机舱包含着风力发电机的关键设备，如齿轮箱、发电机、自动控制柜等，具体结构如图 2-12 所示。维护人员可以通过风力发电机的塔筒进入机舱。

3. 塔筒

塔筒是风力发电机的支撑机构，也是风力发电机的一个重要部件。考虑到便于搬迁、降低成本等因素，百瓦级风力发电机通常采用管式塔筒。管式塔筒以钢管为主体，在 4 个方向上安置张紧索。稍大的风力发电机塔筒一般采用由角钢或圆钢组成的桁架结构。

三、风力发电优、缺点

优点：清洁，环境效益好；可再生，永不枯竭；基建周期短；装机规模灵活。

缺点：噪声和视觉污染；占用大片土地，投资大；不稳定，不可控；成本高。

任务二　变电站主要类型及特点

认知 1　变电站概念

变电站是指电力系统中对电能的电压和电流进行变换、集中和分配的场所。变电站是联系发电厂和用户的中间环节，同时通过变电所将各电压等级的电网联系起来。变电站全景如图 2-13 所示。

图 2-13　变电站全景

认知 2　变电站类型及特点

一、变电站分类

变电站分类方法主要有以下 4 种：

（1）按变电站在电力系统中所起作用分为枢纽变电站、中间变电站、地区变电站和终端变电站。

（2）按变电站的用途分为升压变电站和降压变电站。

（3）按变电站控制操作方式的不同分为有人值班变电站和无人值班变电站。

（4）按变电站的结构形式不同分为室外变电站、室内变电站、箱式变电站。

二、各类变电站特点

1. 枢纽变电站

该类型变电站处于电力系统的枢纽点，连接电力系统中的高压和中压的几个部分，汇集多个电源，称为枢纽变电站。枢纽变电站电压等级高，供电范围广，在系统中处于举足轻重的地位，全所停电后，将引起系统解列，造成大区域停电，甚至造成电力系统瓦解，使社会的运行处于瘫痪状态。

枢纽变电站的电压等级一般为 330kV、500kV、750kV 或 1000kV。

2. 中间变电站

该变电站以交换潮流为主，起系统功率交换的作用，或使长距离输电线路分段，一般汇集 2～3 个电源，同时有降压给当地用户供电，这样的变电站全站停电后，将引起区域网络的解列，造成大面积停电。

中间变电站的电压等级一般为 220kV 或 330kV。

3. 地区变电站

该变电站高压侧一般为 110～220kV，它是对某一地区用户供电，全站停电后，将使地区无电源供应，较大范围影响工农业生产和第三产业的服务。

4. 终端变电站

该变电站处于配电线路的终端，接近负荷点，高压侧一般为 35～110kV，经降压后直接给用户供电。终端变电站全站停电后，将使用户电源中断，影响用户的生产和生活。

5. 升压变电站

升压变电站是把低电压变为高电压的变电站。例如，在发电厂需要将发电机出口电压升高至系统电压并入电网，就是升压变电站。

6. 降压变电站

降压变电站与升压变电站正好相反，是把高电压变为低电压的变电站，在电力系统中，大多数的变电站是降压变电站。

7. 有人值班变电站

大容量、重要的变电站大都采用有人值班变电站。

8. 无人值班变电站

变电站的测量、监视与控制操作都由调度中心或集控中心进行，站内无人值班。

9. 室外变电站

室外变电站除控制、直流电源等设备放在室内，变压器、断路器、隔离开关等设备均布置在室外。变电站建筑面积小，建设费用低，电压较高的变电站一般采用室外布置。

10. 室内变电站

室内变电站的主要设备均放在室内，减少了总占地面积，但建筑费用较高，适宜市区居民密集地区，或位于海岸、盐湖、化工厂及其他空气污秽等级较高的地区。

11. 箱式变电站

箱式变电站又称为预装式变电站，是将变压器、高压开关、低压电气设备及其相互的连接和辅助设备紧凑组合，按主接线和元器件不同，以一定方式集中布置在一个或几个密闭的箱壳内。箱式变电站是由工厂设计和制造的，结构紧凑、占地少、可靠性高、安装方便，现在广泛应用于居民小区和公园等场所。箱式变电站容量不大，电压等级一般为 10～35kV。

小　　结

发电厂、变电站、输电网、配电网、用户和调度构成现代坚强智能电力系统。发电厂处在电力系统的首要环节，按消耗的一次能源不同可分为火力发电厂、水力发电厂、核电厂、风力发电厂、太阳能发电厂等。变电站处在电力系统的中间环节，可分为枢纽变电站、中间变电站、地区变电站和终端变电站等。

思　考　练　习

1. 发电厂和变电站的作用是什么？各有哪些类型？
2. 火力发电、水力发电、核电、风力发电和太阳能发电的基本原理是什么？
3. 查阅资料了解我国当前发电和变电的技术水平。

项目三　发电厂、变电站电气系统概述

能力目标

（1）掌握变电站电气主接线的概念。

（2）熟悉变电站电气设备及技术参数。

案例引入

问题：

1. 图 3－1 中各种电气设备连接在一起构成的电路是什么？

图 3－1　变电站部分设备

2. 将实际的各种设备用规定的符号连接起来构成的图形叫什么？

3. 图 3－1 中各种电气设备是如何分类的？主要有哪些设备？起什么作用？

4. 图 3－1 中的配电装置属于哪种类型？还有哪些类型的配电装置？

知识要点

任务一　发电厂、变电站电气主接线及电气主接线图

认知 1　电气主接线及电气主接线图

一、电气主系统

变电站内由多种电气设备通过连接线，按其功能要求组成的接受和分配电能的电路，称为电气主系统或电气一次主接线。

二、电气主接线图

用规定的设备文字和图形符号将各电气设备按连接顺序排列，详细表示电气设备的组成和连接关系的接线图，称为电气主接线图。变电站电气主接线图一般画成单线图（即用单相接线表示三相接线），但对三相接线不完全相同的局部则画成三线图。图 3-2 所示为某镇办机械厂电气主接线图。

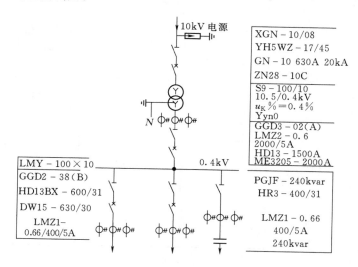

图 3-2 某镇办机械厂电气主接线

认知 2 常用一次设备的图形符号和文字符号

通常一次设备用规定的图形符号和文字符号表示，见表 3-1。

表 3-1 常用一次设备的图形符号和文字符号

名 称	图形符号	文字符号	名 称	图形符号	文字符号
交流发电机		G	分裂电抗器		L
双绕组变压器		T	负荷开关		QL
隔离开关		QS	接触器的主动合、主动断触头		K
熔断器		FU	母线、导线和电缆		W
普通电抗器		L	电缆终端头		—

17

名 称	图形符号	文字符号	名 称	图形符号	文字符号
电容器		C	电压互感器		PT
三绕组自耦变压器		T	电流互感器		CT
电动机	M	M	避雷器		F
断路器		QF	火花间隙		F
调相机		G	接地		E
消弧线圈		L			

任务二 发电厂、变电站主要一次、二次设备及参数

认知 1 电 气 一 次 设 备

一、电气一次设备的概念

在发电厂和变电站中，为了满足用户对电力的需求和保证电力系统运行的安全稳定和经济合理，需要安装有各种电气设备。通常把直接生产、输送、分配和使用电能的设备称为电气一次设备。图 3-1 中所显示的设备是变电站的部分一次设备。

二、电气一次设备分类

根据电气设备在变电站中所起作用不同，电气一次设备可分为以下几种：

（1）生产和转换电能的设备。如将机械能转换成电能的发电机，变换电压、传输电能的变压器等。

（2）接通或断开电路的开关设备。如高压断路器、隔离开关、熔断器、重合器等。

（3）载流导体。如母线、电缆等，它们按照一定的要求把各种电气设备连接起来，组成传输和分配电能的电路。

（4）测量设备。变电站中用电压互感器和电流互感器，分别将一次侧的高电压或大电流变为二次侧的低电压或小电流，以供给二次回路的测量仪表和继电器。

（5）保护电器。如限制短路电流的电抗器和防御过电压的避雷器等。

（6）接地装置。埋入地下的金属接地体（或联成接地网）。

认知 2 电气二次设备

一、电气二次设备的概念

电气二次设备是指对一次设备的工作进行监测、控制、调节、保护以及为运行、维护人员提供运行工况或生产指挥信号所需的低压电气设备。

二、电气二次设备的分类

根据电气设备在变电站中所起作用不同，电气二次设备可分为以下几种：

（1）测量表计。如电压表、电流表、功率表、电能表、频率表等。

（2）继电保护及自动装置。如各种继电器和自动装置等，用于监视一次系统的运行状况，迅速反映不正常情况并进行调节或作用于断路器跳闸，切除故障。

（3）直流设备。如直流发电机、蓄电池组、硅整流装置等，为保护、控制和事故照明等提供直流电源。

认知 3 电气设备的主要参数

电气设备的种类很多，其作用、结构和工作原理各不相同，使用的条件和要求也不一样，但额定电压、额定电流、额定容量是最主要的额定参数。

一、额定电压

额定电压是国家根据经济发展的需要、技术经济的合理性、制造能力和产品系列性等各种因素所规定的电气设备的标准电压等级。电气设备在它的额定电压（铭牌上所规定的标称电压）下时，其保证最佳的技术性与经济性。

我国规定的额定电压，按电压高低和使用范围分为 3 类。

（1）第一类额定电压。第一类额定电压是指 100V 及以下的电压等级，主要用于安全照明、蓄电池及开关设备的直流操作电压。直流为 6V、12V、24V、48V；交流单相为 12V 和 36V，三相线电压为 36V。

（2）第二类额定电压。第二类额定电压是 100～1000V 之间的电压等级，如表 3-2 所示。这类额定电压应用最广、数量最多，如动力、照明、家用电器和控制设备等。

表 3-2　　　　第二类额定电压　　　　单位：kV

用电设备			发电机		变压器			
直流	三相交流		直流	三相交流	单相		三相	
	线电压	相电压			一次绕组	二次绕组	一次绕组	二次绕组
110			115					
	(127)			(133)	(127)			
						(133)	(127)	(133)
	127		230	230	220			
220	220					230	220	230
		220	400	400	380			
	380						380	400
400								

注　括号内电压用于矿井或保安条件要求高的场所。

（3）第三类额定电压。第三类额定电压是 1000V 及以上的高电压等级，如表 3 - 3 所示，主要用于电力系统中的发电机、变压器、输配电设备和用电设备。

表 3 - 3 　　　　　　　　　　　　第 三 类 额 定 电 压　　　　　　　　　　　　单位：kV

用电设备与电网额定电压	交流发电机	变 压 器		设备最高工作电压
		一次绕组	二次绕组	
3	3.15	3 及 3.15*	3.15 及 3.3	3.5
6	6.3	6 及 6.3*	6.3 及 6.6	6.9
10	10.5	10 及 10.5*	10.5 及 11	11.5
	13.8	13.8		
	15.75	15.75		
	18	18		
	20	20		
35		35	38.5	40.5
110		110	121	126
220		220	242	252
330		330	363	363
500		500	550	550

注　1. 表中所列均为线电压。
　　2. 水轮发电机允许用非标准额定电压。
* 　适用于升压变压器。

对表 3 - 3 进行分析，可以发现存在以下规律：

（1）用电设备（即负荷）的额定电压与电网的额定电压是相等的。

（2）发电机的额定电压比其所在电力网的电压高 5%。

（3）升压变压器一次绕组的额定电压高出电网电压的 5%，即与发电机的额定电压相同；降压变压器一次绕组是接受电能的，可看成是用电设备，其额定电压与所接电网的额定电压相等，二次绕组额定电压视所接线路长短及变压器阻抗电压大小分别比所接电网的额定电压高出 5% 或 10%。

二、额定电流

电气设备的额定电流（铭牌中的规定值）是指在规定的周围环境温度和绝缘材料允许温度下长期通过的最大电流值。当设备周围的环境温度不超过介质的规定温度时，按照设备的额定电流工作，其各部分的发热温度不会超过规定值。

我国采用的基准环境温度：电器，40℃；导体，+25℃。

三、额定容量

发电机、变压器和电动机额定容量的规定条件与额定电流相同。变压器的额定容量都是指视在功率（kV·A）值，表明最大一线圈的容量；发电机的额定容量可以用视在功率（kV·A）值表示，但一般是用有功功率（kW）值表示，这是因为拖动发电机的原动

机（汽轮机、水轮机等）是用有功功率表示的；电动机的额定容量通常用有功功率
（kW）值表示，因为它拖动的机械的额定容量一般用有功功率表示。

任务三 发电厂、变电站配电装置的类型及特点

认知 1 配电装置的概念及分类

一、配电装置概念

配电装置是指根据电气主接线图，由母线、开关设备、保护电器、测量电器及必要的
辅助设备组成接受和分配电能的电工建筑物。

二、配电装置分类

1. 按安装地点划分

配电装置分为屋内配电装置和屋外配电装置。

2. 按电压等级划分

配电装置分为高压配电装置和低压配电装置。

3. 按电气设备的组装方式划分

配电装置分为现场装配式配电装置和成套配电装置。

认知 2 各类配电装置的特点

一、屋内配电装置

所有电气设备均安装在屋内，如图 3-3 所示。具有以下特点：

（1）由于允许安全净距小和可以分层布置，
因此占地面积小。

（2）维修、操作、巡视在室内进行，比较方
便，且不受气候影响。

（3）外界污秽不会影响电气设备，减轻了维
护工作量。

（4）房屋建筑投资较大，但又可采用价格较
低的户内型电气设备，以减少总投资。

二、屋外配电装置

所有电气设备均安装在屋外，如图 2-13 所
示。屋外配电装置土建工程量较少，建设周期短；
扩建比较方便；相邻设备之间的距离较大，占地
面积大，但便于带电作业；受外界污秽影响较大，
设备运行条件较差，维护和操作不方便。

图 3-3 KYN 型屋内成套配电装置

三、装配式配电装置

按照施工图纸和规程规范要求将所有电气设备在现场电气组装而成。装配式配电装置
建造安装灵活，投资较少，金属消耗量少，安装工作量大，施工工期较长。

四、成套配电装置

预先将开关电器、互感器等电气设备在成套设备企业装配而成。成套配电装置电气设备布置在封闭或半封闭的金属外壳中，相间和对地距离可以缩小，结构紧凑，占地面积小；所有电器元件已在车间组装成一个整体（开关柜），大大减少了现场安装工作量，有利于缩短建设工期，也便于扩建和搬迁；运行可靠性高，维护方便；耗用钢材较多，造价较高。

小　结

按电气设备在电能生产、输送、分配和使用过程中所起的作用可分为一次设备和二次设备。由各种电气设备通过连接线，按其功能要求组成的接受和分配电能的电路，称为电气主接线。配电装置是由各种电气设备组成的电工建筑物，是变电站的重要组成部分。电气设备的主要参数有额定电压、额定电流等。

思　考　练　习

1. 什么是电气主接线？什么是配电装置？

2. 什么是一次设备和二次设备？哪些属于一次设备？哪些属于二次设备？

3. 什么是额定电压？什么是额定电流？一次设备的额定电压是如何规定的？

模块二 发电厂、变电站电气设备

项目四 电弧与电气触头的基本知识

能力目标

（1）了解电弧的特点及危害。

（2）掌握开关电器中电弧产生和熄灭的机理。

（3）了解影响去游离的因素。

（4）了解交流电弧的特性及熄灭交流电弧的基本方法。

（5）熟悉触头的分类及其结构。

案例引入

　　问题：图4-1所示为带负荷拉隔离开关产生电弧现场，为什么会产生电弧？电弧的存在对电力系统和电气设备有什么危害？电弧有什么特性？怎样有效地熄灭电弧？

图4-1　带负荷拉隔离开关

知识要点

任务一　电弧的基本知识

认知1　电弧的特点和危害

电弧是气体放电现象。在电网电压较高、开断电流较大的情况下（实验表明，当电压

大于 $10\sim20\mathrm{V}$，通过电流大于 $80\sim100\mathrm{mA}$ 的条件下切断电路）就可能在触头间形成电弧（由绝缘气体或绝缘油受热分解出的气体游离产生的自由电子导电）。这时伴随有强光和高温（可达数千瓦时甚至上万千瓦时），切断电路就是要熄灭电弧，如果不能迅速熄灭电弧，将造成开关电器的损坏并将事故扩大。

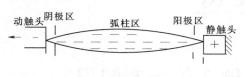

图 4-2 电弧的组成

一、电弧的特点

电弧由阴极区、阳极区和弧柱区 3 部分组成，如图 4-2 所示。阴极和阳极附近的区域分别称为阴极区和阳极区，在阴极和阳极间的明亮光柱称为弧柱。弧柱中心部位温度最高、电流密度最大，称为弧心。弧柱周围温度较低、亮度明显减弱的部分称为弧焰。

二、电弧放电的主要特征

（1）电弧温度很高。弧柱中心可达 $10000\,℃$ 左右，电弧表面也会达到 $3000\sim4000\,℃$。

（2）电弧是一种自持放电现象。极间的带电质点不断产生和消失，处于动平衡状态。

（3）电弧是一束游离的气体。在外力作用下能迅速移动、伸长、弯曲和变形。

三、电弧危害

（1）电弧的存在延长了开关电器开断故障电路的时间。

（2）电弧产生的高温，将使触头表面熔化和蒸化，烧坏绝缘材料。

（3）电弧在电动力、热力作用下能移动，易造成飞弧短路和伤人，使事故的危害扩大。

认 知 2　电 弧 的 产 生 和 熄 灭

一、电弧的产生

电弧的产生过程，实际上是气体介质在某些因素作用下，发生强烈游离，产生很多带电质点，由绝缘变为导通的过程。电弧能成为导电通道，是由于电弧的弧柱内存在大量的带电粒子，这些带电粒子的定向运动形成电弧。

1. 自由电子的产生

触头开断的瞬间由阴极通过热电子发射或强电场发射产生少量的自由电子。触头刚分离时，触头间的接触压力和接触面积不断减小，接触电阻迅速增大，使接触处剧烈发热，局部高温使此处电子获得动能，就可能发射出来成为自由电子，这种现象称为热电子发射。另外，触头刚分离时，由于触头间的间隙很小，间隙形成很高的电场强度，当电场强度超过 $3\times10^6\,\mathrm{V/m}$ 时，阴极触头表面的电子就可能在强电场力的作用下，被拉出金属表面成为自由电子，这种现象称为强电场发射。

2. 碰撞游离形成电弧

从阴极表面发射出来的自由电子，在触头间电场力的作用下加速运动，不断与间隙中的中性气体质点（原子或分子）撞击，如果电场足够强，自由电子的动能足够大，碰撞时就能将中性原子外层轨道上的电子撞击出来，脱离原子核内正电荷吸引力的束缚，成为新的自由电子，失去自由电子的原子则带正电，称为正离子。此过程称碰撞游离。新的自由电子又在电场中加速积累动能，去碰撞另外的中性原子，产生新的游离，碰撞游离不断进行、不断加剧，带电质点成倍增加，如图 4-3 所示，此过程愈演愈烈，如雪崩似地进行着，发展成为"电子崩"，在极短促的时间内，大量的自由电子和正离子出现，在触头间隙形成了电弧。

对于一种气体，能否产生电场游离主要取决于电子运动速度，也就是取决于电场强度、电子的平均自由行程及气体的性质。触头间电压越高，电场强度也越高，则气体容易被击穿。气体的压力越高，其

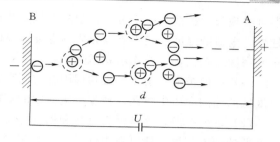

图4-3　碰撞游离示意图

中自由电子的平均自由行程就越小，因而也就不容易产生电场游离。不同的气体要从其中性原子外层轨道撞击出自由电子，所需能量值是不同的。

3. 热游离维持电弧

触头间隙在发生了雪崩式碰撞游离后，形成电弧并产生高温。温度增高时，气体中粒子的运动速度也随着增大，就可能使原子外层轨道的电子脱离原子核内正电荷的束缚力（吸引力）成为自由电子，这种游离方式称为热游离。气体温度越高，粒子运动速度越大，原子热游离的可能性也越大，从而供给弧隙大量的电子和正离子，维持电弧稳定燃烧。

一旦触头间隙形成电弧放电后，电弧的电阻很小，导电性很好，触头间隙的电压立刻降至最小，触头间隙的电场强度也大大降低，这时电场游离在间隙中作用不明显。另外，由于热平衡，电弧温度达到某一数值后不再上升，电导达到某一值后也不再上升，热游离将在一定强度下稳定下来，达到平衡状态。

综上所述，由于热电子发射或强电场发射在触头间隙中产生少量的自由电子，这些自由电子与中性分子发生碰撞游离并产生大量的带电粒子，从而形成气体导电，即产生电弧，一旦电弧产生后，将由热游离作用来维持电弧燃烧。

二、断路器断开过程中电弧形成过程

断路器断开过程中电弧是这样形成的：触头刚分离时突然解除接触压力，阴极表面立即出现高温炽热点，产生热电子发射；同时，由于触头的间隙很小，使得电压强度很高，产生强电场发射。从阴极表面逸出的电子在强电场作用下，加速向阳极运动，发生碰撞游离，导致触头间隙中带电质点急剧增加，温度骤然升高，产生热游离并且成为游离的主要因素，此时，在外加电压作用下，间隙被击穿，形成电弧。

三、电弧的熄灭

电弧的熄灭过程实际上是气体介质由导通又变为截止的过程。电弧中发生游离的同时，还存在着相反的过程，即去游离。去游离使弧隙中正离子和自由电子减少。去游离的主要方式包括复合和扩散两种形式。

1. 复合

复合是指异性带电质点相遇，正负电荷中和成为中性质点的现象。复合的方式是电子先附在中性质点上形成负离子，负离子的运动速度比较小，正负离子的复合就容易进行。目前广泛使用的 SF_6 断路器就利用了 SF_6 气体的强电负性来实现电弧的尽快熄灭。

2. 扩散

扩散是指电弧中的自由电子和正离子散溢到电弧外面，并与周围未被游离的冷介质相

混合的现象。扩散是由于带电粒子的无规则热运动，以及电弧内带电粒子的密度远大于弧柱外，电弧的温度远高于周围介质的温度造成的。电弧和周围介质的温度差越大，带电粒子的密度差越大，扩散作用就越强。

（1）温度扩散。由于电弧和周围介质间存在很大温差，使得电弧中的高温带电质点向温度低的周围介质中扩散，减少了电弧中的带电质点。

（2）浓度扩散。这是因为电弧和周围介质存在浓度差，带电质点就从浓度高的地方向浓度低的地方扩散，使电弧中的带电质点减少。

（3）利用吹弧扩散，在断路器中采用高速气体吹弧，带走电弧中的大量带电质点，以加强扩散作用。

综上所述，当游离作用大于去游离作用时，电弧电流增加，电弧燃烧加强；当游离作用与去游离作用持平时，电弧维持稳定燃烧；当去游离作用大于游离作用时，弧隙中导电质点的数目减少，电导下降，电弧越来越弱，弧温下降，使热游离下降或停止，最终导致电弧熄灭。要使电弧熄灭，必须使去游离作用强于游离作用。

四、影响去游离的因素

（1）电弧温度。电弧是由热游离维持的，降低电弧温度就可以减弱热游离，减少新的带电质点的产生。同时，也减小了带电质点的运动速度，加强了复合作用。通过快速拉长电弧，用气体或油吹动电弧，或使电弧与固体介质表面接触等，都可以降低电弧的温度。

（2）介质的特性。电弧燃烧时所在介质的特性在很大程度上决定了电弧中去游离的强度，这些特性包括热导率、热容量、热游离温度、介电强度等。去游离过程越强，电弧就越容易熄灭。

（3）气体介质的压力。气体介质的压力对电弧去游离的影响很大。气体的压力越大，电弧中质点的浓度就越大，质点间的距离就越小，复合作用越强，电弧就越容易熄灭。在高度的真空中，由于发生碰撞的几率减小，抑制了碰撞游离，而扩散作用却很强。因此，真空是很好的灭弧介质。

（4）触头材料。触头材料也影响去游离的过程。当触头采用熔点高、导热能力强和热容量大的耐高温金属时，减少了热电子发射和电弧中的金属蒸气，有利于电弧熄灭。

任务二　电弧的特性和熄灭方法

认知 1　交流电弧的特性及熄灭条件

一、交流电弧的特性

在交流电路中产生的电弧称为交流电弧。交流电弧的特性如下：

（1）交流电弧具有动态特性。在交流电路中，电流瞬时值随时间变化，因而电弧的温度、直径以及电弧电压也随时间变化，电弧的这种特性称为动特性。

在一个周期内交流电弧电流及电压随时间的变化关系如图 4 - 4 所示，图中 A 点称为燃弧电压，B 点称为熄弧电压，熄弧电压低于燃弧电压。电弧电压呈马鞍形变化，电流小时，电弧电压高；电流大时，电弧电压减小且接近于常数。

（2）电弧具有热惯性。由于弧柱的受热升温或散热降温都有一定过程，跟不上快速变化的电流，所以电弧温度的变化总滞后于电流的变化，这种现象称为电弧的热惯性。

（3）交流电流每半个周期过零一次，称为"自然过零"。电流过零时，电弧自然熄灭。如果电弧是稳定燃烧的，则电弧电流过零熄灭后在另半周又会重燃。如果电弧过零后，电弧不发生重燃，电弧就熄灭。

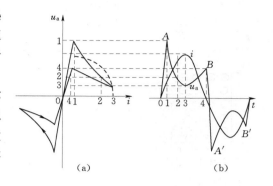

图 4-4　交流电弧伏安特性及电压和电流波形
(a) 伏安特性；(b) 波形

二、交流电弧的熄灭条件

交流电弧的燃烧过程与直流电弧的基本区别在于交流电弧中电流每半周要经过零点一次，此时电弧自然暂时熄灭。在电流过零时，采取有效措施加强弧隙的冷却，使弧隙介质的绝缘能力达到不会被弧隙外施电压击穿的程度，则在下半周电弧就不会重燃而最终熄灭。交流电流过零后，电弧是否重燃取决于弧隙介质绝缘能力或介电强度和弧隙电压的恢复。

1. 弧隙介质介电强度的恢复

弧隙介质能够承受外加电压作用而不致使弧隙击穿的电压称为弧隙的绝缘能力或介电强度。

当电弧电流过零时电弧熄灭，弧隙中去游离作用继续进行，弧隙电阻不断增大，但弧隙介质的介电强度要恢复到正常状态值需要有一个过程，此恢复过程称为弧隙介质介电强度的恢复过程，以能耐受的电压 U_j 表示。

介质介电强度的恢复速度与冷却条件、电流大小、开关电器灭弧装置的结构和灭弧介质的性质有关。图 4-5 所示为不同介质的介电强度恢复过程曲线。从图 4-5 中可见，在电流过零瞬间（$t=0$），介电强度突然出现升高的现象，此现象称为近阴极效应。这是因为电流过零后，弧隙的电极极性发生了改变，弧隙中剩余的带电质点的运动方向也相应改变，质量小的电子迅速向新的阳极运动，而比电子质量大很多倍的正离子由于惯性大，来不及改变运动方向而停留在原地未动，导致新的阴极附近形成了一个正电荷的离

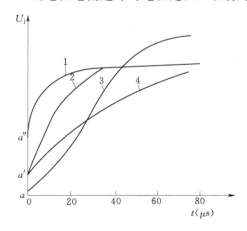

图 4-5　介质介电强度的恢复过程曲线
1—真空；2—SF$_6$；3—空气；4—油

子层，如图 4-6 所示，正空间电荷层使阴极附近出现了 150～250V 的起始介电强度，称近阴极效应。在低压电器中，常利用近阴极效应这个特性来灭弧。

2. 弧隙电压的恢复过程

电流过零使电弧熄灭后，加在弧隙上的电压称为恢复电压。电弧电流过零前，弧隙电压呈马鞍形变化，电压值很低，电源电压的绝大部分降落在线路和负载阻抗上。电流过零

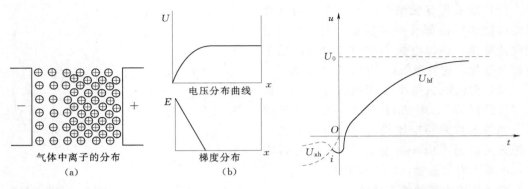

图 4-6　近阴极效应　　　　　　图 4-7　恢复电压非周期性变化过程
(a) 电荷分布；(b) 电压分布

时，弧隙电压等于熄弧电压，正处于马鞍形的后峰值处，电流过零后，弧隙电压从后峰值逐渐增长，一直恢复到电源电压，弧隙电压从熄弧电压变成电源电压的过程，称为弧隙电压恢复过程，用 U_{hf}（t）表示电压恢复过程。电压恢复过程与电路参数、负荷性质等有关。受电路参数等因素的影响，电压恢复过程可能是周期性的变化过程，也可能是非周期性变化过程。图 4-7 所示为弧隙恢复电压按指数规律变化的非周期性过程，图 4-7 中 U_0 是电弧自然熄灭瞬间的电源相电压，U_{xh} 为熄弧电压，U_{hf} 是弧隙恢复电压，依指数规律上升的恢复电压最大值不会超过 U_0，也就是说，不会在电压恢复过程中出现过电压。图 4-8 所示是恢复电压呈现周期性振荡的变化过程，这时弧隙的恢复电压最大值理论上可达到 $2U_0$，实际中由于电阻影响，弧隙恢复电压振荡有衰减，实际最大值为（1.3～1.6)U_0。周期性振荡的恢复电压更容易超过弧隙介质强度，造成电弧重燃。

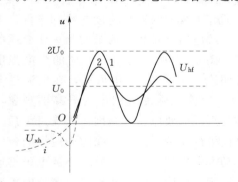

图 4-8　周期性振荡恢
复电压变化过程

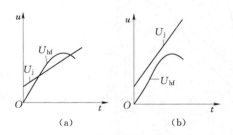

图 4-9　交流电弧在过零后重燃和熄灭
(a) 重燃；(b) 熄灭

3. 交流电弧的熄灭条件

电弧电流过零后，电弧自然熄灭。电流过零后，弧隙中同时存在着两个作用相反的恢复过程，即介质介电强度恢复过程 U_j 和弧隙电压的恢复过程 U_{hf}。如果弧隙介质介电强度在任何情况下都高于弧隙恢复电压，则电弧熄灭；反之，如果弧隙恢复电压高于弧隙介质介电强度，弧隙就被击穿，电弧重燃，如图 4-9 所示。因此，交流电弧的熄

灭条件为

$$U_{\mathrm{j}}(t) > U_{\mathrm{hf}}(t)$$

综上所述，在交流电弧的灭弧中，应充分利用交流电流的自然过零点，采取有效的措施，加大弧隙间去游离的强度，使电弧不再重燃，最终熄灭。

认知 2 熄灭交流电弧的基本方法

开断交流电弧时，在电流达到零值以后，加强对弧隙的冷却，抑制热游离，加强去游离。为此，在开关设备中均装设了灭弧装置，或称为灭弧室，灭弧室不断改进，大大提高了开关的灭弧能力。另外，为了进一步提高灭弧能力，还可以采用性能更为优越的新型灭弧介质，如六氟化硫断路器的使用等。目前，在开关电器中广泛采用的灭弧方法有以下几种。

1. 吹弧

利用灭弧介质（气体、油等）在灭弧室中吹动电弧，广泛应用在开关电器中，特别是高压断路器中。

按吹弧气流的产生方法和吹弧方向的不同，吹弧可分为以下几种：

（1）吹弧气流产生的方法分类。

1）用油气吹弧。用油气作吹弧介质的断路器称为油断路器。在这种断路器中，有用专用材料制成的灭弧室，其中充满了绝缘油。当断路器触头分离产生电弧后，电弧的高温使一部分绝缘油迅速分解为氢气、乙炔、甲烷、乙烷、二氧化碳等气体，其中氢的灭弧能力是空气的 7.5 倍。这些油气体在灭弧室中积蓄能量，一旦打开吹口，即形成高压气流吹弧。

2）用压缩空气或六氟化硫气体吹弧。将 20 个左右大气压的压缩空气或 5 个大气压左右的六氟化硫气体（SF_6）先储存在专门的储气罐中，断路器分闸时产生电弧，随后打开喷口，用具有一定压力的气体吹弧。

3）产气管吹弧。产气管由纤维、塑料等有机固体材料制成，电弧燃烧时与管的内壁紧密接触，在高温作用下，一部分管壁材料迅速分解为氢气、二氧化碳等，这些气体在管内受热膨胀，增高压力，向管的端部形成吹弧。

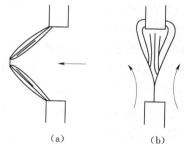

（2）按吹弧的方向分类。

1）横吹。吹弧方向与电弧轴线相垂直时，称为横吹，如图 4-10（a）所示。横吹更易于把电弧吹弯拉长，增大电弧表面积，加强冷却和增强扩散。

图 4-10 吹弧方法
(a) 横吹；(b) 纵吹

2）纵吹。吹动方向与电弧轴线一致时，称为纵吹，如图 4-10（b）所示。纵吹能促使弧柱内带电质点向外扩散，新鲜介质更好地与炽热的电弧相接触，冷却作用加强，易于熄灭。

3）纵横吹。横吹灭弧室在开断小电流时，因灭弧室内压力太小，开断性能差。为了改善开断小电流时的灭弧性能，可将纵吹和横吹结合起来。在开断大电流时主要靠横吹，开断小电流时主要靠纵吹。

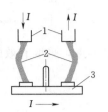

图 4-11 双断口示意图
1—静触头；2—电弧；
3—动触头

2. 采用多断口灭弧

在许多高压断路器中，常采用每相两个或多个断口相串联的方式，如图 4-11 所示。熄弧时，利用多断口把电弧分解为多个相串联的短电弧，使电弧的总长度加长，弧隙电导下降；在触头行程、分闸速度相同的情况下，电弧被拉长的速度成倍增加，促使弧隙电导迅速下降，提高了介电强度的恢复速度。另外，加在每一断口上的电压减小数倍，输入电弧的功率和能量减小，降低了弧隙电压的恢复速度，缩短了灭弧时间。多断口比单断口具有更好的灭弧性能，便于采用积木式结构（用于 110kV 及以上电压的断路器中）。

3. 提高分闸速度

熄灭交流电弧的关键在于电弧电流过零后，弧隙的介质强度的恢复过程能否始终大于弧隙电压的恢复过程。为了加强冷却，抑制热游离，增强去游离，在开关电器中装设专用的灭弧装置或使用特殊的灭弧介质，以提高开关的灭弧能力。

迅速拉长电弧，有利于迅速减小弧柱中的电位梯度，增加电弧与周围介质的接触面积，加强冷却和扩散的作用。因此，现代高压开关中都采取了迅速拉长电弧的措施灭弧，如采用强力分闸弹簧，其分闸速度已达 16m/s 以上。

4. 短弧原理灭弧

这种灭弧方法常用于低压开关电器中，如自动开关和电磁接触器等。利用一个金属灭弧栅将电弧分为多个短弧，利用近阴极效应的方法灭弧，如图 4-12 所示。灭弧栅用金属材料制成，触头间产生的电弧被磁吹线圈驱入灭弧栅，每两个栅片间就是一个短弧，每个短弧在电流过零时新阴极产生 150～250V 的起始介电强度，如果所有串联短弧的

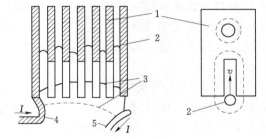

图 4-12 电弧在灭弧栅内熄灭
1—灭弧栅片；2—电弧；3—电弧移动位置；
4—静触头；5—动触头

起始介电强度总和始终大于触头间的外加电压，电弧就不会重燃而熄灭。在低压电路中，电源电压远小于起始介质强度之和，因而电弧不能重燃。

5. 用耐高温金属材料制作触头

触头材料对电弧中的去游离也有一定影响，用熔点高、热导率和热容量大的耐高温金属制作触头，可以减少热电子发射和电弧中的金属蒸汽，从而减弱了游离过程，有利于熄灭电弧。

6. 采用优质灭弧介质

灭弧介质的特性，如热导率、介电强度、热游离温度、热容量等，对电弧的游离程度有很大影响，这些参数值越大，去游离作用越强。现代高压开关中，广泛采用油、压缩空气、SF_6 气体、真空等作为灭弧介质。

7. 利用固体介质的狭缝灭弧装置灭弧

低压开关中也广泛应用狭缝灭弧装置灭弧。狭缝由耐高温的绝缘材料（如陶土或石棉水泥）制作，通常称为灭弧罩。电弧形成后，用磁吹线圈产生的磁场作用于电弧，电弧受电动力作用吹入狭缝中，把电弧迅速拉长的同时，电弧与灭弧罩内壁紧密接触，热量被冷的灭弧罩吸收，电弧温度下降，电弧表面被冷却和吸附；又因窄缝中的气体被加热使压力很大，加强了电弧中的复合过程。图 4 - 13 是狭缝灭弧装置的工作原理示意图。

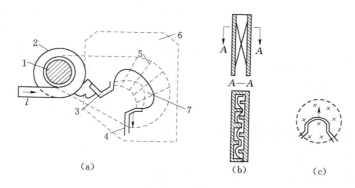

图 4 - 13　狭缝灭弧装置的工作原理

（a）灭弧装置；（b）迷宫式灭弧片；（c）磁吹弧原理

1—磁吹铁芯；2—磁吹线圈；3—静触头；4—动触头；5—灭弧片；6—灭弧罩；7—电弧移动位置

磁吹力的产生靠外加磁场，使电弧在磁场中受力向灭弧室狭缝中移动。

任务三　电气触头的基本知识

认知 1　电气触头的概念和接触电阻

一、触头的概念

电气触头是指两个导体或几个导体之间相互接触的部分，如母线或导线的接触连接处以及开关电器中的动、静触头。

二、对电气触头的基本要求

电气触头直接影响到设备和装置的工作可靠性，决定了开关电器的品质。

（1）结构可靠，便于调整、维修和更换。

（2）接触电阻小且稳定，有良好的导电性能和接触性能。

（3）通过规定电流时，发热稳定而且不超过允许值。

（4）通过短路电流时，具有足够动、热稳定性。

（5）开断规定短路电流时，触头不被灼伤，磨损尽可能小，不发生熔焊现象。

三、触头的接触电阻

触头在正常工作和通过短路电流时的发热都与接触电阻值有关，所以触头的质量在很

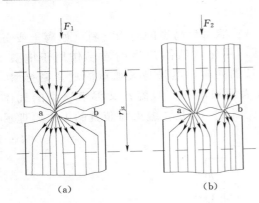

图 4-14 不同压力作用时两触头
表面的接触情况 ($F_2 > F_1$)

大程度上取决于触头的接触电阻值。

正常情况下，触头间的接触压力、表面加工情况、表面氧化程度及接触情况等都会影响接触电阻值。下面分析影响接触电阻的主要因素。

1. 触头间的压力

即使精细加工的触头表面，从微观上看也是凹凸不平的，触头接触面积的大小受施加压力大小的影响，如图 4-14 所示。在不加外力情况下，将两个触头对接放置时，触头间仅有一点 a 接触，如图 4-14 (a) 所示。施加外力 F_1 时，a 点被压平形成接触面；若施加比 F_1 更大的外力 F_2，则 a 接触面增大，同时又将 b 点接触并形成新的接触面，总的接触面增大了，接触电阻就小了。故压力是影响接触电阻的重要因素。

在开关电器中，一般在触头上附加刚性弹簧，目的是增大并保持触头间的接触压力，使触头接触可靠，减小接触电阻并保持稳定。

2. 触头材料及预防氧化的措施

触头一般由铜、黄铜和青铜材料制成。为防止触头表面被氧化，一般要采取镀锡、镀银和涂防腐漆和凡士林等措施加以防护。

3. 不同材料的触头连接

一些电气设备，如变压器、电机等采用铜制引出端头，如果是在屋外和潮湿的场所中，就不能将铝导体用螺栓与铜端头连接。因为铜铝直接接触会形成电位差（约为 1.86V），当含有溶解盐的水分渗入接触面的缝隙时，会产生电解反应，铝被强烈地电腐蚀，导致触头损坏，并可能酿成重大事故。为了避免出现这种情况，通常采用铜铝过渡接头，其结构是一端为铝，一端为铜，如图 4-15 所示。

图 4-15 铝母线接到电器铜端头
上用的接头

(a) 铜铝过渡接头；(b) 铝导体用螺栓
直接与电器的铜端头连接

四、触头的热稳定和动稳定

触头在长期负荷电流下工作时，由于接触电阻的存在，触头要发热，使其温度升高，同时也向周围介质散热。当发热量等于散热量时，触头就稳定在工作温度下运行。这个温度值小于触头材料长期允许的温度。因此，触头是安全的。由于负荷电流相对于短路电流要小得多，所产生的电动力不会影响触头的正常工作。

当触头短时间内通过大电流时，如短路电流、电动机的起动电流等，所产生的热效应和电动力具有冲击特性，对触头能否正常工作造成很大威胁，可能引起触头熔焊和短时过热、触头接触压力下降等后果。因此，开关电器必须采取有效措施，保证在通过短路电流时有足够的动稳定和热稳定。

认知2　电气触头的分类及其结构

一、按接触面的形式分类

1. 点触头

点触头是指两个触头间的接触面为点状的触头，如球面和平面接触、两个球面接触等都是点接触。这种接触形式的优点是压强较大、接触点较固定、接触电阻稳定、触头结构简单、自洁作用较强；缺点是接触面积小、不宜通过较大电流、热稳定性差。因此，这种触头通常只用在工作电流和短路电流较小的情况下，如继电器和开关电器的辅助触点等。图4-16（a）所示为点接触示意图。

2. 线触头

线触头是指两个触头的接触面为线状的触头，如柱面与平面接触，或两个圆柱面间的接触等都属于线接触，图4-16（b）所示为线接触示意图。线触头的压力强度较大，在同样压力下，线触头比面接触触头的实际接触点要多。线触头在接通或断开时，触头间的运动形式是一个触头沿另一个触头的表面滑动。由于触头的压强很大，滑动时很容易把触头表面的金属氧化层破坏掉（这种效应也被称为自洁作用），从而可减小接触电阻，铜制线触头的接触电阻是平面触头的1/3～1/2。线触头的接触面积比较稳定，广泛应用于高、低压开关电器中。

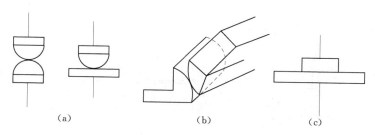

图4-16　触点的3种接触形式
（a）点接触；（b）线接触；（c）面接触

3. 面触头

面触头是指两个平面或两个曲面的接触触头，触头容量较大。在受到较大压力时，接触点数和实际接触面积仍比较小，所以，为保证触头的动稳定，减小接触电阻，就必须对触头施加更大的压力。图4-16（c）所示为面接触示意图。

二、按结构形式分类

图4-17所示为常见触头的结构形式。各种触头均需满足接触性能、动热稳定性、抗熔焊、耐电弧烧伤等各种要求，同时还要尽可能地便于安装、维修，降低造价。

1. 固定触头

固定触头是指连接导体之间不能相对移动的触头，如母线之间，母线与电器引出端头的连接等。图4-17（a）、（b）、（c）、（d）所示为常见的固定触头形式。

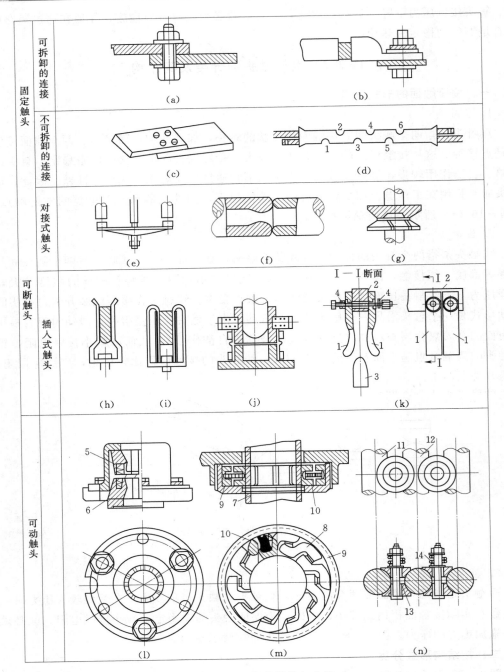

图 4-17　触头的结构与分类

（a）、（b）螺栓连接；（c）铆接；（d）压接；（e）～（g）对接式触头；（h）、（i）刀形触头；
（j）瓣形触头；（k）指形触头；（l）豆形触头；（m）Z形触头；（n）滚动触头

1—接触指；2—载流体；3—楔形触点；4—夹紧弹簧；5—静触指；6—触头座；7—动触杆；8—Z形触指；
9—圆形导电座；10—弹簧；11—固定导电杆；12—圆形导电杆；13—滚轮；14—弹簧

固定触头按其连接方式可分为可拆卸和不可拆卸两类。

（1）可拆卸的连接。采用螺栓连接方式，以方便安装和维修。

（2）不可拆卸的连接。采用铆接或压接方式，触头连接后便不可拆卸。压接时，使用专用的压接模具，由压接工具施压成形。

固定触头的接触表面应采取适当的防腐措施，以防止外界的侵蚀，保证接触可靠、耐用。防腐的方法一般是在触头连接后，在外面涂以绝缘漆、瓷釉或凡士林油等。

2. 可断触头

可断触头是在工作过程中可以分开的触头，广泛应用于高、低压开关电器中，按其结构可分为以下几种：

（1）对接式触头。如图 4-17（e）～（g）所示，这种触头优点是结构简单，分断速度快；缺点是接触面不够稳定，关合时易发生触头弹跳，由于触头间无相对运动，故基本上没有自洁作用，触头容易被电弧烧伤、动热稳定性较差。因此，对接式触头只适用于1000A 以下的断路器中。

（2）插入式触头。如图 4-17（h）～（k）所示，其结构特点是所需接触压力较小，有自洁作用，无弹跳现象，触头磨损小，动热稳定性好。缺点是除了刀形触头外，结构复杂，分断时间长。

（3）刀形触头。如图 4-17（h）、（i）所示，其结构简单，广泛用于手动操作的高、低压电器，如刀开关、隔离开关等。

（4）瓣形触头，又称插座式或梅花形触头，如图 4-17（j）所示，其静触头是由多瓣独立的触指组成一个圆环，如同插座状，动触头是圆形导电杆。接通时导电杆插入插座内，由强力弹簧或弹簧钢片把触指压向导电杆，静触指与动触头间形成线接触。插座式触头接触面工作可靠，接触电阻稳定，结构复杂，断开时间较长，广泛用于少油断路器中作为主触头和灭弧触头。为了使触头具有抗电弧烧伤能力，常在外套的端部加装铜钨合金保护环，在动触头的端部镶嵌铜钨合金制成的耐弧端。

（5）指形触头。如图 4-17（k）所示，它由成对的装在载流体 2 两侧的接触指 1、楔形触头 3 和夹紧弹簧组成。其优点是动稳定性好，有自洁作用；缺点是不易与灭弧室配合，工作表面易被电弧烧伤。用在少油断路器中作工作触头，在一些隔离开关中也有应用。

3. 滑动触头

滑动触头也叫中间触头，又称可动触头，是指在工作中被连接的导体总是保持接触，能由一个接触面沿着另一个接触面滑动的触头，其结构形式如图 4-17（l）～（n）所示。这种触头的作用是给移动的受电器供电，如电机的滑环炭刷、行车的滑线装置、断路器的滑动触头等。

（1）豆形触头。如图 4-17（l）所示，它的静触指 5 分上、下两层，均匀分布在上、下触头座 6 的圆周上，每一触指配有小弹簧作缓冲，以减少摩擦力和防止动触杆卡涩，动触杆从其中心孔通过。在较小的接触压力下，具有良好的导电能力，而且结构紧凑。缺点是通用性差。

（2）Z 形滑动触头。如图 4-17（m）所示，Z 形触头的结构与插座式触头相近。它把 Z 形触指 8（静触头）装在导电座里面，用弹簧 10 保持触指的位置，并将触指紧压在圆形导电座 9 和动触杆 7 上。触头结构简单、工作可靠，没有导电片，高度低，接触稳定。

（3）滚动式滑动触头。如图 4 - 17（n）所示，滚动式滑动触头是在工作中，导体由一个接触面沿着另一个接触面滑动的触头。它由圆形导电杆 12、成对的滚轮 13、固定导电杆 11 以及弹簧 14 等组成。弹簧的作用是保持滚轮和可动导电杆以及固定导电杆的接触压力。接通和断开过程中，滚轮沿着导电杆上、下滚动。滚动式滑动触头接触面的摩擦力小，自洁作用较差。

小　　结

电弧的实质是高温等离子体。电弧是一种自持式放电现象，电弧具有导电性强、温度高、亮度大、质量轻、易变形等特点。

电弧的产生过程，实际上是气体介质在某些因素作用下，发生强烈游离，产生很多带电质点，由绝缘变为导通的过程。电弧能成为导电通道，是由于电弧的弧柱内存在大量的带电粒子，这些带电粒子的定向运动形成电弧。

电弧的熄灭过程，实际上是气体介质由导通又变为截止的过程。电弧中发生游离的同时，还存在着相反的过程，即去游离。去游离的主要方式包括复合和扩散两种形式。

交流电弧的燃烧过程与直流电弧的基本区别在于交流电弧中电流每半周要经过零点一次，此时电弧自然暂时熄灭。在电流过零时，采取有效措施加强弧隙的冷却，使弧隙介质的绝缘能力达到不会被弧隙外施电压击穿的程度，在下半周电弧就不会重燃而最终熄灭。交流电流过零后，电弧是否重燃取决于弧隙介质绝缘能力或介电强度和弧隙电压的恢复。

电气触头是指两个导体或几个导体之间相互接触的部分，如母线或导线的接触连接处以及开关电器中的动、静触头。正常情况下，触头间的接触压力、表面加工情况、表面氧化程度及接触情况等都会影响接触电阻值。

思　考　练　习

1. 电弧有什么特征？对电力系统和电气设备有哪些危害？

2. 电弧的游离和去游离方式各有哪些？影响去游离的因素是什么？

3. 交流电弧有什么特征？熄灭交流电弧的条件是什么？

4. 什么是弧隙介质强度和弧隙恢复电压？

5. 开关电器中常采用的基本灭弧方法有哪些？各自的原理何在？

6. 什么是电气触头？电气触头有哪些形式？

7. 什么是触头的接触电阻？影响接触电阻的因素有哪些？

8. 怎样保证电气触头接触良好？

项目五　高压开关电器的结构、原理及使用

能力目标

（1）掌握断路器、隔离开关、负荷开关的作用、分类方法和技术参数。

（2）熟悉断路器、隔离开关、负荷开关的结构和工作原理。

（3）掌握操动机构的种类和各种操动机构的工作原理。

（4）能够正确区分现场中的各种开关电器。

（5）熟悉各种开关电器的工作特性和检修维护要点。

案例引入

问题：

1. 图5-1（a）所示的断路器有何作用？它是哪种类型断路器？还有哪些类型断路器？

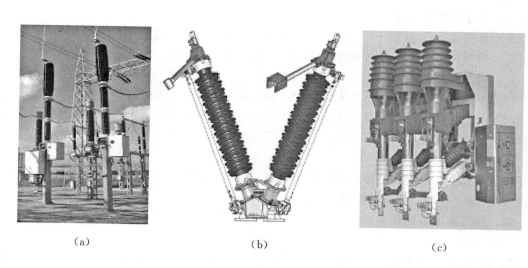

　　（a）　　　　　　　　　　　　（b）　　　　　　　　　　　　（c）

图5-1　断路器、隔离开关、负荷开关外形

（a）断路器；（b）隔离开关；（c）负荷开关

2. 断路器结构由哪几部分组成？

3. 图5-1（b）、图5-1（c）所示的开关有何作用？各有哪些类型？

4. 各类开关电器有何区别与联系？什么情况下使用？

5. 各类开关电器有哪些主要技术参数？

知识要点

任务一 高压断路器的结构、原理及使用

认知 1 高压开关电器的作用及分类

一、高压开关电器的作用

在高压电力系统中，用于接通或断开电路的电器称为高压开关电器。其作用如下：

（1）正常工作情况下可靠地接通或断开电路，在改变运行方式时进行切换操作。

（2）当系统中发生故障时迅速切除故障部分，以保证非故障部分的正常运行。

（3）在设备检修时隔离带电部分，以保证工作人员的安全。

二、高压开关电器的分类

开关电器的种类很多，按不同的方法分类如下：

（1）按安装地点分类。开关电器分为户内式和户外式。

（2）按功能分类。开关电器分为断路器、隔离开关、负荷开关、自动重合器等。

认知 2 高压断路器概述

一、高压断路器概念

额定电压在 3kV 及以上，能够关合、承载和开断运行状态的正常工作电流，并能够在规定的时间内关合、承载和开断规定的异常电流的开关电器，称为高压断路器。

二、高压断路器的作用

（1）控制作用。根据电力系统的运行要求，接通或断开工作电路。

（2）保护作用。当系统发生故障时，在继电保护装置的作用下，断路器迅速切除故障部分，防止事故扩大，以保证系统中无故障部分正常运行。

三、高压断路器的分类

根据灭弧介质和灭弧原理的不同进行分类，高压断路器分为油断路器、压缩空气断路器、六氟化硫（SF$_6$）断路器和真空断路器等。

四、高压断路器的技术参数

1. 额定电压

额定电压是指断路器长时间运行时能承受的正常工作电压（线电压）。额定电压不仅决定了断路器的绝缘水平，而且在相当程度上决定了断路器的总体尺寸。

2. 最高工作电压

考虑到线路始末端运行电压的不同及电力系统调压要求，断路器可能在高于额定电压下长期工作。因此，规定了断路器的最高工作电压。

3. 额定电流

额定电流是指断路器在规定的环境温度下允许长期通过的最大工作电流的有效值。额定电流决定了断路器导体、触头等载流部分的尺寸和结构。

4. 额定开断电流

额定开断电流是指断路器在额定电压下能正常开断的最大短路电流的有效值。它表征断路器的开断能力。

5. 额定关合电流

在额定电压下，断路器能够可靠闭合的最大短路电流峰值。它反映断路器关合短路故障的能力，主要决定断路器灭弧装置的性能、触头结构及操动机构的形式。

6. 额定热稳定电流

额定热稳定电流即额定峰值耐受电流，指断路器在规定的时间（通常为4s）内允许通过的最大短路电流有效值。它表明断路器承受短路电流热效应的能力。

7. 额定动稳定电流

动稳定电流即额定峰值耐受电流，是指断路器在合闸位置时允许通过的最大短路电流峰值。它表明断路器在冲击短路电流的作用下，承受电动力的能力。

8. 合闸时间

合闸时间指断路器接到合闸命令（合闸回路通电）起到断路器触头刚接触时所经过的时间间隔，称为合闸时间。

9. 分闸时间 t

分闸时间指断路器接到分闸命令瞬间起到各相电弧完全熄灭为止的时间间隔，它包括固有分闸时间 t_1 和灭弧时间 t_2。固有分闸时间是指断路器接到分闸命令瞬间到各相触头刚刚分离的时间。熄弧时间是指断路器触头分离瞬间到各相电弧完全熄灭的时间。

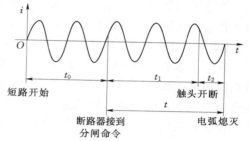

图 5-2　断路器开断时间示意图
t_0—继电保护动作时间；t_1—固有分闸时间；
t_2—灭弧时间；t—断路器分闸时间

断路器开断电路的各个时间如图 5-2 所示。一般将分闸时间为 0.06～0.12s 的断路器，称为快速断路器。

10. 额定操作顺序

操作顺序也是表征断路器操作性能的指标。断路器的额定操作顺序分为两大类。

（1）无自动重合闸断路器的额定操作顺序。无自动重合闸断路器的额定操作顺序有两种。一种是发生永久性故障断路器跳闸后两次强送电的情况，即分—180s—分合—180s—合分；另一种是断路器合闸在永久故障线路上跳闸后强送电一次的情况，即分合—15s—合分。

（2）能进行自动重合闸断路器的额定操作顺序。能自动重合闸断路器的额定操作顺序为分—0.3s—合分—180s—合分。

五、高压断路器的型号

高压断路器的型号、规格一般由文字符号和数字按以下方式表示：

$$①　②　③—④　⑤/⑥—⑦$$

①产品名称：S—少油断路器；D—多油断路器；K—空气断路器；L—六氟化硫断路器；Z—真空断路器；Q—自产气断路器；C—磁吹断路器。

②安装地点：N—户内式；W—户外式。

③设计序号：一般以数字表示。

④额定电压或最高工作电压（kV）。

⑤其他补充工作特性标志：G—改进型；C—手车式；W—防污型；Q—防震型。

⑥额定电流（A）。

⑦额定开断电流（kA）。

例如，ZN28-12/1250-25型，表示户内真空断路器、设计序号28、最高工作电压12kV，额定电流1250kA，额定开断电流25kA。

认知 3　真空断路器

一、真空断路器概述

（一）真空断路器概念

真空断路器是指以真空作为灭弧介质和绝缘介质，在真空容器中进行电流开断和关合的断路器。为满足绝缘强度要求，真空度一般要求在 $1.33 \times 10^{-3} \sim 1.33 \times 10^{-7}$ Pa 之间。

（二）真空断路器工作原理

真空灭弧室中电弧的点燃是由于真空断路器刚分瞬间，触头表面蒸发金属蒸气，并被游离而形成电弧造成的。真空灭弧室中电弧弧柱压差很大，质量密度差也很大，因而弧柱的金属蒸气（带电质点）将迅速向触头外扩散，加剧了去游离作用，加上电弧弧柱被拉长、拉细，从而得到更好的冷却，电弧迅速熄灭，介质绝缘强度很快得到恢复，从而阻止电弧在交流电流自然过零后重燃。

（三）真空断路器优、缺点

1. 优点

电弧在密封的容器中燃烧，没有火灾和爆炸危险；熄弧时间短，电弧能量小，触头损耗小，开断次数多；动导电杆的惯性小，适用于频繁操作；触头部分完全密闭，不会因潮气、灰尘、有害气体等影响而降低性能；结构简单，维护工作量少且成本低。

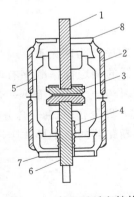

图 5-3　真空灭弧室结构

1—动导电杆；2—绝缘外壳；3—触头；4—波纹管；5—屏蔽罩；6—动导电杆；7—动端盖板；8—静端盖板

2. 缺点

开断感性负载或电容负载时，引起截流过电压、三相同时开断过电压及高频重燃过电压。真空断路器关、合闸时发生弹跳，不仅会产生较高的过电压影响整个电网的稳定性，更重要的是使触头烧损甚至熔焊，这在投入电容器组产生涌流时及短路关、合的情况下更加严重。

二、真空断路器结构

真空断路器主要由支架、真空灭弧室、操动机构 3 部分组成。支架是安装各种功能组件的架体。真空灭弧室是断路器的核心元件，主要由绝缘外壳、动静触头、屏蔽罩和波纹管组成，其结构如图 5-3 所示。

真空断路器绝缘外壳既是真空容器，又是动、静触头间的绝缘体。其作用是支撑动静触头和屏蔽罩等金属部件，与这些部件气密地焊接在一起，确保灭弧室内的高真空度。

触头既是关合时的通流元件，又是开断时的灭弧元件。常用的触头材料主要有铜铋合金和铜铬合金。真空断路器触头一般采用对接式，分为平板触头、横向磁场触头和纵向磁场触头，如图5-4所示。动、静触头分别焊接在动、静导电杆上，用波纹管实现密封。动触头在机构驱动力作用下，能在灭弧室内沿着轴向移动，完成分、合闸。

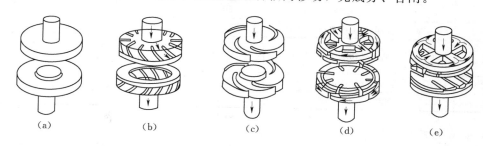

（a） （b） （c） （d） （e）

图5-4 各种触头结构形式

（a）平板触头；（b）杯形触头（横磁场）；（c）螺旋触头（横向磁场）；（d）纵向磁场触头；（e）纵向磁场触头

屏蔽罩可采用铜或钢制成，要求具有较高的热导率和良好的凝结能力。其作用如下：

（1）防止燃弧过程中触头间产生的大量金属蒸气和金属颗粒喷溅到绝缘外壳的内壁，导致外壳的绝缘强度降低或闪络。

（2）改善灭弧室内部电场的均匀分布，降低局部电场强度，提高绝缘性能。

（3）吸收部分电弧能量，冷却和凝结电弧生成物，提高间隙介质强度的恢复速度。

波纹管既要保证灭弧室完全密封，又要在灭弧室外部操动时使触头做分合运动。波纹管的侧壁可在轴向上伸缩，其允许伸缩量决定了灭弧室所能获得的触头最大开距。波纹管是真空灭弧室中最容易损坏的部件，其金属疲劳度决定了真空灭弧室的机械寿命。

三、ZN28G-12型真空断路器

1. 概述

ZN28G-12型户内交流高压真空断路器是三相交流50Hz，最高工作电压为12kV的设备，作为电网设备、工矿企业动力设备的保护和控制用。该型真空断路器结构简单，体积小，既可单独使用，也可用于中置式开关柜和固定式开关柜。

2. 技术参数

ZN28G-12型真空断路器技术参数见表5-1。

表5-1　　　　　　　　　　　　ZN28G-12型真空断路器技术参数

序号	名 称	参 数			
1	最高额定电压（kV）	12			
2	额定频率（Hz）	50			
3	额定雷电冲击耐受电压（kV）	75			
4	额定短时工频耐受电压（1min）（kV）	42			
5	额定短路开断电流（kA）	20	25	31.5	40
6	额定电流（A）	630 1000 1250	630 100 1250 1600	1250 1600 2000 2500	1600 2000 2500 3150

序号	名 称	参 数			
7	额定峰值耐受电流（kA）	50	63	80	100
8	额定短时耐受电流（kA）	20	25	31.5	40
9	额定短路关合电流（kA）	50	63	80	100
10	额定短路电流持续时间（s）	4			
11	额定操作顺序	O—0.3s—CO—180 s—CO—180 s—CO—180s—CO—（40kA 时）			
12	触头开距（mm）	11±1			
13	主回路电阻值（μΩ）	≤40(40kA 时不大于 25)			

3. 断路器结构

断路器与操动机构为一体前后布置。操动机构、主轴、分闸弹簧、油缓冲器等部件安装在机构箱中。机构箱后面装有两块安装板，供开关柜内固定安装断路器用，安装板上水平装有 6 只绝缘子，上绝缘子固定动铝支架，下绝缘子固定静铝支架，动、静铝支架的左端作出线端子，真空灭弧室安装在动、静铝支架之间，通过绝缘拉杆、拐臂、导电杆连接。动、静铝支架之间装有两根绝缘杆将两者连成一个整体，提高整体刚度。

ZN28G-12 型真空断路器结构如图 5-5 所示。

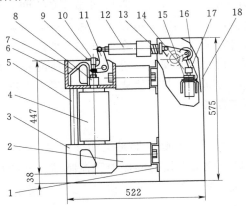

图 5-5 ZN28G-12 型真空断路器结构

1—安装支架；2—绝缘子；3—静铝支架；4—真空灭弧室；5—绝缘杆；6—动铝支架；
7—软连接；8—导电夹；9—导向板；10—导电杆；11—七字拐臂；12—绝缘拉杆；
13—压簧；14—主轴；15—调整片；16—连杆；17—油缓冲器；18—机构箱

认知 4 SF₆ 断 路 器

一、SF₆ 概述

SF₆ 断路器是指以 SF₆ 气体作为灭弧介质和绝缘介质。该类型断路器具有断口耐压高、操作过电压低、允许的开断次数多、开断电流大、灭弧时间短、操作时噪声小及寿命长等优点。

SF₆ 气体是一种无色、无味、无毒、不可燃的惰性气体，具有优异的导热性能和冷却电弧特性。SF_6 气体具有非常稳定的化学效应，在正常温度范围内，与电气设备中常用的金属不发生任何反应，当温度大于 $500℃$ 时，SF_6 易分解，形成硫的低氟化合物。

SF_6 气体是一种具有高介电强度的介质，在均匀电场作用下为同一气压时空气的 $2.5～3$ 倍，在 3 个大气压时其介电强度与变压器油相当。SF_6 气体与水易发生化学反应产生氟化氢，这是一种有强腐蚀性和毒性的酸类。

SF_6 断路器具有断口耐压高、运行可靠、操作过电压低、允许的开断次数多、检修周期长、开断电流大、灭弧时间短、操作时噪声小、寿命长、体积和占地面积小等优点。

二、SF_6 断路器的灭弧室

依据灭弧室结构和灭弧原理不同，SF_6 断路器的分为压气式、自能式两种。

（一）压气式 SF_6 断路器的灭弧室

压气式 SF_6 断路器灭弧室的可动部分带有压气装置，利用在开断过程中活塞和汽缸的相对运动，压缩 SF_6 气体形成气体吹弧而熄灭电弧。压气式 SF_6 断路器按照灭弧式结构可分为变开距灭弧室和定开距灭弧室。

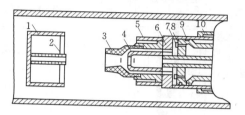

图 5-6　变开距灭弧室结构

1—主触头；2—弧静触头；3—喷嘴；4—弧动触头；
5—主动触头；6—压汽缸；7—逆止阀；8—压气室；
9—固定活塞；10—中间触头

1. 变开距灭弧室

由于灭弧过程中触头的开距是变化的，故称为变开距灭弧室。变开距灭弧室如图 5-6 所示。触头系统由主（工作）触头、弧触头和中间触头组成。

为了使分闸过程中压气室的气体集中向喷嘴吹弧，而在合闸过程中不致在压气室形成真空，故设置了逆止阀 7。在分闸时，逆止阀 7 堵住小孔，让 SF_6 气体集中向喷嘴 3 吹弧。合闸时逆止阀 7 打开，使压气室与固定活塞 9 的内腔相同，SF_6 气体从活塞小孔充入压气室 8，为下一次分闸做好准备。

2. 定开距灭弧室

图 5-7 所示为定开距灭弧室结构。断路器的触头由两个喷嘴的空心静触头 3、5 和动触头 2 组成。在关合时，动触头 2 跨接于静触头 3、5 之间，构成电流通路；开断时断路器的弧隙由两个静触头保持固定的开距，故称为定开距结构。

由绝缘材料制成的固定活塞 6 和与动触头 2 连成一体的压气罩 1 之间围成压气室 4。这种结构的喷嘴采用耐电弧性能好的金属或石墨等导电材料制成。石墨耐高温，在电弧作用下直接由固态变成气态，逸出功大，表面烧损轻。

定开距灭弧室断口电场均匀，灭弧开距小，触点从分离位置到熄弧位置的行程很短，电弧能量较小、熄弧能力强、燃弧时间短，可以开断很大的短路电流，但是压气室的体积较大。

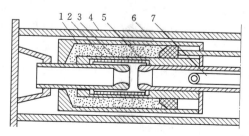

图 5-7　定开距灭弧室结构

1—压气罩；2—动触头；3、5—静触头；
4—压气室；6—固定活塞；7—拉杆

（二）自能式 SF_6 断路器

自能式 SF_6 断路器要利用操动机构带动汽缸与活塞做相对运动来压气熄弧，因而操动机构负担很重，要求操动机构的操作功率大。自能式 SF_6 断路器按灭弧原理可分为旋弧式、热膨胀式和混合吹弧式。

1. 旋弧式

旋弧式是利用设置在静触头附近的磁吹线圈在开断电流时自动地被电弧串接进回路，被开断的电流流过线圈，在动、静触头之间产生磁场，电弧在磁场的驱动下高速旋转，电弧在旋转过程中不断地接触新鲜的 SF_6 气体，使电弧受到冷却而熄灭。按磁吹和电弧的运动方式不同可分为径向旋弧式和纵向旋弧式。

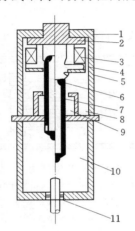

图 5-8　热膨胀式灭弧室结构
1—灭弧室；2—静触头；3—旋弧线圈；
4—触指；5—环状电极；6—喷嘴；
7—动触头；8—密闭间隔；9—辅
助吹气装置；10—排气间隔；
11—对大气的密封中心线左
边—断路器合闸、中心线
右边—断路器分闸

旋弧式灭弧室结构简单，不需要大功率的操动机构，电弧高速旋转，触头烧损轻微，寿命长，在中压系统中使用比较普遍。

2. 热膨胀式

热膨胀式是利用电弧本身的能量，加热灭弧室内的 SF_6 气体，建立高压力，形成压力差，并通过喷嘴释放，产生强力气流吹弧，从而达到冷却和吹灭电弧的目的。

热膨胀式灭弧室结构如图 5-8 所示。圆柱形的灭弧室被分成两个间隔，即密闭间隔 8 和比密闭间隔大得多的排气间隔 10。在这两个间隔中都充有 SF_6 气体。当断路器处于合闸位置时，动触头 7 通过触指 4 连接到静触头 2，如中心线右部所示。当动触头 7 运动一定距离后，在环状电极 5 和动触头 7 之间产生电弧。旋弧线圈 3 产生与触头的同轴磁场，环状电极 5 中的电弧垂直于旋弧线圈 3 的磁场，其间产生的电动力使电弧高速旋转，使电弧在 SF_6 气体中被拉长，旋转电弧不断接触新鲜的 SF_6 气体，释放热能，并将密闭间隔 8 中的气体加热，产生一个比排气间隔中更高的压力，当触头分开时，两个间隔经动触头 7 中的喷嘴 6 连通，此时，出现的气压差，被用来经过喷嘴形成纵向吹弧。在下一个电流过零点时熄灭电弧。

3. 混合吹弧式

无论是采用旋弧式灭弧还是热膨胀式灭弧，都能大大减轻操动机构的负担，提高断路器的性价比，但是任何一种灭弧室都有它的不足之处，为此往往需要将几种灭弧原理同时应用在断路器的灭弧室中。压气式加上自能吹弧的混合式灭弧有助于提高灭弧效能，不仅可以增大开断电流，而且可以明显减少操作功。混合吹弧式有多种方式，如旋弧＋热膨胀、压气＋热膨胀、压气＋旋弧、旋弧＋热膨胀＋助吹等。

三、SF_6 断路器的分类

按照对地绝缘方式不同，SF_6 断路器分落地罐式和瓷柱式两种。

1. 落地罐式

落地罐式 SF_6 断路器能满足高压大容量的要求，其触头和灭弧室装在充有 SF_6 气体并接地的金属罐中，触头与罐壁间的绝缘采用支持绝缘子，引出线靠瓷套管引出。落地罐

式 SF_6 断路器的结构如图 5-9 所示。

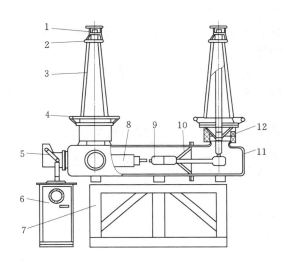

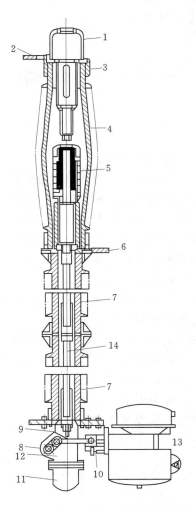

图 5-9　LW-330 型罐式 SF_6 断路器结构

1—接线端子；2—上均压环；3—出线瓷套管；4—下均压环；5—拐臂箱；6—机构箱；7—基座；8—灭弧室；9—静触头；10—盆式绝缘子；11—壳体；12—电流互感器

图 5-10　单压式定开距灭弧室绝缘套管支柱断路器

1—帽；2—上接线板；3—密封圈；4—灭弧室；5—动触头；6—下接线板；7—支柱绝缘子；8—轴；9—操动机构传动杆；10—辅助开关传动杆；11—吸附剂；12—传动机构箱；13—液压机构；14—操作拉杆

　　落地罐式 SF_6 断路器可利用出线套管安装电流互感器，外部为金属罐体，耐压能力强，采用低位布置抗震性能好，但系列性能差，用气量多。落地罐式 SF_6 断路器多用于 330kV 及以上电压等级。

　　2. 瓷柱式

　　瓷柱式 SF_6 断路器能够满足高电压大容量的要求。瓷柱式 SF_6 断路器的灭弧室安装在绝缘支柱上，通过串联灭弧室，并将它们安装在适当高度的绝缘瓷柱上，可获得任意的额定电压值。瓷柱式 SF_6 断路器的结构如图 5-10 所示。

瓷柱式 SF_6 断路器用气量少，结构简单，制造容易，运动不减少，系列性好，价格便宜；但重心高，抗震性能差。瓷柱式 SF_6 断路器主要用于 110kV 和 220kV 电压等级。

任务二 高压断路器的操动机构结构原理及使用

认知 1 操动机构基本知识

一、操动机构概述

（1）操动机构。操动机构是指独立于断路器本体外的对断路器进行操作的机械操动装置。操动机构是高压断路器的重要组成部分。一种型号的操动机构可以配用不同型号的断路器，而同一型号的断路器也可装配不同型号的操动机构。

（2）分类。断路器的操动机构分为电磁式、弹簧式、液压式、液压弹簧式、气动式、手动式几种，各种类型的操动机构都有一定的优、缺点。

（3）组成。断路器操动机构由储能单元、控制单元和力传递单元组成。

（4）作用。断路器进行合闸、分闸、重合闸操作，并保持在合、分闸状态，这些功能都是由操动机构完成的。

大量的统计资料表明，高压断路器的故障有 50% 以上是由于操动机构引起的误动或拒动。电磁机构的卡涩、气动机构的漏气和液压机构的漏油等，几乎成为人所共知的质量通病。因此，必须根据不同种类和型号的断路器合理选择操动机构。

二、型号含义

操动机构型号通常用数字和字母表示，具体含义如下：

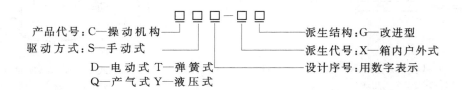

三、操动系统的组成

操动系统由以下几个主要部件组成：

（1）操作机构。其功能是将人力能或电能通过电磁铁或弹簧或气（液）体压缩转换成机构动作的机械能。

（2）传动机构。传动机构是连接操作机构和提升机构的过渡环节。

（3）提升机构。其功能是带动断路器动触头按一定轨迹运动，一般为直线运动或近似直线运动。

（4）缓冲器。其功能是吸收机构在动作过程即将结束时残留的动能，减少对装置本身的冲击力，有些还兼有改变速度特性的作用。

（5）信号指示器。其功能是指示断路器分、合闸位置。

四、对操动机构的要求

1. 合闸操作

断路器操动机构合闸操作时应满足以下几点要求：

（1）合闸操作在被施加了一定的能量后，应有足够快的合闸速度和合闸功率。在异常情况下，关合到短路故障电流预击穿时，产生的电动力，不应使触头受到电动力作用而不能正常合到位。

（2）在合闸终了位置时，应能使触头保持在良好的接触状态，保证通过正常的工作电流时不应超过正常所允许的发热温度。

（3）应具有很短的合闸时间，减少合闸时的电弧能量，防止电弧使触点熔焊。

（4）合闸时应能使触点平稳地过渡到稳定状态，尽可能少地发生弹跳现象。

2. 分闸操作

断路器操动机构分闸操作时应能够满足以下几点要求：

（1）分闸能量必须在合闸同时完成储能，能量不受外界条件影响。无论在什么状态下，一旦分闸命令给出后，必须执行并分闸。

（2）分闸时间必须在规定的时间范围内。分闸时间太短，则系统短路时直流分量过大，可能会引起分闸困难；分闸时间太长，则影响系统的稳定性。

（3）触点的分离速度是保证断路器开断性能的关键。不同类型的断路器其速度要求不同，对于配电网络，真空开关一般要求分闸速度在 1.0m/s，在半个周期内完成灭弧要求；对于高压网络，SF_6 断路器一般要求分闸速度在 10m/s 左右。

3. 自由脱扣及防跳跃

自由脱扣和防跳跃是断路器在控制回路中避免部分继电器或断路器故障时的一种防范措施。自由脱扣的含义是断路器在合闸过程中，如果操动机构又接到分闸命令，则操动机构不应继续执行合闸命令，而应立即分闸。防跳跃主要是在断路器分闸后又接着合闸，这种合闸不是人为的发出合闸指令或者重合闸指令。

4. 复位

断路器在接受一种指令后，恢复到接受下一种不同指令的状态，通常是等待合闸状态。复位通常在人为或者人为指令给出后才进行，以防止重复事故状态。复位的方式主要有电气或机械两种形式。

5. 操作电压

操作电压对断路器操作特性有比较大的影响。通常合闸操作电压对合闸时的特性有显著的反应（指电磁式）。因此在不同的特性要求下，合分闸电压要求不同。对于电磁机构，合闸电压在 80～85％时，应可靠合闸；分闸时由于分闸能量的自备作用，要求分闸电压为 65％时，能可靠执行命令。

6. 联锁功能

联锁功能主要有以下 3 个：

（1）分、合闸联锁。机构在分、合闸位置时，不能再进行相应地分、合闸操作。

（2）高、低压联锁。气压、液压低于或高于规定值时不能进行分、合闸操作。

（3）弹簧操动机构位置联锁。弹簧储能不到位置，机构不能进行分、合闸操作。

认知 2　弹簧操动机构

一、弹簧操动机构特点

弹簧操动机构是一种以弹簧作为储能元件的机械式操动机构。弹簧储能借助电动机通过减速装置来完成，并经过锁扣系统保持在储能状态。开断时，锁扣借助磁力脱扣，弹簧释放能量，经过机械传递单元驱使触头运动。

弹簧操动机构主要特点有以下几方面：

（1）不需要大功率的储能源，紧急情况下也可手动储能。所以其独立性和适应性强，可在各种场合使用。

（2）根据需要可构成不同合闸功能的操动机构，这样可以配用于 $10\sim220kV$ 各电压等级的断路器中。

（3）弹簧操动机构动作时间不受天气变化和电压变化的影响，保证了合闸性能的可靠性，工作比较稳定，合闸速度较快，且动作时间和工作行程比较短，运行维护也比较简单。

（4）结构比较复杂，机械加工工艺要求比较高。合闸操作时冲击力较大，要求有较好的缓冲装置。

二、弹簧操动机构合闸储能弹簧的形式

弹簧操动机构的合闸储能弹簧主要有 3 种形式。

（1）压簧。压簧在缠绕时，各圈之间应预留一定间隙，工作时主要受压力作用。弹簧两端的几圈称支承圈或称死圈。这种弹簧也称螺旋弹簧。

（2）拉簧。拉簧采用密绕而成，各圈之间不留间隙。弹簧两端一般采取加工成挂钩或采用螺纹拧入式接头。当采用拧入式接头时，凡是接头拧入的圈数都称死圈。死圈一般不得少于 3 圈。拉簧也称为螺旋卷簧。

（3）扭簧。要制造储存能量大的扭簧，加工比较困难，所以目前国产弹簧操动机构还未采用过这种形式，但国外产品已大量采用。这种弹簧也称为碟形弹簧。

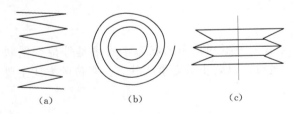

图 5-11　合闸弹簧的弹簧形式

(a) 螺旋弹簧；(b) 螺旋卷簧；(c) 碟形弹簧

图 5-11 所示为合闸弹簧 3 种形式的示意图。它们分别配置在不同的断路器上。例如，可同液压操动机构配合，作为液压操动机构的合闸储能部件。

弹簧操动机构的分闸则由专门的分闸弹簧完成。类似电磁式操动机构。分闸速度的调整靠分闸弹簧的压缩或拉伸来实现。

三、弹簧操动机构的形式

弹簧操动机构随着自能式断路器的问世应运而生。这种机构结构小巧，操作灵活，无

漏油和漏气之虑，可靠性高。

弹簧操动机构主要用于自能式 SF₆ 断路器。弹簧操动机构可分为两类：一类为夹板式结构；另一类为整体铸铝壳体式结构。夹板式结构如 AEG 公司的机构和国内 CT24 型机构。它为双夹板，结构扁平，机构本身不带分闸弹簧，分闸弹簧在断路器内。整体式结构如西门子、ABB、三菱等公司及国内相应的机构。整体铸铝壳体式结构紧凑且耐腐蚀，机构本身带分、合闸弹簧。这两种操动机构在国内自能式断路器中均有使用。弹簧操动机构本身也在不断改进，如阿尔斯通公司已经开发出第三代弹簧操动机构，其表现在减少了操作时的动态冲击力和传输时的无功消耗及零件数。

常用的 CT 型弹簧操动机构结构原理如图 5 - 12 所示。

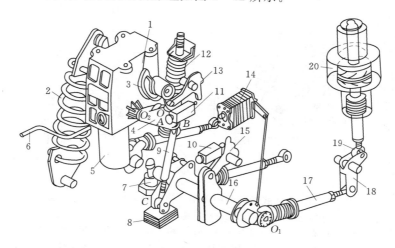

图 5 - 12 常用的 CT 型弹簧操动机构结构原理

1—减速器；2—合闸弹簧；3—齿轮；4—三角形杠杆；5—电动机；6—手摇把；7—分闸缓冲器；
8—合闸缓冲器；9—连杆；10—分闸电磁铁；11—合闸电磁铁；12—分闸弹簧；13—合闸掣子；
14—辅助开关；15—分闸锁扣；16—主轴；17—绝缘拉杆；18—转向拉杆；
19—万向接头；20—真空灭弧室

图 5 - 13 所示为自能式（压气＋热膨胀）断路器中所采用的弹簧操动机构结构示意。图 5 - 13（a）所示为分闸位置，分、合闸弹簧均未储能，储能时首先由储能电动机驱动棘爪轴 13，使两棘爪 14 交替运动，推动棘轮 11 沿顺时针方向转动，随着棘轮转动合闸弹簧 7 被压缩，当棘轮转动 80°后，合闸弹簧被压缩至最大压缩量，A 销被分闸保持掣子 6 锁定，从而完成了合闸储能，到达图 5 - 13（b）所示位置。合闸操作时，合闸电磁铁 5 的铁芯撞击合闸触发器 4，使分闸保持掣子与 A 销脱扣，棘轮在合闸弹簧的作用下，通过主轴 15 带动凸轮 10 顺时针方向转动，凸轮通过滚轮 16 使拐臂 12 沿逆时针方向转动，通过传动系统带动触点合闸，同时压缩分闸弹簧，当合闸到位时，分闸储能也同时完成，如图 5 - 13（c）所示，拐臂上的 B 销被合闸保持掣子 1 锁定，从完成合闸操作。一般情况下，合闸操作完成后，储能电动机会立即起动，再次进行合闸储能，为下一次合闸或重合闸做准备，再次储能后的位置如图 5 - 13（d）所示。

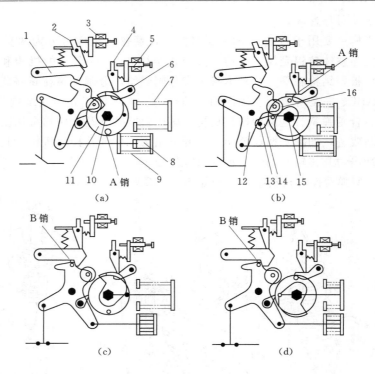

图 5-13　自能式断路器中采用的弹簧操动机构结构示意图

(a) 分闸位置（分闸弹簧已储能）；(b) 分闸位置（合闸弹簧已储能）；(c) 合闸位置（分闸
弹簧已储能，合闸弹簧未储能）；(d) 合闸位置（分、合闸弹簧均储能）

1—合闸保持掣子；2—分闸触发器；3—分闸电磁铁；4—合闸触发器；5—合闸电磁铁；6—分闸保持掣子；
7—合闸弹簧；8—油缓冲器；9—分闸弹簧；10—凸轮；11—棘轮；12—拐臂；
13—棘爪轴；14—棘爪；15—主轴；16—滚轮

任务三　隔离开关的结构及使用

认知 1　隔离开关基础知识

一、隔离开关概述

隔离开关又称隔离刀闸，是一种高压开关电器。因为它没有专门的灭弧装置，故不能用来切断负荷电流和短路电流。使用时应与断路器配合，只有在断路器断开时才能进行操作。隔离开关在分闸时，动静触头间形成明显可见的断口，绝缘可靠。

二、隔离开关的作用

隔离开关主要有以下 3 个作用。

1. 隔离电源

将需要检修的线路或电气设备与带电的电网隔离，形成明显的可见断点，以保证检修人员及设备的安全。此时，隔离开关切断的是没有电流的回路。

2. 倒闸操作

在双母线的电路中，可利用隔离开关将设备或线路从一组母线切换到另一组母线，实现运行方式的改变。此时，隔离开关开断的是一个只有很小不平衡电流的电路。

3. 接通和断开小电流电路

隔离开关可以直接操作小电流电路。例如：

（1）接通和断开电压互感器和避雷器电路。

（2）接通和断开额定电压为 10kV，长 5km 以内的空载配电线路。

（3）接通和断开额定电压为 35kV、容量为 1000kVA 及以下的和额定电压为 110kV、容量为 3200kVA 及以下的空载变压器。

（4）接通和断开电压为 35kV，长度在 10km 以内的空载配电线路。

三、隔离开关应满足的要求

（1）隔离开关应具有明显的断开点，便于确定被检修的设备或线路是否与电网断开。

（2）隔离开关断开点之间应有可靠的绝缘，以保证在恶劣的气候条件下也能可靠工作，并在过电压及相间闪络的情况下，不致从断开点击穿而危及人身安全。

（3）隔离开关应具有足够的热稳定性和动稳定性，尤其不能因电动力的作用而自动断开，否则将引起严重事故。

（4）带有接地闸刀的隔离开关必须有联锁机构，以保证先断开隔离开关后再合上接地闸刀，先断开接地闸刀后再合上隔离开关的操作顺序。

（5）隔离开关要装有和断路器之间的联锁机构，以保证正确的操作顺序，杜绝隔离开关带负荷操作的事故发生。

四、隔离开关的基本结构

隔离开关主要由以下 5 部分组成：

（1）导电部分。导电部分主要起传导电路中的电流、关合和开断电路的作用，包括触头、闸刀、接线座。

（2）绝缘部分。绝缘部分主要起绝缘作用，实现带电部分与接地部分的隔离，包括支柱绝缘子和操作绝缘子。

（3）传动部分。传动部分主要是接受操动机构的力矩，并通过拐臂、连杆、轴齿或操作绝缘子，将运动传递给触头，以完成隔离开关的关、合动作。

（4）操动部分。与断路器操动机构一样，通过手动、电动、气动、液压等方式向隔离开关的动作提供能源。

（5）支持底座。支持底座起支撑和固定作用。它将导电部分、绝缘子、传动机构、操动机构等固定为一体，并使其固定在基础上。

五、隔离开关的技术参数

（1）额定电压。它指隔离开关长期运行时所能承受的工作电压。

（2）最高工作电压。它指隔离开关能承受的超过额定电压的最高电压。

（3）额定电流。它指隔离开关可以长期通过的工作电流。

（4）热稳定电流。它指隔离开关在规定的时间内允许通过的最大电流。它表明了隔离开关承受短路电流热稳定的能力。

（5）极限通过电流峰值。它指隔离开关所能承受的最大瞬时冲击短路电流。

六、隔离开关的分类

隔离开关的分类方法很多，主要有以下几种分类方法：

（1）按装设地点的，可分为户内式和户外式。

（2）按绝缘支柱数目，可分为单柱式、双柱式和三柱式。

（3）按动触头运动方式，可分为水平旋转式、垂直旋转式、摆动式和插入式。

（4）按有无接地闸刀，可分为无接地闸刀、一侧有接地闸刀、两侧有接地闸刀。

（5）按操动机构，可分为手动式、电动式、气动式和液压式等。

（6）按极数，可分为单极和三极。

七、隔离开关型号含义

隔离开关的型号一般由文字符号和数字组成。

$$\boxed{1}\ \boxed{2}\ \boxed{3}-\boxed{4}\ \boxed{5}/\boxed{6}$$

$\boxed{1}$产品名称：G—隔离开关。

$\boxed{2}$安装地点：N—户内式；W—户外式。

$\boxed{3}$设计序号：一般以数字或字母表示。

$\boxed{4}$额定电压或最高工作电压（kV）。

$\boxed{5}$其他补充特性：C—瓷套管出线；D—带接地开关；K—快分型；G—改进型。

$\boxed{6}$额定电流（A）。

认知 2　GN19－12 系列隔离开关

一、结构特点

GN19－12 系列为插入式户内高压隔离开关，其结构如图 5－14 所示，采用三相共底座结构，主要由静触头、底座、支柱绝缘子、拉杆绝缘子、动触头组成。隔离开关的导电部分由动触头和静触头组成，每相导电部分通过两个支柱绝缘子固定在底座上，三相平行安装。隔离开关动、静触头的接触压力是靠两端接触弹簧维持的，每相动触头中间均连有拉杆绝缘子，拉杆绝缘子与安装在底座上的转轴相连，转动转轴，拉杆绝缘子操动动触头完成分、合闸。转轴两端伸出基座，其任何一端均可与所配用的手动操动机构相连。

GN19－10/1000 型及 GN19－10/1250 型在动、静触头接触处装有两件磁锁压板，当有很大的短路电流通过时，磁锁压板相互间产生的吸引电磁力增加了动、静触头的接触压力，从而增大了触头的动、热稳定性。

二、动作原理

分闸时由操作拐臂带动转轴旋转，使操作绝缘子向上顶着闸刀，使闸刀和静触头分开，闸刀绕触座旋转，静触头也在闸刀的带动下向上移动至分闸位置。合闸时由操作拐臂带动转轴旋转，使操作绝缘子拉着闸刀向下转动，在和静触头相遇后带动静触头旋转，一

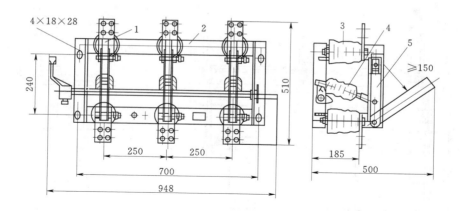

图 5-14　GN19-12 型高压隔离开关结构及安装尺寸

1—静触头；2—底座；3—支柱绝缘子；4—拉杆绝缘子；5—动触头

起转至合闸位置。

三、技术参数

GN19-12 系列高压隔离开关的技术参数如表 5-2 所示。

表 5-2　　　　　　　　　　　GN19-12 型系列隔离开关技术参数

型　　号	额定电压（kV）	最高工作电压（kV）	额定电流（A）	4s 热稳定电流（kA）	动稳定峰值电流（kA）
GN19-12/630-20			600	20	50
GN19-12/1000-31.5	10	12	1000	31.5	80
GN19-12/1250-40			1250	40	100

认知 3　GW4-40.5～126Ⅳ系列隔离开关

一、概述

GW4-40.5～126Ⅳ系列隔离开关采用水平 90°旋转传动方式，从而受力平衡稳定，操作轻巧可靠，结构简单；主触指与触指座之间设有分流铜绞线，更加可靠地保证了导电部分的通流能力；导电性能、绝缘性能与机械强度均能满足标准要求。

二、GW4-40.5～126Ⅳ（DW）结构

GW4-40.5～126Ⅳ系列隔离开关结构如图 5-15 所示。为双柱水平旋转式结构，由底座、支柱绝缘子、主闸刀系统、接地部分（不接地产品除外）、操动机构及传动部分组成。主闸刀分成两半，分别固定在支柱绝缘子上，触头的接触部分在两个瓷柱中间。主闸刀与接地开关之间装设有机械联锁装置，联锁装置设在底座主轴体法兰与接地轴上。

三、主要技术参数

GW4-40.5～126Ⅳ系列隔离开关的技术参数如表 5-3 所示。

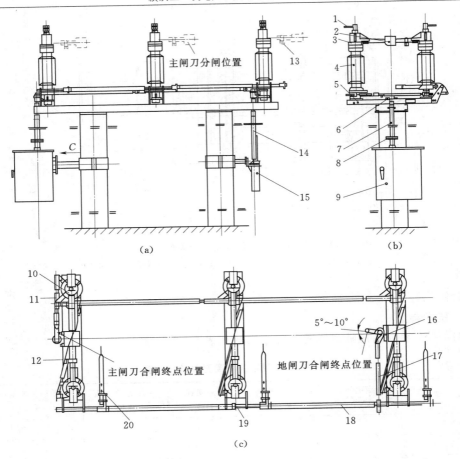

图 5 - 15　GW4 - 40.5～126Ⅳ（DW）系列左接地隔离开关安装示意图

（a）正视图；（b）侧视图；（c）俯视图

1—接线端子；2—触头；3—触指；4—支柱绝缘子；5—开关底座；6—主闸刀操作拐臂；7—主闸刀垂直连杆；
8—摩擦盘；9—主闸刀操作机构；10—主闸刀三相连杆；11—主闸刀操作连杆；12—单极连杆；
13—接地触指；14—地闸刀垂直连杆；15—地闸刀操动结构；16—地闸刀操作拐臂；
17—地闸刀操作连杆；18—地闸刀三相连杆；19—联锁板；20—接地闸刀

表 5 - 3　　　　　　　　　GW4 - 40.5～126Ⅳ系列隔离开关技术参数

序号	名　称	参　数		
1	额定电压（kV）	40.5	72.5	126
2	额定电流（A）	630　1250　1600　2000　3150　4000		
3	额定短时耐受电压（kV）	50　63　80　100　125		
4	额定峰值耐受电流（kA）	20　25　31.5　40　50		
5	额定短时耐受电流时间（s）	4		
6	主闸刀操作方式	三相联动或分相操作		
7	地闸刀操作方式	三相联动或分相操作		
8	机械寿命（次）	2000		

任务四　高压负荷开关的结构及使用

认知 1　高压负荷开关的基础知识

一、负荷开关的作用

负荷开关是一种带有简单灭弧装置、能开断和关合额定负荷电流的开关。

1. 开断和关合作用

用负荷开关来开断和关合负荷电流和小于一定倍数（通常为 3～4 倍）的过载电流；也可以用来开断和关合比隔离开关允许容量更大的空载变压器、更长的空载线路，有时也用来开断和关合大容量的电容器组。

2. 替代作用

负荷开关与限流熔断器串联组合可以代替断路器使用，即由负荷开关承担开断和关合小于一定倍数的过载电流，而由限流熔断器承担开断较大的过载电流和短路电流。

二、负荷开关的结构要求

基于负荷开关的工作特点，它在结构上应满足下列要求：

（1）要有明显可见的断点。负荷开关在分闸位置时要有明显可见的断点。

（2）要能经受尽可能多的开断次数，而无需检修触头和调换灭弧室装置的组成元件。

（3）要能关合短路电流，且能满足短路电流的动稳定性和热稳定性的要求。

三、负荷开关的结构类型

负荷开关分类方法很多，按其灭弧方式可分为油负荷开关、磁吹负荷开关、压气式负荷开关、产气式负荷开关、六氟化硫负荷开关和真空负荷开关，其中油负荷开关、磁吹负荷开关已被淘汰。

认知 2　几种高压负荷开关

一、管式产气式负荷开关

利用固体产气材料在电弧作用下产生气体来进行灭弧的负荷开关，称为产气式负荷开关。在产气式灭弧室中，灭弧材料在电弧的高温作用下汽化并产生多种气体，形成局部高压力，使电弧受到强烈吹弧和冷却作用，产生去游离使电弧熄灭。

管式灭弧室的结构及开断过程如图 5-16 所示，在这种灭弧室中，灭弧室本身不动，只有隔离闸刀和弧触刀运动。开断电路时，首先在开关主轴 1 和绝缘拉杆 2 的驱动下，打开隔离闸刀 3，即打开主触头，此时电流转移到保持触头 4 和随动弧刀 5 构成的随动系统。当主触头达到规定的开距后，保持触头处的随动弧刀脱扣，通过此间储能的弹簧 7 就可以快速地加速运动到分闸位置，在保持触头和随动弧刀尖端产生的电弧即可在灭弧室中熄灭。

当开断大电流时，采用气吹方法及通过对流原理，耗散电弧能量；开断小电流时，利用大面积的塑料壁冷却效应即电弧能量变成塑料最外层的分解热或吸收热。

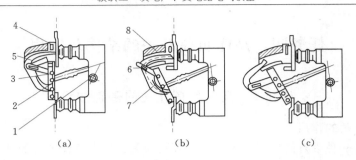

图 5 - 16 管式灭弧室结构及开断过程

(a) 弧室结构；(b)、(c) 开断过程

1—开关主轴；2—绝缘拉杆；3—隔离闸刀；4—保持触头；

5—随动弧刀；6—随动销；7—弹簧；8—灭弧室

二、转动式压气负荷开关

利用活塞和汽缸在开断过程中的相对运动将空气压缩，再利用被压缩的空气而熄弧的负荷开关，称为压气式负荷开关。通过增大活塞和汽缸容积，加大压气量，可提高开断能力。其结构复杂，操作功率大。

转动式结构的负荷开关是通过闸刀摆动完成关合与隔离。关合时，弧刀摆动插入压气室内；开断时，靠压气而熄弧。由于它的汽缸出口为一狭缝，且动触刀为一宽度仅为20mm 左右的刀片，触头分开后，电弧在一狭缝中燃烧，气压较集中，对熄弧有利，因而开断能力也较强。

FN3 - 10RT 型转动式结构的压气式高压负荷开关结构如图 5 - 17 所示。负荷开关主要由隔离开关和熔断器两部分组成。

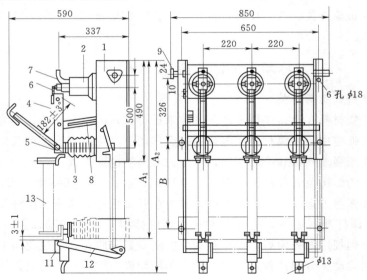

图 5 - 17 FN3 - 10RT 型压气式高压负荷开关结构

1—框架；2—上绝缘子；3—下绝缘子；4—闸刀；5—下触座；6—弧动触头；7—工作静触头；

8、12—绝缘拉杆；9—拐臂；10—接地螺栓；11—小拐臂；13—熔断器绝缘部分具有灭弧功能，其上绝缘子就是一个简单的灭弧室，它不仅起支柱绝缘子的作用，而且内部是一个汽缸，装设有由操动机构主轴传动的活塞，其作用类似打气筒。该绝缘子上部装有绝缘喷嘴和弧静触头。当负荷开关分闸时，在闸刀一端的弧动触头与绝缘子上的弧静触头之间产生电弧，由于分闸时主轴转动而带动活塞，压缩汽缸内空气从喷嘴喷出，对电弧形成纵吹，使之迅速熄灭。

三、真空负荷开关

真空负荷开关是利用真空灭弧室作为灭弧装置的负荷开关，开断电流大，适宜于频繁操作。其灭弧室较真空断路器的灭弧室简单、管径小。真空灭弧室固定在隔离刀上，真空断口与隔离断口串联。熄弧由真空灭弧室完成，主绝缘由隔离断口承担。关合时，隔离刀关合后真空灭弧室快速关合；开断时，真空灭弧室先分断后隔离刀打开，通过换向装置，隔离刀继续运动至接地位置。灭弧断口与隔离断口的配合有两种结构，即联动和联锁。

1. 联动式结构的负荷开关

ZFN-□-RD（"□"表示各种电压等级）型真空负荷开关采用联动式结构，将开断时的灭弧与绝缘功能分开，隔离刀承担绝缘功能。如图5-18所示，由一个操作手柄，通过特殊设计的传动系统同时操作真空灭弧室和串联的外隔离刀，以保证这两个断口按正确程序动作。为了减小负荷开关的高度，真空灭弧室2固定在隔离刀开关上。机构主轴4可操动隔离操作轴3和真空灭弧室操作轴5。合闸时，隔离操作轴3带动隔离刀先合上，真空灭弧室在过中弹簧的作用下后合；分闸时，真空灭弧室在过中弹簧的作用下快速分闸后，隔离刀接着分开。

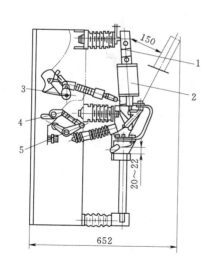

图5-18　联动式结构的负荷开关

1—隔离开关；2—真空灭弧室；3—隔离操作轴；
4—机构主轴；5—真空灭弧室操作轴

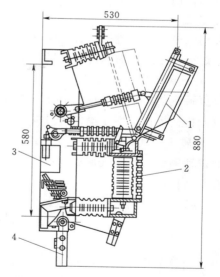

图5-19　联锁式结构的负荷开关

1—隔离开关（熔断器）；2—真空灭弧室；
3—弹簧操动机构；4—接地开关

2. 联锁式结构的负荷开关

FZN21-12D（R）系列户内式真空负荷开关采用联锁式结构，将真空灭弧室与隔离刀两功能元件通过机械联锁保证两元件按正确程序动作。其结构如图5-19所示，主要由隔离开关 1、真空灭弧室 2 、接地开关 4 组成。其中，真空灭弧室由弹簧操动机构 3 操动。真空灭弧室既能关合、开断各种电流，又能承受绝缘试验电压。隔离开关只在真空开关检修时打开。隔离开关与接地开关用一个操作手柄联动操作，以保证两者之间的操动程序正确。真空灭弧室配装有电动和手动弹簧操动机构，整台真空负荷开关具有两个操作手柄，既可电动也可手动。弹簧操动机构采用了电动弹簧过中合闸、电磁线圈分闸。

该结构用于组合电器时的最大特点是隔离开关与熔断器结合在一起，使组合电器的高度尺寸大大减小，同时，也使负荷开关与组合电器在外形和安装尺寸上一致，便于组合拼柜。

四、SF$_6$ 负荷开关

SF$_6$ 负荷开关是利用 SF$_6$ 气体作为绝缘和灭弧介质的负荷开关，在配电网中已广泛应用。

SF$_6$ 负荷开关按照灭弧原理可分为灭弧栅式、吸气＋去离子栅式、永磁旋弧式、压气式等，其中压气式使用较多；按动作特点又分直动式和回转式。

1．灭弧栅式

通常采用回转式结构，以灭弧栅熄灭电弧，以回转达到开断、隔离和接地三工位，结构紧凑。

2．吸气＋去离子栅式

灭弧室为单独的壳体，即灭弧介质和绝缘介质在设备内分开，其优点是即使外面的壳体被损坏，仍能保持全开断能力。

3．旋弧式

利用电流与永久磁铁结合，使电弧围绕静触头旋转，电弧被拉长和冷却，在电流过零时电弧熄灭。该结构简单可靠，触头磨损少，电气寿命长。

4．上下直动压气式

将灭弧室装在充有 SF$_6$ 气体的密封壳体内，在金属壳体底部装有安全阀；动触头由快速操动机构操作，不受操作人员的影响；接地开关具有短路关合能力。

5．回转压气式

通过动触头回转压气形成双断口，完成开断、隔离，有的还完成接地功能。动触头回转形成双断口。

小　　结

开关电器的作用是：在正常工作情况下，可靠地接通或开断电路；在改变运行方式时，灵活地切换操作；在系统发生故障时，迅速切除故障部分，以保证非故障部分的正常运行；在设备检修时，隔离带电部分以保证工作人员的安全。

根据开关电器在开断和关合电路中所承担的任务的不同，分为断路器、隔离开关、负荷开关等。高压断路器包括油断路器、SF$_6$ 断路器、真空断路器、压缩空气断路器等，是电力系统最重要的控制和保护设备，具有控制和保护两方面的作用。隔离开关是一种没有灭弧装置的高压开关，只能在开断前或关合过程中电路无电流或接近无电流的情况下开断和关合电路。负荷开关是一种能开断和关合额定负荷电流的开关，它带有简单灭弧装置。

　　根据所提供的能源形式的不同，操动机构的类型可分为手动操动机构、电磁操动机构、弹簧操动机构、液压操动机构和气压操动机构等。

思　考　练　习

1. 高压断路器的作用是什么？对其有哪些基本要求？
2. 高压断路器有哪几类？其技术参数有哪些？
3. 真空断路器的结构有什么特点？
4. 对断路器操动机构的要求有哪些？操动机构有哪些类型？
5. CT10 型操动机构由哪几部分组成？动作过程如何？
6. 隔离开关的用途是什么？它是如何分类的？
7. 高压断路器型号的含义是什么？隔离开关型号的含义是什么？
8. 负荷开关的作用是什么？它与隔离开关在结构原理上的主要区别是什么？
9. 负荷开关在结构上应满足哪些要求？如何调整负荷开关以满足其要求？

项目六　互感器的结构、原理及使用

能力目标

（1）熟悉互感器的种类、作用和互感器的连接方法和工作特性。

（2）掌握互感器的工作原理和互感器误差的概念。

（3）掌握电流互感器和电压互感器的工作特性、分类方法、技术参数和接线方式。

案例引入

问题：

1. 图 6-1（a）所示的电流互感器有什么作用？工作原理是什么？有哪些类型？

2. 图 6-1（b）所示的电压互感器有什么作用？工作原理是什么？有哪些类型？

（a）　　　　　　　　　　　　（b）

图 6-1　互感器外形

（a）电流互感器；（b）电压互感器

知识要点

任务一　互感器的分类、作用及原理

认知 1　互感器的分类和作用

一、互感器的分类

互感器是电力系统中一次系统与二次系统之间的联络元件，用来变换电流和电压，分别为测量仪表、保护、监视和控制装置提供各种电流或电压信号，反映电气设备的正常运行和故障情况。互感器分为电流互感器（TA）和电压互感器（TV）两种。

二、互感器与系统的连接

互感器是一种特殊的变压器，其基本结构与变压器相同，并按变压器原理工作。其一、二次绕组与系统的连接方式如图 6-2 所示。

电压互感器一次绕组并接于电网，二次绕组与测量仪表或继电器电压线圈并联。电流互感器一次绕组串接于电网（与支路负载串联），二次绕组与测量仪表或继电器的电流线圈相串联。

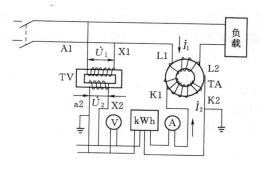

图 6-2　互感器与系统连接

三、互感器的作用

（1）将一次回路的高电压和大电流变为二次回路的标准值，即电流互感器二次侧标准值为 5A 或 1A，电压互感器二次侧标准值为 100V 或 $100/\sqrt{3}$V。

（2）使一次设备与二次设备实现电气隔离，保证了人身和设备的安全。

（3）取得零序电流、电压分量供反应接地故障的继电保护装置使用。

<h2 style="text-align:center">认 知 2　互 感 器 的 工 作 原 理</h2>

电力系统中采用的互感器按其工作原理，可分为电磁式互感器和电容式互感器。

一、电磁式互感器工作原理

（一）电磁式电流互感器的工作原理

电力系统中广泛采用电磁式电流互感器，其工作原理如图 6-3 所示。

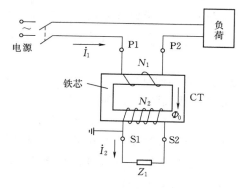

图 6-3　电磁式电流互感器原理接线

1. 电磁式电流互感器的工作原理

电磁式电流互感器的工作原理与变压器相似。当一次侧流过电流 $\dot{I}_1$ 时，在铁芯中产生交变磁通，此磁通穿过二次绕组，产生电动势，在二次回路中产生电流 $\dot{I}_2$，则电流互感器的磁动势平衡方程为

$$\dot{I}_1 N_1 + \dot{I}_2 N_2 = \dot{I}_0 N_1 \qquad (6-1)$$

如果忽略很小的励磁电流，即 $\dot{I}_0 = 0$，则

$$\dot{I}_1 N_1 = -\dot{I}_2 N_2$$

如果仅考虑以额定值表示的电流数值关系，则可得出

$$I_{1N} N_1 = I_{2N} N_2 \qquad (6-2)$$

电流互感器一、二次侧额定电流之比，称为电流互感器的额定电流比，用 K_i 表示，则

$$K_i = I_{1N}/I_{2N} \approx N_2/N_1 \approx I_1/I_2 \qquad (6-3)$$

式中 I_{1N}，I_{2N}——一、二次绕组额定电流；

$\quad\quad I_1$，I_2——一、二次绕组工作电流；

$\quad\quad N_1$，N_2——一、二次绕组匝数。

由式（6-3）可知，电流互感器二次电流 I_2 近似与一次电流 I_1 成正比，测出二次电流，按照变比放大，即可得到一次电流的大小。

2. 电磁式电流互感器的误差

电流互感器的简化相量图如图 6-4 所示。一次电流 $\dot{I}_1$ 应等于 $\dot{I}_0$ 与 $\dot{I}_2$ 之和，所以一次电流 $\dot{I}_1$ 与 $-\dot{I}_2$ 相差 δ_i 角，即励磁电流 $\dot{I}_0$ 导致一、二次电流在大小和相位上都出现了偏差，通常用电流误差和相角误差表示。

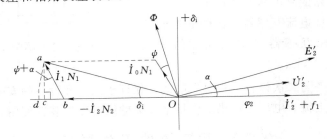

图 6-4 电流互感器的简化相量图

（1）电流误差（又称比差）f_i。电流互感器实际测量出来的电流 I_2 乘上互感器额定电流比即 $K_i I_2$ 与实际一次电流 I_1 之差，占 I_1 的百分数，即

$$f_i = \frac{K_i I_2 - I_1}{I_1} \times 100\% \quad\quad (6-4)$$

（2）相角误差（又称角差）δ_i。旋转 180° 的二次电流 $-\dot{I}'_2$ 与一次电流 $\dot{I}_1$ 之间的夹角。规定 $-\dot{I}'_2$ 超前于 $\dot{I}_1$ 时，δ_i 为正，反之为负。

（二）电磁式电压互感器的工作原理

电磁式电压互感器原理接线如图 6-5 所示。

1. 电磁式电压互感器工作原理

电磁式电压互感器的工作原理与变压器相同，结构也相似，一次绕组匝数很多，而二次绕组匝数很少，相当于降压变压器。其一、二次侧电动势平衡方程式为

$$\dot{U}_1 = -\dot{E}_1 + \dot{I}_1 Z_1$$

$$\dot{U}_2 = \dot{E}_2 - \dot{I}_2 Z_2 \quad\quad (6-5)$$

图 6-5 电磁式电压
互感器原理接线

忽略一、二次侧绕组漏阻抗的压降，可得

$$\dot{U}_1 \approx -\dot{E}_1$$

$$\dot{U}_2 \approx \dot{E}_2 \qu\quad (6-6)$$

因此有

$$U_1 \approx (N_1/N_2)U_2 \approx K_u U_2 \qquad (6-7)$$

式中　$\dot{U}_1$，$\dot{U}_2$——一、二次绕组电压；

$\qquad \dot{E}_1$，$\dot{E}_2$——一、二次绕组电动势；

$\qquad K_u$——电压互感器一、二次绕组匝数比。

由式（6-7）可知，电磁式电压互感器二次侧电压 U_2 近似与一次侧电压 U_1 成正比，测出二次侧电压，便可确定一次侧电压。

2. 电磁式电压互感器的误差

由于电压互感器存在励磁电流和内阻抗，使二次电压与一次电压大小不等，相位差也不等于 $180°$，即电压互感器测量结果呈现误差，通常用电压误差和角误差表示。

（1）电压误差（又称比值差）f_u。电压误差为二次电压的测量值乘额定互感比所得一次电压的近似值（$U_2 K_u$）与实际一次电压 U_1 之差，而以后者的百分数表示，即

$$f_u = \frac{K_u U_2 - U_1}{U_1} \times 100\% \qquad (6-8)$$

（2）角误差（又称相角差）δ_u。角误差为旋转 $180°$ 的二次电压相量与一次电压相量之间的夹角 δ_u，并规定二次侧电压相量超前于一次侧电压相量时，角误差为正值；反之，则为负值。

二、电容式电压互感器的工作原理

电容式电压互感器原理接线如图 6-6 所示。

电容式电压互感器实质上是一个电容分压器，在被测装置的相和地之间接有电容 C_1 和 C_2，按反比分压，C_2 上的电压为

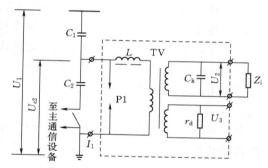

图 6-6　电容式电压互感器原理接线

$$U_{C2} = \frac{U_1 C_1}{C_1 + C_2} = K U_1 \qquad (6-9)$$

式中　K——分压比，$K = C_1/(C_1 + C_2)$。

由于 U_{C2} 与一次电压 U_1 成比例变化，故可测出相对地电压。当 C_2 两端与负荷接通时，由于 C_1、C_2 有内阻压降，使 U_{C2} 小于电容分压值，负荷越大误差越大。内阻抗为

$$Z_i = \frac{1}{j\omega(C_1 + C_2)} \qquad (6-10)$$

为了减小 Z_i，可在 a、b 回路中加入一补偿电抗 L，则内阻抗为

$$Z_i = j\omega L + \frac{1}{j\omega(C_1 + C_2)} \qquad (6-11)$$

当 $\omega L = 1/[\omega(C_1 + C_2)]$ 时，输出电压 U_{C2} 与负荷无关。

电容式电压互感器的误差由空载误差、负载误差和阻尼负载电流产生的误差等几部分组成，除受 U_1、Z_{21}、功率因数的影响外，还与电源频率有关，当系统频率变化超出 $\Delta f = \pm 0.5\,\mathrm{Hz}$ 范围时，由于 $\omega L \neq 1/[\omega(C_1 + C_2)]$，因而会产生附加误差。

任务二 电流互感器结构、原理

认知 1 电流互感器基础知识

一、电流互感器工作特性

(1) 正常运行时，二次绕组近似于短路工作状态。

(2) 一次电流的大小决定于一次负载电流，与二次电流大小无关。

(3) 运行中的电流互感器二次回路不允许开路。

(4) 电流互感器的一次电流变化范围很大。

(5) 电流互感器的结构应满足热稳定和电动稳定的要求。

二、电流互感器的种类和型号

1. 电流互感器的种类

(1) 按安装地点可分为屋内式和屋外式。

(2) 按安装方式可分为穿墙式、支持式和装入式。

(3) 按绝缘可分为干式、浇注式、油浸式、气体式等。

(4) 按一次绕组匝数可分为单匝式和多匝式。单匝式分为贯穿型和母线型两种。

(5) 用途可分为测量用和保护用。

2. 电流互感器的型号

电流互感器的型号一般用数字和字母表示，由两部分组成，斜线以前部分包括产品型号的符号和设计序号。电流互感器的型号及其各字母含义如下：

$$\boxed{1}\ \boxed{2}\ \boxed{3}\ \boxed{4}\ \boxed{5}-\boxed{6}/\boxed{7}\ \boxed{8}$$

$\boxed{1}$产品名称：L—电流互感器。

$\boxed{2}$一次绕组形式：M—母线式；F—贯穿复匝式；D—贯穿单匝式；Q—线圈式。

安装形式：A—穿墙式；B—支持式；Z—支柱式；R—装入式。

$\boxed{3}$绝缘形式：Z—浇注绝缘；C—瓷绝缘；J—树脂浇注；K—塑料绝缘。

$\boxed{4}$结构形式：W—户外式；M—母线式；G—改进式；Q—加强式。

用途：B—保护用；D—差动保护用；J—接地保护用；X—小体积柜用；S—手车柜用。

$\boxed{5}$设计序号。

$\boxed{6}$额定电压（kV）。

$\boxed{7}$准确度等级。

$\boxed{8}$额定电流（A）。

例如，LQ-0.5/0.5-100，表示线圈式、0.5kV、准确度等级为 0.5 级、一次额定电流为 100A 的电流互感器。

三、电流互感器的技术参数

1. 额定电压

电流互感器的额定电压是指一次绕组对二次绕组和地的绝缘额定电压。

2. 额定电流

设备生产厂家规定的运行状态下，通过电流互感器一、二次绕组的电流。

3. 额定电流比

电流互感器一、二次侧额定电流之比值称为电流互感器的额定电流比，也称为额定互感比，用 K_{Ni} 表示，即

$$K_{Ni} = \frac{I_{1N}}{I_{2N}} \tag{6-12}$$

4. 额定二次负载

电流互感器的额定二次负载是指在二次电流为额定值、二次负载为额定阻抗时，二次侧输出的视在功率。通常额定二次负载功率为 2.5～100VA，共有 12 个额定值。

把以伏·安表示的负载值换算成欧姆值表示时，则

$$Z_2 = \frac{S_2}{I_{2N}^2} \tag{6-13}$$

式中　I_{2N}——额定二次电流，A；

　　　S_2——以伏·安值表示的二次负载，VA；

　　　Z_2——以欧姆值表示的二次负载，Ω。

同一台电流互感器在不同的准确度等级工作时，有不同的额定容量和额定负载阻抗。

5. 准确度等级

电流互感器的测量误差，可以用其准确度等级来表示，根据测量误差的不同，划分出不同的准确级。电流互感器的准确度等级分为 0.2、0.5、1.0、3.0、10 级和 D、B、C 几级。一般其误差限值见表 6-1。

表 6-1　　　　　　　　　　　电流互感器的准确级和误差限值

准确级	一次电流占额定电流的百分数（%）	误差限值		二次负荷变化范围
		比值差（±%）	相位差（±′）	
0.2	10	0.5	20	(0.25～1)S_e
	20	0.35	15	
	100～200	0.2	10	
0.5	10	1.0	60	(0.25～1)S_e
	20	0.75	45	
	100～200	0.5	30	
1	10	2.0	120	(0.25～1)S_e
	20	1.5	90	
	100～200	1.0	60	
3	50～120	3	不规定	(0.25～1)S_e
10	50～120	10		
D	100	3	不规定	S_e
(B、C)	100n	-10		

0.2 级一般用于精密测量，0.5 级用于电能计量，1.0 级用于盘式仪表，3.0 级用于过电流保护，10 级用于非精密测量及继电器，D 级用于差动保护。

为了便于继电保护整定，需要制造厂提供 P 级电流互感器的 10％误差曲线，表示在保证电流误差不超过 10％的条件下，一次电流的倍数 $n=I_1/I_{1N}$ 与允许最大二次负载阻抗 Z_2 的关系曲线，如图 6-7 所示。

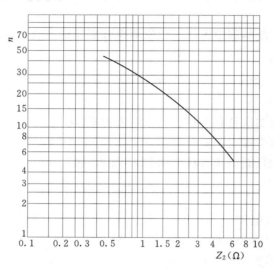

图 6-7　电流互感器 10％误差曲线

认 知 2　电 流 互 感 器 的 结 构

一、浇注式电流互感器

浇注式电流互感器结构简单，适用于 35kV 及以下电压等级。图 6-8 所示为 LCZ-35（Q）型电流互感器实物及外形。

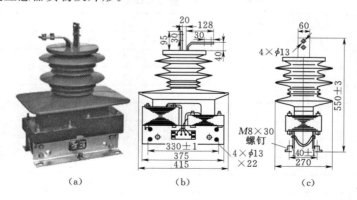

(a)　　　　　　　　　　(b)　　　　　　　　　　(c)

图 6-8　LDZ1-10、LDZJ1-10 型环氧树脂浇注绝缘单匝式电流互感器实物及外形
(a) 实物；(b) 正视图；(c) 侧视图

该电流互感器为环氧树脂浇注绝缘半封闭式，引出线在顶部，铁芯由条形硅钢片叠装而成，并用夹件夹装在环氧树脂浇注体上。适用于额定电压为 35kV 户内电力线路及设备

中作电流、电能测量和继电保护用。

LCZ-35（Q）型电流互感器的技术参数如表 6-2 所示。

表 6-2　　　　　　　　　　　LCZ-35（Q）型电流互感器的技术参数

产品型号	额定电流比	次级组合	准确度等级及额定输出 cosφ=0.8				一秒热稳定电流（kA）	动稳定电流（kA）
			0.2S	0.2	0.5	10P15		
LCZ-35（Q）	20/5	0.2S/0.2S	10	30	50	50	1.3	3
	30/5						2	4.5
	40/5	0.2S/0.2					2.6	6
	50/5	0.2S/0.5					3.3	7.5
	75/5	0.2/0.2					4.9	11.3
	100/5	0.2/0.5					6.5	15
	150/5						9.8	22.5
	200/5						13	30
	300/5	0.2S/0.2S					19.5	45
	400/5	0.2S/0.2					26	60
	600/5	0.2S/0.5					39	90
	800/5	0.2/0.2	15	50			52	80
	1000/5	0.2/0.5					65	100

二、油浸式电流互感器

35kV 及以上户外式电流互感器多为油浸式结构，主要由底座（或下油箱）、器身、储油柜（包括膨胀器）和瓷套四大件组成。瓷套是互感器的外绝缘，并兼作油的容器。图 6-9 所示为 LB6-110（GYW₂）型电流互感器的实物及外形结构。

LB6-110（GYW₂）型电流互感器适用于户外、中性点直接接地的 110kV、50Hz 交流电力系统中，作电能、电流测量和继电保护用。该系列电流互感器采用油纸电容式绝缘结构，由油箱、瓷套、一次绕组、二次绕组、储油箱、膨胀器等组成。

一次导体由多根异形铝管或多股纸包铜扁线组成，导体外面绕包电容式主绝缘后形成一次绕组，为使拼腿时机械应力分布均匀，不损伤主绝缘，一次导体预弯成 U 形，拼腿后形成 U 形。一次导体的输出级端子经储油柜上相应的 4 个圆孔引出，输出级与储油柜之间由小瓷套绝缘，互感器的串并联换接在外部进行。

二次绕组可有两个或 3 个保护级，两个或

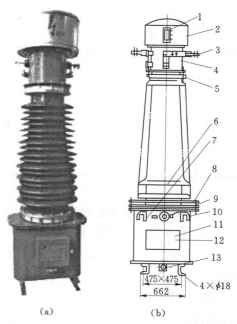

（a）　　　　　　　　（b）

图 6-9　LB6-110（GYW₂）型电流互感器
实物及外形结构

1—油位视察窗；2—膨胀器；3—一次出线端子；
4—储油柜；5—上压环；6—瓷套；7—油箱；
8—下压环；9—末屏接地端；10—吊攀；
11—二次接线盒；12—铭牌；
13—放油活塞

67

一个测量级。二次绕组铁芯采用优质的冷轧取向硅钢片制成，且二次绕组设有抽头，可以通过串并联换接和中间抽头获得 3 种变化。

互感器采用膨胀器密封结构，对互感器因温度变化而进行补偿，膨胀器上的指针可以清晰地指出油温的位置。

LB6－110（GYW$_2$）型电流互感器的技术参数如表 6－3 所示。

表 6－3　　　　　　　　LB6－110（GYW$_2$）型电流互感器技术参数表

型号	额定电流比（A）	次级组合	准确级	额定输出（VA）		准确限值系数	瓷套爬电距离（mm）	额定一秒热稳定电流（kA）	额定动稳定电流（kA）
				满匝	抽头				
LB6－110 LB6－110W2 LB6－110W3	2×50/5	5P/5P/5P /0.2	10P	50		15	1980 W2： 3150 W3： 3850	5.3～10.6	13～26
	2×75/5							7.9～15.8	20～40
	2×100/5							10.5～21	27～54
	2×150/5							15.8～31.6	40～80
	2×200/5							21～42	54～108
	2×300/5		0.5	50				31.5～45	80～115
	2×400/5							31.5～45	80～115
	2×500/5							31.5～45 （3s）	80～115
	2×600/5 抽头（2×300/5）	5P/5P/5P /0.2(0.5)	10P	50		15		31.5～45 （3s）	80～115
	2×750/5 抽头 （2×400/5）								
	2×1000/5 抽头 （2×500/5）		0.5	50	30				

三、SF$_6$ 气体绝缘电流互感器

SF$_6$ 电流互感器有两种结构形式：一种是与 SF$_6$ 组合电器（GIS）配套用的；另一种是可单独使用的，通常称为独立式 SF$_6$ 电流互感器，这种互感器多做成倒置式结构。

图 6－10 所示为 LVQB－110W$_2$ 型电流互感器。该电流互感器采用 SF$_6$ 绝缘的倒置式结构，主要由躯壳、瓷套、二次绕组组件及其支撑、底座等组成。躯壳、一次绕组、二次绕组之间绝缘由 SF$_6$ 气体组成。二次绕组引绕通过支撑管从底座上的二次接线板引出，瓷套由高强度瓷烧制成，能承受很高的压力作用。壳体顶部装有防焊片，以避免突发事故的发生。底座上设置有 SF$_6$ 气体压力表、阀门、密度继电器和二次接线板等。

LVQB－110W$_2$ 型 SF$_6$ 气体绝缘电流互感器技术参数见表 6－4。

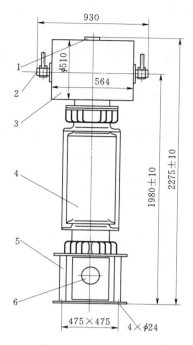

图 6 - 10　LVQB - 110W$_2$ 型 SF$_6$ 电流互感器外形结构及安装尺寸

1—防爆装置；2——次接线端子；3—壳体；4—瓷套；5—底座；6—二次出线座

表 6 - 4　　　　　　LVQB - 110W$_2$ 型 SF$_6$ 气体绝缘电流互感器技术参数表

系统标称电压（V）	额定电流比（A）	次级组合	测量级额定二次负荷与仪表保安系数 FS	保护级（P）额定二次负荷与准确限值系数	短时热稳定电流（3s）（kA）	额定动稳定电流（kA）	爬电距离（mm）
110	2×300/5 2×400/5 2×600/5	5P/5P/5P/0.2 10P/10P/10P/ 10P/0.2 10P/10P/10P/	30～60VA FS5 或 FS10	30～60VA 10P15～10P30 5P15～5P25	45	115	≥3150
	1500～2000/5	10P/0.5			50	125	

任务三　电压互感器结构、原理

认知 1　电压互感器基础知识

一、电压互感器的工作特性

电磁式电压互感器用于 0.4kV 及以上电压等级的交流装置中，其工作特性如下：

（1）正常运行时，电压互感器二次绕组近似工作在开路状态。

（2）电压互感器一次侧电压决定于一次电力网的电压，不受二次负载的影响。

（3）运行中的电压互感器二次侧绕组不允许短路。

二、电压互感器的种类和型号

1. 电磁式电压互感器的种类

（1）按安装地点可分为户内式和户外式。20kV 及以下电压等级一般为户内式，35kV 及以上电压等级一般为户外式。

（2）按相数可分为单相式和三相式。一般 20kV 及以下电压等级制成三相式，35kV 以上电压等级制成单相式。

（3）按每相绕组数可分为双绕组和三绕组式。三绕组电压互感器有两个二次侧绕组，即基本二次绕组和辅助二次绕组，辅助二次绕组供绝缘监察或接地保护用。

（4）按绝缘方式可分为干式、浇注式、油浸式、气体绝缘式等几种。干式多用于低压；浇注式用于 3～35kV；油浸式主要用于 35kV 及以上的电压互感器。

2. 电压互感器的型号

电压互感器的型号一般用数字和字母表示，包括产品型号符号和设计序号，短横线后为电压等级。电压互感器的型号及其各字母含义如下：

$$\boxed{1}\ \boxed{2}\ \boxed{3}\ \boxed{4}\ \boxed{5}-\boxed{6}$$

$\boxed{1}$产品名称：J—电压互感器。

$\boxed{2}$相数：D—单相；S—三相。

$\boxed{3}$绝缘形式：J—油浸式；G—空气（干式）；Z—浇注成型固体；Q—气体；C—瓷绝缘；R—电容分压式。

$\boxed{4}$结构形式及用途：X—带剩余（零序）绕组；B—三柱带补偿绕组式；W—五柱三绕组；C—串极式带剩余（零序）绕组；F—测量和保护分开的二次绕组。

$\boxed{5}$设计序号。

$\boxed{6}$额定电压（kV）。

例如，JDZ6-10，表示第六次改进型设计、浇注绝缘、单相、10kV 电压互感器。

三、电压互感器的技术参数和接线

（一）电压互感器技术参数

1. 额定一次电压

作为电压互感器性能基准的一次电压值。供三相系统相间连接的单相电压互感器，其额定一次电压应为国家标准额定线电压；对于接在三相系统相与地间的单相电压互感器，其额定一次电压应为上述值的 $1/\sqrt{3}$，即相电压。

2. 额定二次电压

额定二次电压按互感器使用场合的实际情况来选择，标准值为 100V；供三相系统中相与地之间用的单相互感器，当其额定一次电压为某一数值除以 $\sqrt{3}$ 时，额定二次电压必须除以 $\sqrt{3}$，以保持额定电压比不变。

接成开口三角形的辅助二次绕组额定电压，用于中性点有效接地系统的互感器，其辅助二次绕组额定电压为 100V；用于中性点非有效接地系统的互感器，其辅助二次绕组额定电压为 100V 或 100V/3。

3. 额定变比

电压互感器的额定变比是指一、二次绕组额定电压之比，也称额定电压比或额定互感比，用 K_u 表示。

4. 额定容量

电压互感器的额定容量是指对应于最高准确度等级时的容量。额定容量通常以视在功率的伏·安值表示。标准值最小为 10VA，最大为 500VA，共有 13 个标准值，负荷的功率因数为 0.8（滞后）。

5. 额定二次负载

保证准确度等级为最高时，电压互感器二次回路所允许接带的阻抗值。

6. 额定电压因数

互感器在规定时间内仍能满足热性能和准确度等级要求的最高一次电压与额定一次电压的比值。

7. 电压互感器的准确度等级

电压互感器的准确度等级就是指在规定的一次电压和二次负载变化范围内，负载的功率因数为额定值时电压误差的最大值。测量用电压互感器的准确度等级有 0.1、0.2、0.5、1、3 级，保护用电压互感器的准确度等级规定有 3P 和 6P 两种。电压互感器的准确度等级和误差限值见表 6-5。

表 6-5 电压互感器的准确度等级和误差限值

准确度等级	误 差 限 值		一次电压变化范围	频率、功率因数及二次负荷变化范围
	电压误差（±%）	角误差（′）		
0.1	0.1	3		
0.2	0.2	10		
0.5	0.5	20	$(0.8 \sim 1.2)$ U_{N1}	$(0.25 \sim 1)S_{N2}$ $\cos\varphi_2 = 0.8$ $f = f_N$
1	1.0	40		
3	3.0	不规定		
3P	3.0	120	$(0.05 \sim 1)$ U_{N1}	
6P	6.0	240		

电压互感器应能准确地将一次电压变换为二次电压，才能保证测量精确和保护装置正确动作，因此电压互感器必须保证一定的准确度。如果电压互感器的二次负载超过规定值，则二次电压就会降低，其结果是不能保证准确的，使得测量误差增大。

（二）电压互感器的接线方式

在三相电力系统中，通常需要测量的电压有线电压、相对地电压和发生单相接地故障时的零序电压。为了测量这些电压，图 6-11 示出了几种常见的电压互感器接线。

（1）图 6-11（a）所示为一台单相电压互感器的接线，可测量某一相间电压（35kV 及以下的中性点非直接接地电网）或相对地电压（110kV 及以上中性点直接接地电网）。

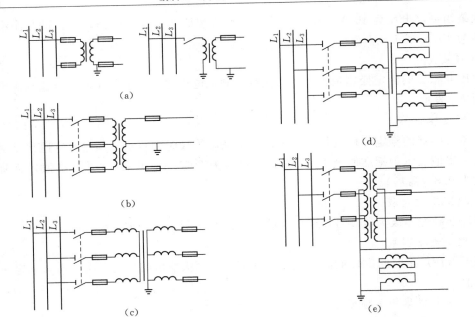

图 6 - 11　电压互感器的接线方式

(a) 单相接线；(b) Vv 接线；(c) 三相三柱式互感器接线；

(d) 三相五柱式互感器接线；(e) 3 台单相电压互感器接线

（2）图 6 - 11（b）所示两台单相电压互感器接成 Vv 连接。广泛用于 20kV 及以下中性点不接地或经消弧线圈接地的电网中，测量线电压，不能测量相电压。

（3）图 6 - 11（c）所示为一台三相三柱式电压互感器接成 Yyn 接线，只能用来测量线电压，不许用来测量相对地电压，因为它的一次侧绕组中性点不能引出，故不能用来监视电网对地绝缘。其原因是中性点非直接接地电网中发生单相接地时，非故障相对地电压升高 $\sqrt{3}$ 倍，三相对地电压失去平衡，在 3 个铁芯柱将出线零序磁通。由于零序磁通是同相位的，不能通过 3 个铁芯柱形成闭合回路，而只能通过空气间隙和互感器外壳构成通路。因此磁路磁阻很大，零序励磁电流很大，引起电压互感器铁芯过热甚至烧坏。

（4）图 6 - 11（d）所示为一台三相五柱式电压互感器接成的 YN$_{ynd}$ 接线。其一次侧绕组、基本二次侧绕组接成星形，且中性点均接地，辅助二次侧绕组接成开口三角形。这种接线可用来测量线电压和相电压，还可用作绝缘监察，故广泛用于小接地电流电网中。当系统发生单相接地时，三相五柱式电压互感器内出现的零序磁通可以通过两边的辅助铁芯柱构成回路。辅助铁芯柱的磁阻小，零序励磁电流也小，因而不会出现烧毁电压互感器的情况。

（5）图 6 - 11（e）所示为 3 台单相三绕组电压互感器接成的 YN$_{ynd}$ 接线，广泛应用于 35kV 及以上电网中，可测量线电压、相对地电压和零序电压。这种接线方式发生单相接地时，各相零序磁通以各自的电压互感器铁芯构成回路，因此对电压互感器无影响。该种接线方式的辅助二次绕组接成开口三角形，对于 35～60kV 中性点非直接接地电网，其相电压为 100V/3，对中性点直接接地电网，其相电压为 100V。

认 知 2　电 压 互 感 器 结 构

一、浇注式电压互感器

浇注式电压互感器结构紧凑，维护简单，适用于 3～35kV 电压等级的户内配电装置。

一次绕组和各低压绕组以及一次绕组出线端的两个套管均浇注成一个整体，然后再装配铁芯，这种结构称为半浇注式结构。一次绕组和铁芯均浇注成一体的叫全浇注式。

JDZJ - 10 型浇注式单相电压互感器外形如图 6 - 12 所示。其铁芯为三柱式，一、二次绕组为同心圆筒式，连同引出线用环氧树脂浇注成型，并固定在底板上；铁芯外露，由经热处理的冷轧硅钢片取向叠装而成，为半封闭式结构。

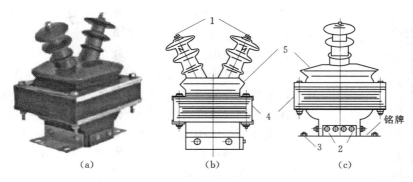

图 6 - 12　JDZJ - 10 型电压互感器实物及外形结构
(a) 实物；(b) 正视图；(c) 侧视图
1——一次绕组引出线；2——二次绕组引出线；3——接地螺栓；4——铁芯；5——浇注体

JDZJ - 10 型为接地单相电压互感器，3 台可接成 Y/Y/△，用于测量和保护。该互感器以电瓷、环氧树脂及特殊绝缘材料为主绝缘，箱体内不充油，故不存在渗漏问题，减少了维护工作量。

二、油浸式电压互感器

油浸式电压互感器的结构与小型电力变压器很相似，分为普通式和串级式两种。电力系统中常用串级式电压互感器。

JCC - 220 型串级式电压互感器的原理接线及外形如图 6 - 13 所示。互感器的器身由两个铁芯、一次绕组、平衡绕组、连耦绕组及二次绕组构成，装在充满油的瓷箱中；一次绕组由匝数相等的 4 个元件组成，分别套在两个铁芯的上、下铁柱上，并按磁通相加方向顺序串联，接于相与地之间，每个铁芯上绕组的中点与铁芯相连；二次绕组绕在末级铁芯的下铁柱上，连耦绕组的绕向相同，反向对接。

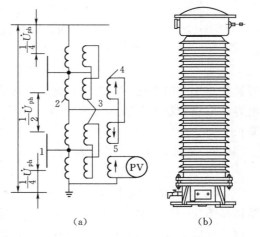

图 6 - 13　JCC - 220 型串级式电压互感器
原理接线及外形
(a) 原理接线；(b) 外形
1—铁芯；2——一次绕组；3—平衡绕组；
4—连耦绕组；5—二次绕组

当二次绕组开路时，各级铁芯的磁通相同，一次绕组的电位分布均匀，每个绕组元件边缘线匝对铁芯的电位差都是 $U_{ph}/4$（U_{ph} 为相电压）；当二次绕组接通负荷时，由于负荷电力的去磁作用，使末级铁芯的磁通小于前级铁芯的磁通，从而使各元件的感抗不等，电压的分布不均，准确度下降。为避免这种现象，在两铁芯相邻的铁芯柱上，绕有匝数相等的连耦绕组。这样，当每个铁芯的磁通不等时，连耦绕组中出现电动势差，从而出现电压，使磁通较小的铁芯增磁，磁通较大的铁芯去磁，达到各级铁芯的磁通大致相等和各绕组元件电压分布均匀的目的。

三、SF$_6$ 气体绝缘电压互感器

SF$_6$ 电压互感器有两种结构形式：一种是为 GIS 配套使用的组合式；另一种为独立式。独立式电压互感器增加了高压引出线部分，包括一次绕组高压引线、高压瓷套及其夹持件等，如图 6-14 所示。SF$_6$ 电压互感器的器身由一次绕组、二次绕组、剩余电压绕组和铁芯组成，绕组层绝缘采用聚酯薄膜。一次绕组除在出线端有静电屏外，在超高压产品中，一次绕组的中部还设有中间屏蔽电极。铁芯内侧设有屏蔽电极以改善绕组与铁芯间的电场。

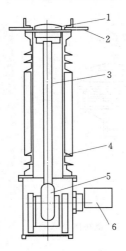

图 6-14　SF$_6$ 独立式
电压互感器

1—防爆片；2——次出线端子；
3—高压引线；4—瓷套；
5—器身；6—二次出线

一次绕组高压引线有两种结构：一种是短尾电容式套管；另一种是用光导杆做引线，在引线的上下端设屏蔽筒以改善端部电场。下部外壳与高压瓷套可以是筒仓结构或隔仓结构。筒仓结构是外壳与高压瓷套相通，SF$_6$ 气体从一个充气阀进入后即可充满产品内部，吸附剂和防爆片只需一套。隔仓结构是在外壳顶部装有绝缘子，绝缘子把外壳和高压瓷套隔离开，使 SF$_6$ 气体互不相通，所以需装设两套吸附剂及防爆片以及其他附设装置，如充气阀、压力表等。

四、电容式电压互感器

（一）电容式电压互感器特点

电容式电压互感器质量轻、体积小；由温度变化引起的电容量和分压比的变化可以忽略；金属膨胀器外置，内部保持正压且压力小，不易渗漏油；电容器电感分量小，适宜于线路载波通信；损耗角正切值低，局部放电量极小，使用寿命长。

（二）电容式电压互感器结构

1. 结构与电气原理

CVT 为单相单柱式结构，它由电容分压器和电磁单元两部分组成，其电气连接主要结构如图 6-15 所示，电磁单元又包括中间变压器、补偿电抗器以及抑制铁磁谐振的阻尼负荷。补偿电抗器的电抗值与电容分压器的等值电容在额定频率下的容抗相等，以便在不同的二次负荷下使一次电压和二次电压之间能获得正确的相位和电压比。

2. 电容器组

电容器组由 1～4 节套管式耦合电容器及电容分压器重叠而成，每节耦合电容器或电容分压器单元装有数十只串联而成的膜纸复合介质组成的电容元件，并充以十二烷基苯绝

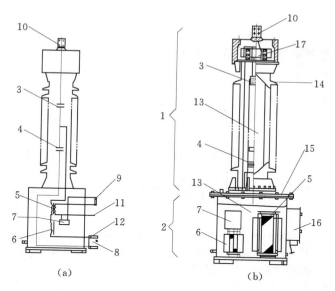

图 6 - 15　CVT 电容式电压互感器结构域电气原理

（a）CVT 典型电气连接原理；（b）CVT 典型结构原理

1—电容分压器；2—电磁单元；3—高压电容；4—中压电容；5—中压变压器；6—补偿电抗器；
7—阻尼器；8—电容分压器低压端对地保护间隙；9—阻尼器连接片；10——次接线端；
11—二次输出端；12—接地端；13—绝缘油；14—电容分压器套管；15—电磁
单元箱体；16—端子箱；17—外置式金属膨胀器

缘油密封，高压电容 C_1 的全部电容元件和中压电容 C_2 被装在 1～4 节瓷套内，由于它们保持相同的温度，所以由温度引起的分压比的变化可被忽略。电容元件置于瓷套内经真空处理、热处理后已彻底脱水、脱气，注以已脱水脱气的绝缘油并密封于瓷套内。每节电容器单元顶部有一个可调节油量的金属膨胀器，以便在运行温度范围内使油压总是保持稍正。

瓷套管有普通型和防污型两种，并具有足够的机械强度，能承受标准的风负荷、线路电动力和重力等。

3. 电磁单元

中间变压器、补偿电抗器和抑制铁磁谐振的阻尼器被密封于钢箱中，电容器组置于钢箱的顶部，箱内充以变压器油并被密封起来。油的容积及内部压力由油箱顶层的空气来调节，中间变压器的一次线圈具有可调变线圈，补偿电抗器的线圈具有调整电压相位的调节线圈。

补偿电抗器两端接有氧化锌避雷器或保护球隙，防止由于二次侧短路造成的电压升高而全穿电抗器线圈。

在油箱的一侧有一端子箱，内有各个二次绕组端子、接地端子、电容分压器低压端子及其保护间隙、氧化锌避雷器或电抗保护球隙等，并装有二次接线板以供用户进行二次接线。

保护用 CVT（WVP 型）中压端子由电磁单元的上盖板引出，以便于电容量及介损测量。

4. 电气连接

电容式电压互感器电气连接原理如图 6-16 和图 6-17 所示。

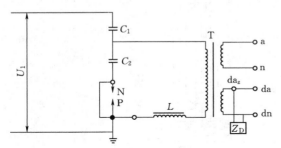

图 6-16 电气连接原理图之一

a, n—主二次绕组引出端子; da, dn—剩余电压绕组
引出端子; da_z, dn—阻尼器引出端子; P—电容器
低压端对地保护间隙; N—电容分压器低压端;
C_1—高压电容; C_2—中压电容; T—中间
变压器; L—补偿电抗器; Z_D—阻尼器
注: 使用载波设备时需将 N 与地之间的连线脱开。

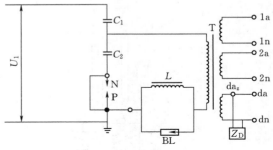

图 6-17 电气连接原理图之二

1a, 1n—主二次绕组引出端子; 2a, 2n—主二次绕
组引出端子; da, dn—剩余电压绕组引出端子;
da_z, dn—阻尼器引出端子; P—电容器低压
端对地保护间隙; N—电容分压器低压端;
C_1—高压电容; C_2—中压电容; T—中
间变压器; L—补偿电抗器; BL—避
雷器; Z_D—阻尼器
注: 使用载波设备时须将 N 与地之间的连线脱开。

任务四 电子式互感器

认知 1 电子互感器基础知识

一、电子互感器定义

由连接到传输系统和二次转换器的一个或多个电流互感器或电压互感器组成, 现多采用光电子器件用于传输正比于被测量的量, 供给测量仪器、仪表和继电保护或控制设备的一种装置。

二、电子互感器执行技术标准

国际电工委员会 (IEC) 于 1999 年和 2002 年分别制定了《IEC 60044—7 电子式电压互感器标准》和《IEC 60044—8 电子式电流互感器标准》, 明确了电子式互感器的技术规范, 为电子式互感器的研发和应用指明了方向。

三、电子互感器分类

电子互感器按一次传感部分按是否需要供电分为有源式电子互感器和无源电子互感器。

有源电子式互感器利用电磁感应等原理感应被测信号, 对于电流互感器采用 Rogowski 线圈, 对于电压互感器采用电阻、电容或电感分压等方式。有源电子式互感器的高压平台传感头部分具有需电源供电的电子电路, 在一次平台上完成模拟量的数值采样 (即远端模块），利用光纤传输将数字信号传送到二次的保护、测控和计量系统。有源电子互感器又可分为封闭式气体绝缘组合电器（GIS）式和独立式。

无源电子式互感器又称为光学互感器。无源电子式电流互感器利用法拉第（Faraday）磁光效应感应被测信号，传感头部分分为块状玻璃和全光纤两种方式。无源电子式电压互感器利用 Pockels 电光效应或基于逆压电效应或电致伸缩效应感应被测信号。无源电子式互感器传感头部分不需要复杂的供电装置，整个系统的线性度比较好。无源电子式互感器利用光纤传输一次电流、电压的传感信号，至主控室或保护小室进行调制和解调，输出数字信号至合并单元 MU，供保护、测控、计量使用。无源电子式互感器的传感头部分是较复杂的光学系统，容易受到多种环境因素的影响，如温度、振动等，影响其实用化的进程。

四、电子互感器的优点

电子互感器高低压完全隔离，安全性高，具有优良的绝缘性能，不含铁芯，消除了磁饱和及铁磁谐振等问题；抗电磁干扰性能好，低压侧无开路高压危险；动态范围大，测量精度高，频率响应范围宽；数据传输抗干扰能力强；没有因充油而潜在的易燃、易爆炸等危险，电子互感器的绝缘结构相对简单，一般不采用油作为绝缘介质，不会引起火灾和爆炸等危险；体积小重量轻。

认知 2　电子式电流电压互感器

一、概述

PCS—9250 AIS 电子式互感器为电流电压组合式互感器，如图 6-18 所示。该电子式互感器测量一次电流、电压，输出信号供数字化计量、测控及继电保护装置使用。

电子式电流互感器采用低功率铁芯线圈（LPCT）传感测量电流，采用空芯线圈传感保护电流，这样可使电流互感器具有较高的测量准确度、较大的动态范围及较好的暂态特性，采用硅橡胶复合绝缘子，绝缘结构简单可靠、体积小、重量轻。

电子式电压互感器采用电容分压器传感被测电压，体积小、重量轻、线性度好；电子式互感器的远端模块及合并单元可实现双重化冗余配置，保证电子式互感器具有较高的可靠性；电子式电流电压互感器利用光纤传送信号，抗干扰能力强，适应了数字化变电站技术发展的要求。

图 6-18　AIS 电子式电流电压互感器

二、产品结构

AIS 电子式电流电压互感器主要由 4 部分组成，如图 6-19 所示。

（1）一次电流传感器。一次电流传感器位于高压端，包括传感测量用电流信号的低功率 CT 和传感保护用电流信号的空芯线圈，低功率 CT 及空芯线圈可根据需求进行双套配置。

（2）远端模块。远端模块也称一次转换器，位于高压端。远端模块同时接收并处理低功率 CT、空芯线圈及电容分压器的输出信号，远端模块的输出为串行数字光信号。

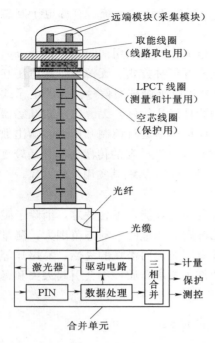

远端模块（采集模块）

取能线圈
（线路取电用）

LPCT 线圈
（测量和计量用）

空芯线圈
（保护用）

光纤

光缆

激光器　驱动电路　三相合并　计量

PIN　数据处理　保护 测控

合并单元

图 6-19　AIS 电子式电流电压
互感器结构示意图

（3）电容分压器。电容分压器将被测高电压分出一较低电压信号给远端模块进行处理。电容分压器的外绝缘采用硅橡胶复合绝缘子，复合绝缘子内嵌有 8 根 $62.5/125\mu m$ 的多模光纤，用以传输激光及数字信号。高压端光纤以 ST 头与远端模块对接，低压端光纤以熔接的方式与传输信号的光缆对接。

（4）合并单元。合并单元一方面为远端模块提供供能激光，另一方面接收并处理三相电流电压互感器远端模块下发的数据，对三相电流电压信号进行同步，并将测量数据按规定的协议（IEC 60044—8 或 IEC 61850—9—1/2）输出供二次设备使用。合并单元的输出信号采用 $62.5/125\mu m$ 多模光纤传送，接头为 ST 型。

三、特点

（1）AIS 电子式电流电压互感器利用空芯线圈及 LPCT 传感一次电流，利用电容分压器传感一次电压，利用基于激光供电的远端模块就地采集空芯线圈、LPCT 及电容分压器的输出信号。

（2）电流互感器利用空芯线圈传感保护用电流信号，利用 LPCT 传感测量用电流信号，使电流互感器具有较高的测量精度、较大的动态范围及较好的暂态特性。空芯线圈采用等匝数密度及回绕线技术，具有较好的抗外磁场干扰性能。

（3）采用基于介质胶绝缘的光纤复合绝缘子，绝缘简单、可靠。

（4）远端模块采用激光功能与线路取能相结合的供电方式，两种供电方式可实现无缝切换。激光器的驱动电流可根据远端模块的反馈信息实时调节，这样可最大限度地减小激光器的驱动电流，提高产品的可靠性。

（5）远端模块采用两路独立模拟采样回路，完成双重化采样，实时比较、校验两路采样值，实现采样回路硬件自检功能，避免采样异常引起保护误动作。

（6）合并单元采用插值算法实现同步，硬件简单、可靠性高。远端模块及合并单元具有完善的自监视功能，便于运行监视及故障维护。

（7）合并单元支持 IEEE 1588 网络及 IRIG—B 码光纤点对点两种对时方式，数据输出既支持 IEC 60044—8 标准也支持 IEC61850—9—2，接口符合国际标准，具有良好的兼容性，便于系统集成。

小　　结

互感器是一种变换交流电压和电流的电气设备，主要有电压互感器和电流互感器两大类，电磁式互感器采用电磁感应原理，电容式电压互感器采用电容分压原理。

电压互感器将高电压转换为低电压，一次绕组与被测量电路并联，二次绕组与测量仪表或继电器等电压线圈并联。电流互感器将大电流变换为小电流，其二次绕组串联在被测电路中，二次绕组匝数较多，与测量仪表和继电器等电流线圈串联使用。

　　电流互感器常见的接线方式有 4 种：单相电流互感器的接线、V 形接线、两相电流差接线和三相星形接线。电压互感器的接线方式也分为 4 种：单相电压互感器接线、两个单相电压互感器 Vv 接线、3 个单相电压互感器 Ynyn0 接线和 3 个单相三绕组电压互感器或一个三相五心柱电压互感器 YnynV 接线，互感器在不同场合需要选择不同的接线方式。

　　电子互感器的出现和应用极大地促进了电力系统测量、保护装置的数字化发展。

思 考 练 习

　　1. 什么是互感器？互感器与一、二次系统如何连接？

　　2. 电流互感器的作用有哪些？电压互感器的作用有哪些？

　　3. 什么是电流互感器的变比？一次电流为 1200A，二次有电流为 5A，计算电流互感器的变比。

　　4. 运行中电流互感器二次侧为什么不允许开路？如何防止运行中的电流互感器二次侧开路？

　　5. 什么是 10% 误差曲线？

　　6. 电流互感器是如何分类的？

　　7. 什么是电流互感器的准确度等级？我国电流互感器准确度级有哪些？各适用于什么等级？

　　8. 电流互感器的容量，有的用伏安表示，有的用欧姆表示，为什么？它们的关系是什么？

　　9. 电压互感器的接线方式有哪些？如何分类？

　　10. 电压互感器与变压器有什么区别？

　　11. 运行中的电压互感器二次侧为什么不允许短路？

　　12. 互感器的二次为什么必须接地？

　　13. 电压互感器与电流互感器的二次为什么不允许互相连接？否则会造成什么后果？

项目七 熔断器的结构、原理及使用

能力目标

（1）掌握熔断器的原理、特性曲线和选择性。

（2）了解高压熔断器的分类、使用。

（3）掌握低压熔断器的分类及使用。

案例引入

问题：

1. 图 7-1 所示熔断器有何特点？用在何种场合？

图 7-1　高压限流型熔断器

2. 熔断器有几种类型？工作原理各是什么？

3. 常用类型有哪些？使用场合是什么？

知识要点

任务一　熔断器的用途及工作原理

认 知 1　熔 断 器 用 途 及 分 类

一、熔断器的用途

熔断器是一种最原始和最简单的保护电器，俗称保险。它是在电路中人为地设置一个易熔断的金属元件，当电路在发生短路或过负荷时，元件本身过热达到熔点而自行熔断，从而切断电路，使回路中的其他电气设备得到保护。

熔断器因具有结构简单、体积小、质量轻、价格低廉、使用灵活、维护方便等优点，从而广泛应用在 60kV 及以下电压等级的小容量装置中，主要作为小功率辐射型电网和小容量变电所等电路的保护，也常用来保护电压互感器。在 3～60kV 系统中，除上述作用外还与负荷开关及断路器等其他开关电器配合使用，用来保护电力线路、变压器及电容器组。在1kV及以下的装置中，熔断器使用最多。它常与刀开关电器在一个壳体内组合成负荷开关或熔断器式刀开关。

二、熔断器的类型

熔断器的种类很多，常用的有以下几种分类方法：

（1）按电压等级，可分为高压和低压两类。

（2）按有无填料，可分为有填充料式和无填充料式。

（3）按结构形式，可分为螺旋式、插入式、管式以及开敞式、半封闭式和封闭式等。

（4）按动作性能，可分为固定式和自动跌开式。

（5）按工作特性，可分为有限流作用和无限流作用。

（6）按使用环境，可分为户内式和户外式。

熔断器型号及其含义如下：

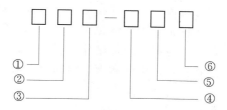

①—产品名称，R—熔断器。

②—安装场所：N—户内式；W—户外式。

③—设计系列序号，用数字表示。

④—额定电压，kV。

⑤—补充工作特性，G—改进型；Z—直流专用；GY—高原型。

⑥—额定电流，A。

例如，RW4-10/50型，即指额定电流50A、额定电压10kV、户外4型高压熔断器。

认知2 熔断器的基本结构与工作原理

一、熔断器的基本结构

熔断器主要由金属熔体、支持熔体的载流部分（触头）和外壳（熔管）组成。某些熔断器内还装有特殊的灭弧物质，如产气纤维管、石英砂等用来熄灭熔体熔断时产生的电弧。熔体是熔断器的核心部件。目前，熔断器所采用的熔体材料有铅、锌等，这些材料的熔点（分别为320℃、420℃）较低而电阻率较大，所制成的熔体截面也较大，导电性也差，这样，在熔化时将产生大量的金属蒸气，使电弧不易熄灭。所以这类熔体只能应用在500V及以下的低压熔断器中。

铜和银的导电性能好，热传导率较高，可以制成截面较小的熔体，有利于电弧的熄灭。因此铜熔体广泛应用于各种电压的熔断器中；银熔体的价格较高，只使用于高电压、小电流的熔断器中。但铜和银熔体的熔点（分别为1080℃和960℃）较高。当熔断器长期通过略小于熔体熔断电流的过负荷电流时，熔体不易熔断而发热，使温度升高损坏其他部件。

为了克服以上缺点，最简便的方法是在铜或银熔体的表面焊上小锡球或小铅球，当熔体发热到锡或铅的熔点时，锡或铅的小球先熔化，而渗入铜或银的内部，形成合金，电阻增大，发热加剧，同时熔点降低，首先在焊有小锡球或小铅球处熔断，形成电弧，从而使熔件沿全长熔化。这种方法称为冶金效应法，亦称金属熔剂法。

熔管是灭弧装置的主要组成部分，又起支持和保护熔体的作用。

有些熔断器在熔管中填入石英砂，然后两端焊上顶盖，使熔断体密封，石英砂可以起到熄灭电弧的作用。有些熔断器则采用的是产气管，熔体熔断后，在电弧高温作用下，熔管内壁分解产生的氢气、二氧化碳等向管的两端喷出，对电弧产生纵吹作用，使其在过零时熄灭。

二、工作原理

熔断器串联在电路中使用，安装在被保护设备或线路的电源侧。当电路中发生过负荷或短路时，熔体被过负荷或短路电流加热，并在被保护设备的温度未达到破坏其绝缘之前熔断，使电路断开，设备得到了保护。熔体熔化时间的长短，取决于熔体熔点的高低和所通过电流的大小。熔体材料的熔点越高，熔体熔化就越慢，熔断时间就越长。熔体熔断电流和熔断时间之间呈现反时限特性，即电流越大，熔断时间就越短；反之，熔体熔断时间越长。

熔断器的工作过程大致可分为以下几个阶段：

（1）熔断器因过载或短路而发热到熔化温度。

（2）熔体的熔化和汽化。

（3）触头之间的间隙击穿和产生电弧。

（4）电弧熄灭、电路断开。

因此，熔断器的动作时间为以上几个过程所经历的时间总和。熔断器熄灭电弧的能力决定其开断能力的大小。

认知 3　熔断器动作的选择性

一、熔断器动作的选择性

选择性是指当电网中有几级熔断器串联使用时，分别保护各电路中的设备，如果某一设备发生过负荷或短路故障时，应当由保护该设备（离该设备最近，即该设备或线路的主保护）的熔断器熔断，切断电路，即为选择性熔断；如果保护该设备的熔断器不被熔断，而由上级熔断器熔断或者断路器跳闸（即该设备或线路的后备保护），即为非选择性熔断。发生非选择性熔断时，扩大停电范围，造成不应有的损失，如图 7-2 所示。

一般情况下，如果熔件为同一种材料时，上一级熔件的额定电流为下一级熔件额定电流的 2～3 倍。但熔断器的保持特性很不稳定，因为熔断时间和熔件本身状况有关，如触头接触不良会造成触头和熔件过热。熔件的氧化和损伤，会使

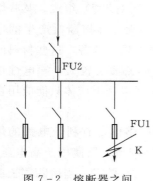

图 7-2　熔断器之间
的保护配合

熔件有效横截面积减小等，都有可能造成非选择性熔断。

二、熔断器的安—秒特性

熔断器熔体的熔断时间 t 与熔断器熔体中通过的电流 I 的关系，称为安—秒特性，又称保护特性。按照保护特性选择熔体，就可获得熔断器动作的选择性。熔断器的保护特性与熔体的材料、截面大小、散热方式及结构等有关，所以各类熔断器的保护特性曲线均不相同。熔断器熔体的保护特性如图 7-3 所示。

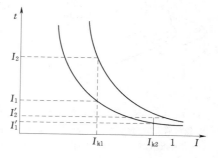

图 7-3　熔断器的保护特性曲线

图 7-3 中 I_{k1} 为熔体的最小熔化电流，这是熔体维持长期稳定发热但不熔化的最大电流。当熔体中通过的电流越大，熔化时间越短。由此可见，熔体具有反时限的保护特性。保护特性由制造厂提供，上下级熔断器通过上述两个特性的合理配合或与其他电器动作配合，可实现选择性保护要求。

熔体的保护特性是很不稳定的，这是因为熔体的熔化时间与熔断器触头及熔体本身的状况有关系。在高温中，表面会逐渐氧化，而过热将加速氧化，氧化的熔体有效截面减小，致使最小熔化电流大大降低，造成误动作。

任务二　高　压　熔　断　器

认知 1　高压熔断器的技术参数

（1）熔断器的额定电压。它既是绝缘所允许的电压等级，又是熔断器允许的灭弧电压等级。对于限流式熔断器，不允许降低电压等级使用，以免出现大的过电压。

（2）熔断器的额定电流。它指一般环境温度（≤40℃）下熔断器壳体载流部分和接触部分允许通过的长期最大工作电流。

（3）熔体的额定电流。熔体允许长期通过而不致发生熔断的最大有效电流。该电流可以不大于熔断器的额定电流，但不能超过。

（4）熔断器的开断电流。它指熔断器所能正常开断的最大电流。若被开断的电流大于此电流时，有可能导致熔断器损坏，由于电弧不能熄灭引起相间短路（极限断路电流）。

认知 2　户内高压熔断器的类型

一、高压熔断器的分类

高压熔断器按照使用环境，可分为户内式和户外式；按其动作特性，可分为固定式和自动跌落式。按工作特性可分为限流型和非限流型。

当电路发生短路故障时，其短路电流增长到最大值是要有一定时限的，如熔断器的熔断时间（包括熄弧时间）小于短路电流达到最大值的时间，即可认为熔断器限制了短路电流的发展，此种熔断器称为限流熔断器；否则，为不限流熔断器。用限流熔断器保护的电气设备，遭受短路时所受的损害大为减轻。

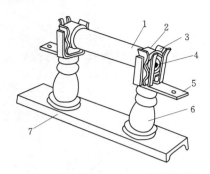

图 7-4 RN1 型高压熔断器外形

1—瓷熔管；2—金属管帽；3—弹性触座；
4—熔断指示器；5—接线端子；6—瓷绝
缘子；7—底座

二、常用型号

常见的户内高压熔断器有 RN1、RN2、RN3、RN5 和 RN6 等型，均为填充石英砂的限流型熔断器。RN1、RN3、RN5 型适用于 3～35kV 的电气设备和电力线路的过载及短路保护；RN2 与 RN6 型熔体额定电流为 0.5A，故专用于保护 3～35kV 电压互感器的短路保护。

三、结构特征

RN1 型熔断器由两个支柱弹性触座、弹性触座、瓷熔管及底座等几个部分组成。图 7-4 所示为 RN1 型熔断器的外形，瓷熔管 1 卡在金属管帽 2 内，金属管帽 2 固定在支持弹性触座 3 上，熔断指示器 4 上。

熔断器的主要部件——熔管的结构如图 7-4 所示，熔管是灭弧装置的主要组成部分，又起支持和保护熔体的作用。

具有较高的机械强度和耐热性能。

熔断器的熔体装在充满的密封熔丝管内。瓷熔管两端有黄铜端盖，熔管内有绕在陶瓷芯上的熔体，熔体是由几根并联的镀银铜丝组成，中间焊有锡球，如图 7-5 所示。另一类型熔体由两种不同直径的铜丝做成螺旋形，连接处焊有锡球。在熔断体内还有细钢丝作为指示器，它与熔体并联，一端连接熔断指示器。熔管中填入石英砂，两端焊上顶盖，使熔断体密封。

当过负荷电流流过时，熔体在锡球处熔断，产生电弧，电弧使熔体沿全长熔断，随后指示器熔体熔断，熔断指示器被弹簧弹出，如图 7-5 中的 7 所示。显示该熔断器已动作。

RN3 型熔断器采用有多个缺口的薄铜片作为熔体，通过电流时熔体各部位的温度不同，可保证在正常工作时的触头和其他部件不过热；在过电流时则缺口处先行熔断，从而限制过电压在 2.5 倍以下。该型熔断器的其他构造和性能则与 RN1 型基本相同。

RN5 型的熔管与 RN1 型的通用，它们的保护特性相同。但 RN5 型采用多棱支柱绝缘子，并在外形上做了一些改进，使之体积更小、重量更轻，防污性能也有所改善。

RN2 型与 RN6 型熔断器的结构原理分别与 RN1 型和 RN5 型相同，但熔体只有 0.5A 一种规格，专用于电压互感器保护。该熔断器无指示装置，动作后可由电压互感器二次侧的电压表判断。

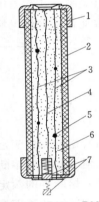

图 7-5 RN1、RN2 型
熔管结构示意图

1—管帽；2—熔管；3—工作
熔体（铜丝上焊有锡球）；
4—指示熔体（铜丝）；
5—锡球；6—石英砂；
7—熔断指示器（熔
体熔断后弹出）

认知3 户外高压熔断器

户外高压熔断器分为限流式和跌落式熔断器两种类型。限流式熔断器主要用作电压互感器及其他用电设备的过载与短路保护，跌落式熔断器用于输配电线路和电力变压器的过载和短路保护。

一、户外跌落式熔断器

用于 10kV 及以下配电线路或配电变压器。它们的结构基本相同，由熔管和上、下动静触头及绝缘子等组成。户外跌落式熔断器主要作用是作为电力输电线路和电力变压器短路和过负荷保护使用。

图 7-6 所示为 RW3-10 型跌落式熔断器的结构。上静触头和下静触头分别固定在瓷绝缘子的上下端。鸭嘴可绕销轴 O_1 转动，合闸时，鸭嘴罩里的抵舌（搭钩）卡住上动触头同时并施加接触压力。一旦熔体熔断，熔管上端的上动触头就失去了熔体的拉力，在销轴弹簧的作用下，绕销轴 O_2 向下转动，脱开鸭嘴罩里的抵舌，熔管在自身重力的作用下绕轴 O_3 转动而跌落。

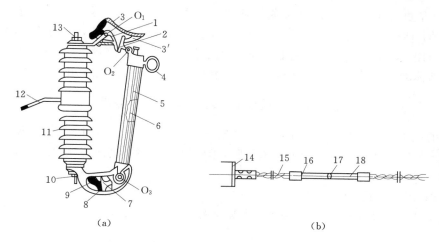

图 7-6　RW3-10 型跌落式熔断器的结构原理

（a）结构；（b）熔断器熔件构造

1—上静触头；2—上动触头；3—鸭嘴罩；3′—抵舌；4—操作环；5—熔管；6—熔丝；7—下动触头；
8—抵架；9—下静触头；10—下接线端；11—瓷绝缘子；12—固定板；13—上接线端；14—纽扣；
15—绞线；16—紫铜套；17—锡球；18—熔体；O_1、O_2、O_3—销轴

熔管由层卷纸板或环氧玻璃钢制成，两端开口，内壁衬以石棉套，既防止电弧烧伤熔管，还具有吸湿性。熔体熔断后，在电弧高温作用下，熔管内壁分解产生的氢气、二氧化碳等向管的两端喷出，对电弧产生纵吹作用，使其在过零时熄灭。

二、户外限流型熔断器

图 7-7 所示为 RW10-35 型户外限流型熔断器，它是用相应的 35kV RN 系列熔管 1 装入户外式瓷套管 2 中，再用户外棒式支柱绝缘子 4 在中部作 T 形支持而成。其运行保护特性与相应 RN 系列相同。额定电流为 0.5A 的用于电压互感器保护；额定电流为 2～10A 的用于线路或电力变压器的过载与短路保护。与跌落式熔断

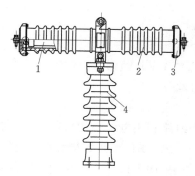

图 7-7　RW10-35 型限流熔断器
的结构原理

1—熔管；2—瓷套管；3—接线端帽；
4—棒式支柱绝缘子

85

器相比较，该型具有分断能力大、限流能力强、运行可靠性高等优点。布置上取水平或垂直安装均可。

任务三 低压熔断器

认知 1 低压熔断器结构与基本原理

低压熔断器主要由熔体和熔座两部分组成。熔体由低熔点的金属材料（铅、锡、锌、银、铜及合金）制成丝状或片状，俗称保险丝。工作中，熔体串接于被保护电路，既是感测元件，又是执行元件；当电路发生短路或严重过载故障时，通过熔体的电流势必超过一定的额定值，使熔体发热，当达到熔点温度时，熔体某处自行熔断，从而分断故障电路，起到保护作用。熔座（或熔管）是由陶瓷、硬质纤维制成的管状外壳。熔座的作用主要是为了便于熔体的安装并作为熔体的外壳，在熔体熔断时兼有灭弧的作用。

认知 2 低压熔断器的类型及其特点

常见的低压熔断器有 RC 系列瓷插式熔断器、RL 系列螺旋式熔断器、RM 系列无填料封闭管式熔断器、RT 系列有填料封闭管式熔断器、RS 系列快速熔断器和 RZ 系列自恢复熔断器。

一、RC 系列瓷插式熔断器

多用于低压分支电路的短路保护，常见型号为 RC1A 系列，其外形结构及符号如图 7-8 所示。

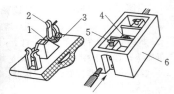

图 7-8 RC 系列瓷插式熔断器
1—熔丝；2—动触头；3—瓷盖；4—空腔；5—静触头；6—瓷座

特点：结构简单，价格低廉，更换方便，使用时将瓷盖插入瓷座，拔下瓷盖便可更换熔丝。

应用：额定电压 380V 及以下、额定电流为 5～200A 的低压线路末端或分支电路中，作线路和用电设备的短路保护，在照明线路中还可起过载保护作用。

二、RL 系列螺旋式熔断器

多用于机床电气控制线路的短路保护，其结构如图 7-9 所示。此类熔断器在瓷帽上有明显的分断指示器，便于发现分断情况；更换熔体简单方便，不需任何工具。目前常用螺旋式熔断器新产品有 RL6、RL7 系列。

特点：熔断管内装有石英砂、熔丝和带小红点的熔断指示器，石英砂用以增强灭弧性

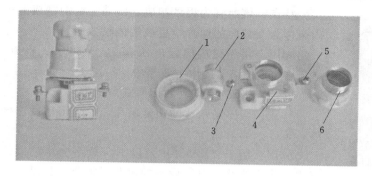

图 7 - 9　RL 系列螺旋式熔断器

1—瓷套；2—熔断管；3—下接线座；4—瓷座；5—上接线座；6—瓷帽

能。熔丝熔断后有明显指示。

应用：在交流额定电压 500V、额定电流 200A 及以下的电路中，作为短路保护器件。

三、RM 系列封闭管式熔断器

如图 7 - 10～图 7 - 12 所示。此类熔断器可分为以下 3 种：

（1）无填料。多用于低压电网、成套配电设备的保护，型号有 RM7、RM10 系列等。

（2）有填料。熔管内装有 SiO_2（石英砂），用于具有较大短路电流的电力输配电系统，常见型号为 RT0 系列。

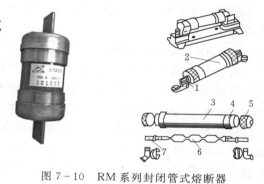

图 7 - 10　RM 系列封闭管式熔断器

1—夹座；2—熔断管；3—钢纸管；4—黄铜套管；
5—黄铜帽；6—熔体；7—刀形夹头

（3）快速。主要用于硅整流管及其成套设备的保护，其特点是熔断时间短、动作快；常用型号有 RLS、RSO 系列等。

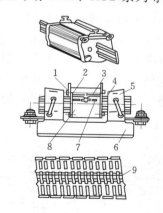

图 7 - 11　RT 系列有填料封闭管式熔断器

1—熔断指示器；2—石英砂填料；3—指示器熔丝；4—夹头；5—夹座；
6—底座；7—熔体；8—熔管；9—锡桥

特点：熔断管为钢纸制成，两端为黄铜制成的可拆式管帽，管内熔体为变截面的熔片，更换熔体较方便。

应用：用于交流额定电压 380V 及以下、直流 440V 及以下、电流在 600A 以下的电力线路中。

四、RT 系列有填料封闭管式熔断器

特点：熔体是两片网状紫铜片，中间用锡桥连接。熔体周围填满石英砂，起灭弧作用。

图 7-12　RS 系列有填料快速熔断器

应用：用于交流 380V 及以下、短路电流较大的电力输配电系统中，作为线路及电气设备的短路保护及过载保护。

五、RS 系列有填料快速熔断器

特点：在 6 倍额定电流时，熔断时间不大于 20ms，熔断时间短，动作迅速。

应用：主要用于半导体硅整流元件的过电流保护。

六、RZ 自复式熔断器

前述介绍的熔断器，当发生短路或严重过负荷熔体熔断后，必须更换熔体才能恢复供电，延长了停电时间，自复式熔断器弥补了这一缺点，它能重复使用，不必更换熔体；

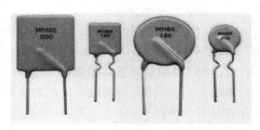

图 7-13　RZ 自复式熔断器的实物外形

其熔体采用金属钠，利用它常温时电阻很小、高温汽化时电阻值骤升、故障消除后温度下降、气态钠回归固态钠、良好导电性和恢复的特性制作而成，外形如图 7-13 所示。

1. 组成

自复式熔断器主要由电流端子（又叫电极）、云母玻璃（填充剂）、绝缘管、熔体、活塞、氩气和外壳等组成。其中，自复式熔断器的外壳一般用不锈钢制成，不锈钢套与其内部的氧化被陶瓷绝缘管间用云母玻璃隔开，云母玻璃既是填充剂又是绝缘物。

2. 低压自复式熔断器的基本原理

自复式熔断器是利用金属钠在高温下电阻急剧增大的特性工作的。在正常工作情况下，电流从左侧电流端子，经过氧化被陶瓷绝缘管细孔内金属钠熔体，再到右侧电流端子形成电流通路。当发生短路故障时，短路电流将金属钠加热汽化成高温高压的等离子状态，使其电阻急剧增加，从而起到限流作用。此时，熔体汽化后产生的高压推动活塞向右移动，压缩氩气。当断路器切开由自复式熔断器限制了的短路电流后，金属钠蒸气温度下降，压力也随之下降，原来受压的氢气又凝结成液态和固态，其电阻值也降低为原值，供再次使用。我国设计生产的 RZ1 型熔断器的结构如 7-14 所示。

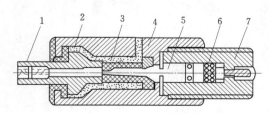

图 7-14　RZ 自复式熔断器的结构

1—接线端子；2—云母玻璃；3—氧化锌瓷管；
4—不锈钢外壳；5—钠熔体；6—氢气；
7—接线端子

应用：用于交流 380V 的电路中与断路

器配合使用。熔断器的电流有 100A、200A、400A、600A 等 4 个等级。

认知 3　低压熔断器的使用要求

一、低压熔断器的安装

（1）采用熔断器保护时，在线路分支处应加装熔断器。熔断器应装在各相线上，单相线套的中性线也应装熔断器。但在三相四线制回路中的中性线上不允许装熔断器；采用接零保护的零线上严禁装熔断器。

（2）熔断器应垂直安装，以保证插刀和刀夹座紧密接触，避免增大接触电阻，造成温度升高而发生误动作。有时因接触不良还会产生火花，干扰弱电装置。

（3）安装熔体时应注意：不让熔体受机械损伤，否则，相当于熔体截面变小，可能出现电气设备正常运行时熔体却熔断的情况，影响设备正常运行；不宜用多根熔丝绞合在一起代替较粗的熔体，以防在非预定的电流值内熔断。

（4）螺旋式熔断器的进线应接在底座的中心点接线柱上，出线应接在螺纹壳上。

（5）更换熔体时，一定要先切断电源，不允许带负荷拔出熔体，特殊情况也应当设法先切断回路中的负荷，并做好必要的安全措施。要用与原来同样规格及材料的熔体，如属负荷增加，应据此选用适当熔体，以保证动作的可靠性。

（6）一般在过负荷时变截面熔体在小截面处熔断，熔断部位的长度也较短。变截面熔体的大截面部位不熔化。若熔体爆熔或熔断部位很长，则多因短路引起熔断，应查明原因并排除电路故障。

二、低压熔断器的运行与维护

低压熔断器在运行中应做以下检查：

（1）负荷大小是否与熔体的额定值相配合。

（2）熔管外观有无破损、变形，瓷绝缘部分有无破损或闪络放电痕迹。

（3）熔体有无氧化腐蚀或损伤现象，如有碳化现象应擦净或更换。

（4）熔管与插夹座的连接处有无过热现象，接触是否紧密。

（5）有熔断信号指示器的熔断器，其指示是否在正常状态。

（6）熔断器环境温度应与被保护对象的环境温度基本一致，若相差过大可能使之误动作。

（7）检查底座有无松动现象，并应及时清理进入熔断器的灰尘。

小　　结

熔断器是非常重要的电气设备，因具有结构简单、体积小、质量轻、价格低廉、使用灵活、维护方便等优点，从而广泛应用在 60kV 及以下电压等级的小容量装置中，主要作为小功率辐射型电网和小容量变电所等电路的保护，也常用来保护电压互感器。

熔断器主要由金属熔体、支持熔体的载流部分和熔管组成。某些熔断器内还装有特殊的灭弧物质，如产气纤维管、石英砂等用来熄灭熔体熔断时产生的电弧。熔断器熔体的熔断时间 t 与熔断器熔体中通过的电流 I 的关系，称为安—秒特性，又称保护特性。

常见的户内高压熔断器有 RN1、RN2、RN3、RN5 和 RN6 等型，均为填充石英砂的限流型熔断器。RN1、RN3、RN5 型适用于 3～35kV 的电气设备和电力线路的过载及短路保护；RN2 与 RN6 型熔体额定电流为 0.5A，故专用于 3～35kV 电压互感器的短路保护。户外高压熔断器分为限流式和跌落式熔断器两种类型。限流式熔断器主要用作电压互感器及其他用电设备的过载与短路保护；跌落式熔断器用于输配电线路和电力变压器的过载和短路保护。

常见的低压熔断器有 RC 系列瓷插式熔断器、RL 系列螺旋式熔断器、RM 系列无填料封闭管式熔断器、RT 系列有填料封闭管式熔断器、RS 系列快速熔断器和 RZ 系列自恢复熔断器。

思 考 练 习

1. 熔断器的基本结构是什么？
2. 熔断器有哪些技术参数？
3. 熔断器与熔体的额定电流有何区别？
4. 熔断器的保护特性是什么？与哪些因素有关？
5. 高压熔断器有何分类？各自的适用场合是什么？
6. 什么是限流型熔断器？什么是非限流型熔断器？
7. 低压熔断器的分类和各自的特点是什么？

项目八 母线、电力电缆、绝缘子的结构及使用

能力目标

（1）掌握母线的作用、分类及使用。

（2）了解母线的安装、常见的故障及其检修。

（3）掌握电力电缆用途、种类及结构。

（4）了解电缆的安装、常见的故障及其处理方法。

（5）掌握绝缘子的作用、分类及使用。

案例引入

问题：

1. 图 8-1（a）所示母线有何特点？用在什么地方？还有什么样的母线形式？怎样安装？

2. 图 8-1（b）所示电缆的结构怎样？有几种类型？

3. 图 8-1（c）所示绝缘子有何特点？用在什么地方？还有什么样的绝缘子形式？

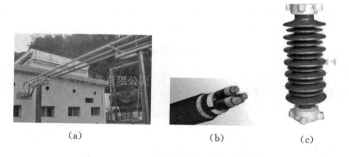

（a）　　　　　　　　（b）　　　　　　（c）

图 8-1 母线、电缆、绝缘子外形

（a）管形硬母线；（b）电缆；（c）电站支柱绝缘子

知识要点

任务一 母线的作用、结构及安装维护

认知 1 母线的作用及分类

一、母线的作用

在发电厂和变电站的各级电压配电装置中，将发电机、变压器等大型电气设备与各种

91

电器之间连接的导线称为母线,又称汇流排。母线的用途是汇集、分配和传送电能。母线处于配电装置的中心环节,是构成电气主接线的主要设备。

二、母线的分类

1. 按母线形状分类

母线按截面形状可分为圆形、矩形、管形、槽形等。

(1)圆形母线。圆形母线的曲率半径均匀,无电场集中表现,不易产生电晕,故在35kV以上的户外配电装置中,为了防止产生电晕,大多采用圆形母线,如图8-2所示。

图8-2 圆形母线

(2)矩形母线。矩形母线比圆形母线散热面积大,散热条件好,在相同的允许发热温度下,矩形母线要比圆形母线的允许工作电流大。矩形母线集肤效应小,材料利用率高,抗弯强度好,安装简单,连接方便。但周围的电场很不均匀,易产生电晕,故只用于35kV及以下、持续工作电流在4000A及以下的屋内配电装置中的硬母线。矩形母线的宽度与厚度之比为5~12,太宽、太薄虽对载流和散热有利,但易变形,并使抗弯强度和刚度降低。矩形母线的最大截面为125×10=1250(mm²)。对大的载流量可采用数片并装,但散热效果和集肤效应变坏,材料利用率变差,超过2~3片时宜采用槽形母线,如图8-3所示。

图8-3 矩形母线

(3)管形母线。管形母线是空芯导体,如图8-1(a)所示。优点是集肤效应小,材料利用率、散热性能好,且电晕放电电压高。在110kV及以上、持续工作电流在8000A

以上的户外配电装置中多采用管形母线。也用于特殊场合,如封闭母线、水内冷母线等。

（4）槽形母线。槽形截面母线的电流分布均匀,与同截面的矩形截面母线相比,具有集肤效应小、电晕放电电压高、机械强度高,散热条件好,多在110kV及以上、持续工作电流在8000A以上的配电装置中。

2. 母线按所使用的材料分类

其可分为铜母线、铝母线和钢母线等。

（1）铜母线的电阻率低,机械强度较高,防腐性能好,是很好的母线材料。但价格也较高,因此,只在大电流装置或有腐蚀性的配电装置中才使用。

（2）铝母线的电阻率为铜的1.7～2倍,而且其机械强度和抗腐蚀性能均比铜差,但铝母线的重量只有铜的30%,相对密度小,加工方便,价格也比铜低。总的说来,用铝母线比用铜母线经济。因此,目前我国在屋内和屋外配电装置中都广泛采用铝母线。

（3）钢母线的机械强度比铜高,材料来源方便,价格较低,但因为它的电阻率比铜大7倍,用于交流时会产生强烈的集肤效应,并造成很大的磁滞损耗和涡流损耗,所以只用在小容量的高、低压电气装置中（如电压互感器回路、蓄电池组连接线等）,用得最普遍的是在接地装置中作为接地连接线。

3. 按母线的弯曲程度分类

其可分为硬母线和软母线。硬母线包括前面介绍的圆形、矩形、管形、槽形母线。常用的软母线有钢芯铝绞线、组合母线。钢芯铝绞线一般用于35kV及以上屋外配电装置。组合母线用于发电机与屋内配电装置或屋外主变压器之间的连接。

认 知 2 母 线 的 布 置 及 安 装

一、母线的布置

户内母线的排列,应考虑散热和机械强度等因素。以矩形母线为例,通常将矩形母线布置于开关柜上部支架的支持绝缘子上,矩形截面母线可以水平放置,也可垂直放置,如图8-4所示。

水平布置的三相母线固定在支持绝缘子上,具有同一高度。可以竖放,也可以平放。竖放式水平布置的母线散热条件好,可增加载流量,平放式水平布置的母线机械强度较高。

垂直布置方式的特点是三相母线分层安装。三相母线采用竖放式垂直布置,不但散热性强,而且机械强度和绝缘能力都很高,克服了水平布置存在的不足之处,但垂直布置增加了配电装置的高度,需要更大的投资。

二、母线的安装

1. 基础工程

母线的基础工程包括绝缘子和保护网的基础预埋与安装。作为高压母线基础的墙壁和天花板等均为钢筋混凝土结构,故基础预埋工作应与土建浇筑工程同步进行,称预埋配合。

2. 母线的安装

运行经验证明,母线本身事故大多发生在接头处,说明母线的连接是薄弱环节,应给

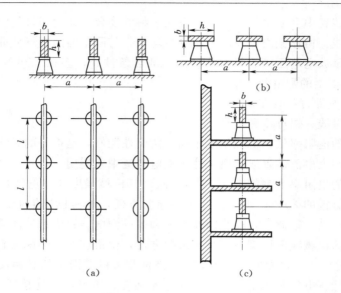

图 8-4 母线的布置方式

(a)、(b) 水平布置；(c) 垂直布置

予足够的重视。其基本要求是：有足够的、不低于原母线的机械强度；有长期稳定的、不高于同长度母线的接头电阻值。

（1）母线的焊接。因铝在空气中极易产生氧化层，铝母线及铝—铜母线之间的焊接必须采用专门的氧弧焊技术，在氧弧焊机平台上进行焊接，其连接质量稳定可靠，在有条件的地方宜多采用。铜母线虽可采用铜焊或磷铜焊等专门技术进行焊接，但因其接触连接性能尚好且简单易行，故一般多采用螺栓连接。

（2）螺栓连接。螺栓连接是一种可拆卸的接触连接。它由紧固的螺栓提供接触压力，同时保证连接的机械强度。螺栓连接广泛应用于各种材料硬母线以及硬母线与设备出线端的连接。根据连接的特点又有以下几种不同的形式：

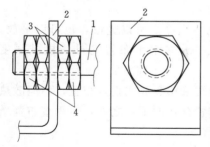

图 8-5 螺旋式连接

1—铜螺杆；2—铜母线；3—接触铜
螺帽；4—防松螺帽

1）同种材料矩形母线搭接。最简形式直接通过两片母线的搭接面。

2）铜—铝母线搭接。铝母线和铜母线或设备出线端（一般均为铜）的直接搭接，在户外或户内潮湿环境中是禁止使用的。简便而经济的办法是使用铝—铜过渡板。它由小段铝母线和铜母线直接对焊而成，然后过渡板两侧与同种材料母线搭接。

3）螺杆式连接。电流从铜螺杆 1 经螺纹传至接触铜螺帽 3，并经接触铜螺帽端面传至铜母线 2（最大额定电流不宜超过 2000A）。如图 8-5 所示。

（3）可伸缩连接。硬母线每隔长度 20～30m 应装设一组伸缩接头，供母线热胀冷缩时自由伸缩。在伸缩接头母线端开有长圆孔，供温度变化时自由伸缩，螺栓 6 并不拧紧，如图 8-6 所示。

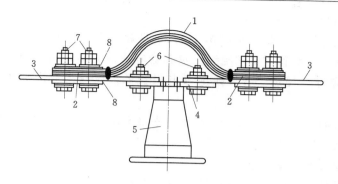

图 8-6　可伸缩连接

1—弯曲薄片段；2—直板段；3—母线；4—托板；5—支柱绝缘子；

6—带套筒螺栓；7—螺栓；8—平垫

（4）软母线的连接。软母线连接可用手工铰接、压接和线夹连接等方法。但手工铰接机械强度差、接触电阻大且不能长期稳定，只用于临时性作业。压接法是用专门的压接铝管作连接件，将要连接的铝绞线或钢芯铝绞线插入压接管内，用机构方法或爆炸成形的方法将母线和压接管压接在一起。

3.母线在绝缘子上的固接

母线在运行中温差较大，为了避免出现温度应力使绝缘子遭受破坏，由伸缩节头分段的每段母线只允许一组绝缘子紧固，在其余绝缘子上的固结应是松动的，即只用横向约束，而不限制纵向伸缩。

4.母线的着色

在硬母线安装完成后，均要涂漆。涂漆的目的是为了便于识别交流的相序和直流的极性、加强母线表面散热性能、防止氧化腐蚀、提高其载流量（涂漆后可增加载流 12%～15%）。母线的着色标志如下：

直流：正极—红色，负极—蓝色；交流：U 相—黄色，V 相—绿色，W 相—红色；中性线：不接地的中性线为白色，接地的中性线为紫色带黑色横条。软母线因受温度影响伸缩较大会破坏着色层，故不宜着色。

认知 3　母线的故障与检修

一、母线的常见故障

（1）母线的接头由于接触不良，接触电阻增大，造成发热，严重时会使接头烧红。

（2）支持绝缘子由于绝缘不良，使母线对地的绝缘电阻降低。严重时导致闪络和击穿。

（3）当大的故障电流流过母线时，在电动力和弧光闪络的作用下，会使母线发生弯曲、折断和烧坏，使绝缘子发生崩碎。

二、硬母线的一般检修

（1）清扫母线，清除积灰和脏污；检查相序颜色，要求颜色鲜明，必要时应重新刷漆或补刷脱漆部分。

（2）检查母线接头，要求接头应良好，无过热现象。其中，采用螺栓连接的接头，螺栓应拧紧，平垫圈和弹簧垫圈应齐全。

（3）检修母线伸缩节，要求伸缩节两端接触良好，能自由伸缩，无断裂现象。

（4）检修绝缘子及套管，要求绝缘子及套管应清洁完好，用1000V绝缘电阻表测量母线的绝缘电阻应符合规定。若母线绝缘电阻较低，应找出故障原因并消除，必要时更换。

（5）检查母线的固定情况，要求母线固定平整牢靠；并检修其他部件，要求螺栓、螺母、垫圈齐全，无锈蚀，片间撑条均匀。

三、硬母线接头的解体检修

（1）接触面的处理，应清除表面的氧化膜、气孔或隆起部分，使接触面平整略粗糙。

（2）拧紧接触面的连接螺栓。螺栓的旋拧程度要依安装时的温度而定，温度高时螺栓就应当拧得紧一些，温度低时就应当拧得松一些。

（3）为防止母线接头表面及接缝处氧化，每次检修后要用油膏填塞，再涂以凡士林油。

（4）更换失去弹性的弹簧垫圈和损坏的螺栓、螺母。

（5）补贴已熔化或脱落的示温片。

四、软母线的检修

（1）清扫母线各部分，使母线本身清洁并且无断股和松股现象。

（2）清扫绝缘子串上的积灰和脏污，更换表面发现裂纹的绝缘子。

（3）绝缘子串各部件的销子和开口销应齐全，损坏者应给予更换。

（4）软母线接头发热的处理。

任务二　电力电缆用途、种类及安装维护

认知1　电力电缆的用途及分类

一、电力电缆的优点

电力电缆同架空线路一样，也是输送和分配电能的一种电力线路。电力电缆与架空线路相比有许多优点。

（1）供电可靠。不受外界的影响，不会像架空线那样，因雷击、风害、挂冰、风筝和鸟害等造成断线、短路或接地等故障。机械碰撞的机会也较少。

（2）不占地面和空间。一般的电力电缆都是地下敷设，不受路面建筑物的影响，适合城市与工厂使用。

（3）地下敷设，有利于人身安全。

（4）不使用电杆，节约木材、钢材、水泥。同时使城市市容整齐美观，交通方便。

（5）运行维护简单，节省线路维护费用。

由于电力电缆有以上优点，因此得到越来越多的地方使用。不过电力电缆的价格贵，线路分支难，故障点较难发现，不便及时处理事故，电缆接头工艺较复杂。

二、对电力电缆的要求

电力电缆用于电力的传输与分配网络。因此，它必须满足输电、配电网络对电力电缆提出的各项要求：

（1）能承受电网电压。包括工作电压、故障过电压和大气、操作过电压。

（2）能传送需要传输的功率。包括正常和故障情况下的电流。

（3）能够满足安装、敷设、使用所需要的机械强度和可曲度，并耐用可靠。

（4）材料来源丰富、经济、工艺简单、成本低。

三、电力电缆的分类

电力电缆的种类繁多，一般按照构成其绝缘物质的不同可分为以下几类：

1. 油浸纸绝缘电力电缆

油浸纸绝缘电力电缆是历史最久、应用最广和最常用的一种电缆。其成本低，寿命长，耐热、耐电性能稳定，适用于 35kV 及以下的输配电线路。

油浸纸绝缘电力电缆是以纸为主要绝缘，以绝缘浸渍剂充分浸渍制成的。根据浸渍情况的不同，油浸纸绝缘电力电缆又可分为黏性浸渍纸绝缘电缆和不滴流浸渍纸绝缘电缆。

（1）黏性浸渍纸绝缘电缆。它又称为普通油浸纸绝缘电缆，电缆的浸渍剂是由矿物油和松香混合而成的黏性浸渍剂。成本低；工作寿命长；结构简单，制造方便；绝缘材料来源充足；易于安装和维护；油易流淌，不宜作高落差敷设；允许工作场强较低。

（2）不滴流浸渍纸绝缘电缆。浸渍剂在工作温度下不滴流，适宜高落差敷设；工作寿命较黏性浸渍电缆更长；有较高的绝缘稳定性；成本较黏性浸渍纸绝缘电缆稍高。

2. 聚氯乙烯绝缘电力电缆

电缆结构如图 8-7 所示。它的主绝缘采用聚氯乙烯，内护套大多也是采用聚氯乙烯。安装工艺简单；聚氯乙烯化学稳定性高，具有非燃性，材料来源充足；能适应高落差敷设；敷设维护简单方便；聚氯乙烯电气性能低于聚乙烯；工作温度高低对其力学性能有明显的影响。主要用于 6kV 及以下电压等级的线路。

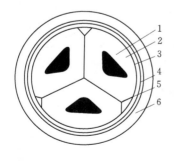

图 8-7 聚氯乙烯绝缘电缆结构

1—线芯；2—聚氯乙烯绝缘；3—聚氯乙烯内护套；
4—铠装层；5—填料；6—聚氯乙烯外护套

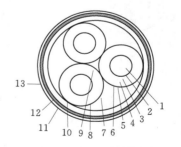

图 8-8 交联聚乙烯绝缘电缆结构

1—线芯；2—线芯屏蔽；3—交联聚乙烯；4—绝缘
屏蔽；5—保护带；6—铜丝屏蔽；7—螺旋铜带；
8—塑料带；9—中心填芯；10—填料；11—内
护套；12—铠装层；13—外护层

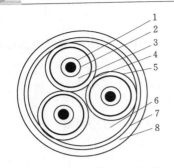

图 8-9　橡胶绝缘电缆结构

1—线芯；2—线芯屏蔽层；3—橡皮绝缘层；4—半导电屏蔽层；5—铜带屏蔽层；6—填料；7—橡皮布带；8—聚氯乙烯外护套

3. 交联聚氯乙烯绝缘电力电缆

电缆结构如图 8-8 所示，交联聚氯乙烯绝缘电力电缆的绝缘材料采用交联聚氯乙烯，但其内护层仍然采用聚氯乙烯护套。这种电缆不但具有聚氯乙烯绝缘电力电缆的一切优点，还具有缆芯长期允许工作温度高、力学性能好、可制成较高电压等级的特点。

4. 橡胶绝缘电缆

橡胶绝缘电缆结构如图 8-9 所示。它的主绝缘采用橡皮。柔软性好，易弯曲，橡胶在很大的温差范围内具有弹性，适宜作多次拆装的线路；耐寒性能较好；有较好的电气性能、力学性能和化学稳定性；对气体、潮气、水的渗透性较好；耐电晕、耐臭氧、耐热、耐油的性能

较差；只能作低压电缆使用。

认知 2　电力电缆的结构、型号

各种电力电缆在基本结构上主要由电缆线芯、绝缘层、密封护套和保护层等部分组成。

一、电力电缆的结构

1. 电缆线芯

电缆线芯有铜芯或铝芯两种，其截面形状有圆形、弓形和扇形等几种，如图 8-10 所示。较小截面（16）的导电线芯由单根导线制成。较大截面（25）的导电线芯由多根导线分数层绞合制成，绞合时相邻两层扭绞方向左右相反，线芯柔软而不松散。

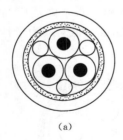
　　　　(a)
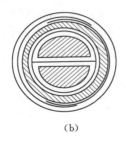
　　　　(b)

　　　　(c)

图 8-10　电缆芯线形状

(a) 圆形；(b) 半圆形；(c) 扇形

2. 绝缘层

绝缘层用来保证各线芯之间（相间）以及线芯与大地之间的绝缘，绝缘层的材料有油浸纸、橡胶、聚氯乙烯、聚乙烯和交联聚乙烯等多种。同一电缆的芯线绝缘层和统包绝缘层使用相同的绝缘材料。

3. 密封护套

密封护套的作用是保护绝缘层。护套包在统包绝缘层外面，将绝缘层和芯线全部密封，使其不漏油、不进水、不受潮，并且电缆具有一定的机械强度。护套的材料一般有

铅、铝或塑料等。具有护套是电缆区别于绝缘导线的标志。

4. 保护层

保护层的作用是避免电缆受到机械损伤，防止绝缘受潮和绝缘油流出。聚氯乙烯绝缘电缆和交联聚乙烯电缆的保护层是用聚乙烯护套做成的；对于油浸纸绝缘电力电缆，其保护层分为内保护和外保护层两种。

（1）内保护层。其主要用于防止绝缘受潮和漏油，其保护层必须严格密封；内保护层可分为铅护套、铝护套、橡皮护套和塑料护套 4 种类型。

（2）外保护层。其主要用于保护内保护层不受外界的机械损伤和化学腐蚀；外保护层又可细分成衬垫层、钢铠层和外皮层。

二、电力电缆的型号

$\boxed{1}$　$\boxed{2}$　$\boxed{3}$　$\boxed{4}$　$\boxed{5}$　$\boxed{7}$　$\boxed{8}$

（1）特性：ZR—阻燃；NH—耐火；ZA（IA）—本安；CY—自容式充油电缆。

（2）绝缘层代号：V—聚氯乙烯；Y—聚乙烯或聚乙烃；YJ—交联聚乙烯或交联聚烯烃；X—橡皮；Z—纸。

（3）导体代号：T—铜芯；L—铝芯。

（4）内护层（护套）代号：V—聚氯乙烯；Y—聚乙烯；Q—铅包；L—铝包；H—橡胶；HF—非燃性橡胶；LW—皱纹铝套；F—氯丁胶。

（5）特征代号：统包型不用表示，F—分相铅包分相护套，D—不滴油，CY—充油，P—屏蔽，C—滤尘器用，Z—直流。

（6）铠装层代号：0—无，2—双钢带（24—钢带、粗圆钢丝），3—细圆钢丝，4—粗圆钢丝（44—双粗圆钢丝）。

（7）外被层代号：0—无，1—纤维层，2—聚氯乙烯护套，3—聚乙烯护套。

（8）额定电压。以数字表示，kV。

例如，CYZQ102 220/1×4，表示铜芯、纸绝缘、铅护套、铜带径向加强、无铠装、聚氯乙烯护套，额定电压为 220kV，单芯、标称截面积 400mm² 的自容式充油电缆。

例如，YJLV22—3×120—10—300，表示铝芯、交联聚乙烯绝缘、聚氯乙烯内护套、双钢带铠装、聚氯乙烯外护套，3 芯 120mm²，电压为 10kV，长度为 300m 的电力电缆。

认知 3　电力电缆的连接、故障及检修

一、电力电缆的连接

当两条电缆互相连接或电缆与电器、电机、架空线路连接时，必须把电缆端部的保护层和绝缘层需要剥去。此时若不采取特殊措施，空气中的水分和酸类物质便会从连接处侵入电缆的绝缘中，使绝缘层的绝缘强度降低，电缆中的绝缘油也可能由端部渗出。因此，需要在两段电缆的连接处采用中间接头盒，电缆与设备的连接处采用终端盒，又称电缆头。电压为 1kV 以下的电缆，常采用铸铁接头盒。更高电压等级的电缆，则采用铅接头盒。当电缆与电器或架空线路相连接时，一般采用封端盒，即电缆头。

电缆头是电缆终端头和电缆中间接头的总称，或统称电缆附件。图 8-11 所示为几种电缆终端头的结构。

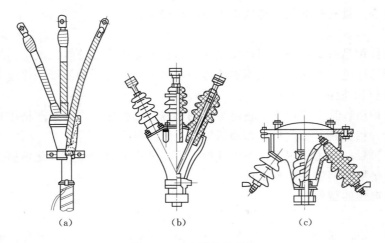

图 8-11　电缆终端结构

（a）NTH 型户外环氧树脂终端；（b）扇形终端；（c）侧柱形终端

运行经验表明，电缆头是电缆线路中的薄弱环节，大部分故障都发生在电缆接头处。由于电缆头本身的缺陷或安装质量上的问题，往往造成短路故障。因此，电缆头的耐压强度要高于电缆本身，连续安全运行的时间也应高于电缆本身，且应具有足够的机械强度。同时，电缆头的结构必须简单、紧凑和轻巧，便于施工，一般应选用吸水性和透气性小，介质耗损低且电气稳定性能好的材料。

二、电力电缆的常见故障及其处理

1. 电缆发生运行故障时故障性质的判别

（1）首先在电缆任一端用兆欧表测量 A 相对地、B 相对地及 C 相对地的绝缘电阻值，测量时另外两相不接地，以判断是否为接地故障。

（2）测量各相间，以判断有无相间短路故障。

（3）如果电阻很低，则用万用表测量各相对地的绝缘电阻和各相间的绝缘电阻。

2. 电缆本体导体烧断或拉断

直接受外力损伤，如牵引、运输、施工、起重、压力等，使电缆导体断裂，造成电缆线路故障；其他设备故障造成的损伤，如其他电力设备短路引发极大的短路电流，烧断电缆导体，引起线路故障；生产过程中或施工中的牵引不当，使电缆受力不均匀，造成电缆导体断裂；带有钢芯的导线，在绞合过程中，钢芯跳股，使铝线受到过大的牵引力而导致断线；导体原材料本身存在缺陷。

由于运行故障有发生断线的可能（特别是控制电缆），所以应进行导体连续性是否完好的检查。

3. 电缆本体绝缘被击穿

（1）电缆本体绝缘存在缺陷（杂质、最薄处达不到要求等）。

（2）设计、制造、施工中造成的缺陷。

设计上材料选型不能满足电压和电流的要求；生产环境（设施）、员工素质达不到要求导致操作失误所致；施工过程中的运输、吊装、牵引、安装中的磕碰导致绝缘损坏。

（3）绝缘受潮。绝缘受潮会导致绝缘老化而被击穿。

外力损伤或自然现象造成电缆损伤后而绝缘受潮；摩擦损伤（斥力、热胀冷缩），日久使绝缘受潮；生产过程中受潮（冷却、封头、针孔、裂缝、腐蚀、水浸等）；绝缘老化变质。

4. 电缆线路常见故障的处理方法

（1）电缆受潮部分、绝缘受到损伤或过热碳化部分应锯除，做好接头。

（2）电缆护套存在轻微缺陷或受到一般损伤，可以采取措施进行修补。修补后应保持良好的密封性能。

（3）电缆护套裂缝，使填充材料局部受潮，应先干燥，然后对电缆护套进行修补。

（4）110kV 及以上电压等级的电缆护套修补后，应补涂相应的导电石墨层。

5. 电力电缆的防火

防止电力电缆火灾首先要防止电缆本身和外界因素引起电缆着火，其次要防止着火后蔓延扩大，最后要采取有效的灭火措施。

（1）防止电缆本身和外界因素引起电缆着火的措施。

1）应选用合适并且合格的电缆及附件材料。

2）制作电缆终端与接头时，应由专业人员严格按工艺要求进行施工，要防止电缆绝缘受潮，验收合格后才能投运。

3）认真重视电缆敷设，严格遵照有关规程和设计图纸施工，做到弯曲半径符合要求，电缆的绝缘和护层完好无损。

4）电力电缆竣工后应定期进行绝缘电阻和耐压试验，以便及时发现存在的缺陷。电缆隧道、沟道的排水坡度应按要求施工，以防止其内积水。必须避免电缆潮湿、护层腐烂和损坏绝缘。

5）电缆与电缆之间，电缆与热力管道、热力设备之间应保持规定的距离。

（2）防止电缆着火延燃的措施。

1）使用耐火电缆。耐火电缆是指在规定的火源和时间内能持续地在指定状态下运行的电缆。或者说在规定的火源和时间内燃烧，能够保持线路完整性的电缆。

2）使用阻燃电缆。电缆试样在规定的试验条件下（包括受火温度、限定的范围和时间）燃烧，在内残灼或残焰能自行熄灭的电缆。

3）在电缆外面涂敷防火涂料。

4）在电缆上绕包防火包带。

5）在电缆接头号处采用阻燃性接头号保护盒。

限制火焰延燃范围的措施：设置防火墙和防火门；堵塞电缆贯穿孔洞；在电缆外安装防火槽盒；采用防火隔板。

（3）建立报警消防系统。报警系统是指发生火灾前能根据烟雾或温度的变化而及时发出声音警告的系统。常用的有烟雾传感和局部温差传感报警系统。

消防系统是指在电缆失火后能喷射水雾或启动 CCL4、泡沫灭火机的装置。在条件允许的情况下，对发电厂、变电所等电缆较集中、防火要求较高的地方，应设置报警消防系统。

（4）配备适当的消防器材。电缆所在地应配备泡沫灭火机、提式灭火器、砂箱、石棉布等消防器材。

任务三 绝缘子作用、种类及基本结构

认知 1 绝缘子的作用及分类

一、绝缘子的作用

绝缘子俗称绝缘瓷瓶，它广泛地应用在水电站和变电所的配电装置、变压器、各种电器以及输电线路中。绝缘子用来支持和固定裸载流体，并使裸导体与地绝缘，或者用于使装置和电器中处在不同电位的载流导体之间相互绝缘。因此，要求绝缘子必须具有足够的绝缘强度、机械强度，并能在恶劣环境下（高温和潮湿等）安全运行。

二、绝缘子的分类

绝缘子按安装地点，可分为户内（屋内）式和户外（屋外）式两种。户外式绝缘子由于它的工作环境条件要求，应有较大的伞裙，用以增长沿面放电距离。并且能够阻断水流，保证绝缘子在恶劣的雨、雾等气候条件下可靠地工作。在有严重的灰尘或有害绝缘气体存在的环境中，应选用具有特殊结构的防污型绝缘子。户内式绝缘子表面无伞裙结构，故只适用于屋内电气装置中。绝缘子按用途可分为电站绝缘子、电器绝缘子和线路绝缘子等。

1. 电站绝缘子

电站绝缘子的作用是支持和固定水电站及变电所屋内外的配电装置的硬母线，并使母线与地绝缘。按其作用的不同可分为支柱和套管绝缘子两种。套管绝缘子简称套管，作为母线在屋内穿过墙壁和天花板，以及从屋内引向屋外时的外壳使用。图 8-1（c）所示为电站支柱绝缘子。

2. 电器绝缘子

电器绝缘子的作用是固定电器的载流部分，也分为支柱和套管绝缘子两种。支柱绝缘子用于固定没有封闭外壳的电器的载流部分，如隔离开关的动、静触头等。套管绝缘子作为有封闭外壳的电器的载流部分的引出外壳，如断路器、变压器等的载流部分的引出外壳。

3. 线路绝缘子

线路绝缘子的作用是固定架空输电导线和屋外配电装置的软母线，并使它们与接地部分绝缘。线路绝缘子又可分为针式绝缘子和悬式绝缘子两种。

认知 2 绝缘子的特点及结构

一、绝缘子的特点

高压绝缘子通常是用电工瓷制成的绝缘体，电工瓷具有结构紧密均匀、不吸水、绝缘性能稳定和机械强度高等优点。绝缘子也有采用钢化玻璃制成的，它具有重量轻、尺寸较小、机电强度高、价格低廉、制造工艺简单等优点。

一般高压绝缘子应能可靠地在超过其额定电压15％的电压下安全运行。绝缘子的机械强度用抗弯破坏荷重表示。抗弯破坏荷重，对支柱绝缘子而言，系指将绝缘子底端法兰盘固定，在绝缘子顶帽的平面加与绝缘子轴线相垂直方向上的机械负荷，在该机械负荷作用下绝缘子被破坏。

为了将绝缘子固定在支架上和将载流导体固定在绝缘子之上，绝缘子的瓷制绝缘体两端还要牢固地安装金属配件。金属配件与瓷制绝缘体之间多用水泥胶合剂粘合在一起。瓷制绝缘体表面涂有白色或深棕色的硬质瓷釉，用以提高其绝缘性能和防水性能。运行中绝缘子的表面瓷釉遭到损坏之后，应尽快处理或更换绝缘子。绝缘子的金属附件与瓷制绝缘体胶合处粘合剂的外露表面应涂有防潮剂，以阻止水分浸入到粘合剂中去。金属附件表面需镀锌处理，以防金属锈蚀。

二、套管绝缘子结构

套管即为套管绝缘子。套管绝缘子按其安装地点可分为户内式套管绝缘子和户外式套管绝缘子两种。

1. 户内式套管绝缘子

户内式套管绝缘子根据其载流导体的特征可分为以下3种形式：采用矩形截面的载流体、采用圆形截面的载流导体和母线型。前两种套管载流导体与其绝缘部分制作成一个整体，使用时由载流导体两端与母线直接相接。而母线型套管本身不带载流导体，安装使用时，将原载流母线装于该套管的矩形窗口内。

CA－6/400型户内套管绝缘子结构如图8－12所示。该套管额定电压为6kV，额定电流为400A。它主要由空芯瓷壳1、椭圆形法兰盘2、矩形截面的导体5和金属圈4组成。空芯瓷套与椭圆形法兰盘用水泥胶合剂粘合在一起。法兰盘2上有两个ϕ12mm安装螺孔3，以便将套管固定在墙壁或架构上。矩形截面载流导体从中空的空芯瓷套中穿过，导体两端用金属圈固定密封。截面导体5的两端均有ϕ13mm圆孔，以便套管载流部分与配电装置内的母线之间用螺栓连接。

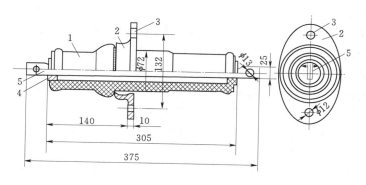

图8－12 CA－6/400型户内式套管
1—空芯瓷壳；2—法兰盘；3—螺孔；4—金属圈；5—矩形截面导体

CB－6/1000型户内套管绝缘子结构如图8－13所示。该套管额定电压为6kV，额定电流为1000A。该套管结构与CA－6/400型套管基本相同，但机械强度较高，约为CA－6/400型套管的2.1倍。圆形截面载流导体的电场分布均匀，不易产生电晕，多用于额定电压较高和工作电流较大的场所。

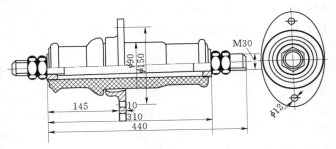

图 8-13　CB-6/1000 型户内式套管

　　额定电压为 20kV 及其以下户内配电装置中，当额定电压超过 1000A 时，较广泛地采用母线式套管。CME-10 型母线式套管绝缘子结构如图 8-14 所示。

　　母线式套管绝缘子主要由瓷体、法兰盘、金属帽 3 等部分组成。金属帽 3 上有矩形窗口 4，矩形窗口为穿过母线的地方，这种母线式套管绝缘子本身不具有载流导体。矩形窗口的尺寸决定于穿过套管母线的尺寸和数目。CME-10 型母线式套管绝缘子，可以穿过 $60 \times 8 (mm^2)$ 母线两条，两条母线之间垫以衬垫，衬垫的厚度与母线厚度相同。套管的额定电流由穿过母线的额定电流确定。

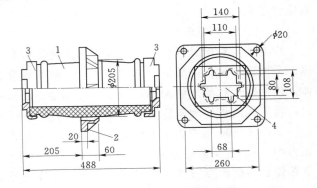

图 8-14　CME-10 型母线式套管
1—瓷体；2—法兰盘；3—金属帽；4—矩形窗口

　　2. 户外式套管绝缘子

　　户外式套管绝缘子用于将配电装置中的户内载流导体与户外载流导体之间的连接处，如线路引出端或户外式电器由接地外壳内部向外引出的载流导体部分。特点是有较大的伞裙，用以增大沿面放电距离，并能阻断水流，保证绝缘子在恶劣的雨、雾气候下可靠地工作。针式支柱绝缘子属空心可击穿结构，较笨重，易老化。棒式绝缘子为实心不可击穿结构，一般不会沿瓷件内部放电，运行中不必担心瓷体被击穿，与同级电压的针式绝缘子相比，具有尺寸小、质量轻、便于制造和维护等优点，逐步取代针式绝缘子。

　　CWC-10/1000 型户外式穿墙套管绝缘子结构如图 8-15 所示，其额定电压为 10kV，额定电流为 1000A。它的右端为安装在户内部分，其表面结构平滑，无伞裙，为户内式套管绝缘子结构；它的左端为安装在户外部分，瓷体表面有伞裙，为户外式套管绝缘子结构。

小　　结

　　在各级电压配电装置中，将发电机、变压器等大型电气设备与各种电器之间连接的导

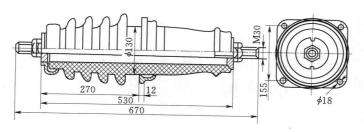

图 8-15 CWC-10/1000 型户外式穿墙套管绝缘子结构

线称为母线,又称汇流排。母线的用途是汇集、分配和传送电能。母线处于配电装置的中心环节,是构成电气主接线的主要设备。

母线按截面形状,可分为圆形、矩形、管形、槽形等。母线按所使用的材料,可分为铜母线、铝母线和钢母线等。

电力电缆同架空线路一样,也是输送和分配电能的一种电力线路。各种电力电缆在基本结构上主要有电缆线芯、绝缘层、密封护套和保护层等主要部分组成。

当两条电缆互相连接时,必须把电缆端部的保护层和绝缘层需要剥去。此时若不采用特殊措施,空气中的水分和酸类物质便会从连接处侵入电缆的绝缘中,使绝缘层的绝缘强度降低,电缆中的绝缘油也可能由端部渗出。因此,电缆头是电缆最薄弱的环节,运行时要特别注意。

绝缘子广泛地应用在变电所的配电装置、变压器、各种电器及输电线路中。绝缘子用来支持和固定裸载流体,并使裸导体与地绝缘,或者用于使装置和电器中处在不同电位的载流导体之间相互绝缘。因此,要求绝缘子必须具有足够的绝缘强度、机械强度,并能在恶劣环境下安全运行。

思 考 练 习

1. 母线的作用是什么?

2. 母线有哪几种类型?各用于什么场合?

3. 母线的安装要注意哪些问题?

4. 母线常见的故障有哪些?如何检修?

5. 电力电缆和架空线路相比有哪些优点?

6. 电力电缆有哪几种分类?

7. 电力电缆常见的故障有哪些?

8. 简述绝缘子的作用及其分类。

项目九　电力电容器和电抗器的结构、原理及使用

能力目标

(1) 掌握电力电容器的种类及作用。

(2) 了解电力电容器的基本结构。

(3) 掌握电容器的接线方式及补偿方式。

(4) 了解电力电容器的使用、检查和维护。

(5) 掌握电抗器的作用、分类和使用。

案例引入

问题：

1. 图 9-1 中的电力电容器、电抗器的作用是什么？基本结构是什么？

图 9-1　某变电站电容、电抗器实际接线

2. 无功补偿的原理是什么？怎样接线？

知识要点

任务一　电 力 电 容 器

认知 1　电力电容器的作用及分类

任意两块金属导体，中间用绝缘介质隔开，就可以构成一个电容器。电容器电容的大

小，由其几何尺寸和两极板间绝缘介质的特性来决定。当电容器在交流电压下使用时，常以其无功功率表示电容器的容量，单位为乏或千乏（vars或kvar）。电力电容器按功能不同可以分为以下几种：

（1）并联电容器。又称为移相电容器，主要用来补偿电力系统感性负载的无功功率，以提高系统的功率因数，改善电能质量，降低线路损耗；还可以直接与异步电机的定子绕组并联，构成自激运行的异步发电装置。

（2）串联电容器。又叫做纵向补偿电容器，串联于工频高压输、配电线路中，主要用来补偿线路的感抗，提高线路末端电压水平，提高系统的动、静态稳定性，改善线路的电压质量，增长输电距离和增大电力输送能力。

（3）耦合电容器。其主要用于高压及超高压输电线路的载波通信系统，同时也可作为测量、控制、保护装置中的部件。

（4）均压电容器。又叫断路器电容器，一般并联于断路器的断口上，使各断口间的电压在开断时分布均匀。

（5）脉冲电容器。其主要起储能作用，用作冲击电压发生器、冲击电流发生器、断路器试验用振荡回路等基本储能元件。

认知 2　电力电容器的结构、型号

一、电力电容器的基本结构

其主要由电容元件、浸渍剂、紧固件、引线、外壳和套管组成。

1. 电容元件

它是用一定厚度和层数的固体介质与铝箔电极卷制而成。若干个电容元件并联和串联起来，组成电容器芯子。电容元件用铝箔作电极，用复合绝缘薄膜绝缘。电容器内部绝缘油作浸渍介质。在电压为10kV及以下的高压电容器内，每个电容元件上都串有一熔丝，作为电容器的内部短路保护。当某个元件击穿时，其他完好元件即对其放电，使熔丝在ms级的时间内迅速熔断，切除故障元件，从而使电容器能继续正常工作。图9-2所示为高压并联电容器内部电气连接示意图。

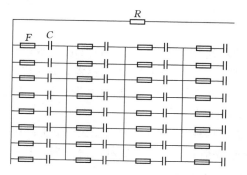
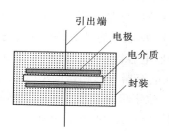

图9-2　高压并联电容器内部电气连接示意图
R—放电电阻；F—熔丝；C—元件电容

2. 浸渍剂

电容器芯子一般放于浸渍剂中，以提高电容元件的介质耐压强度，改善局部放电特性和散热条件。浸渍剂一般有矿物油、氯化联苯、SF_6 气体等。

3. 外壳、套管

外壳一般采用薄钢板焊接而成，表面涂阻燃漆，壳盖上焊有出线套管，箱壁侧面焊有吊攀、接地螺栓等。大容量集合式电容器的箱盖上还装有油枕或金属膨胀器及压力释放阀，箱壁侧面装有片状散热器、压力式温控装置等。接线端子从出线瓷套管中引出。

目前在我国低压系统中采用自愈式电容器。它具有优良的自愈性能、介质损耗小、温升低、寿命长、体积小、重量轻的特点。结构采用聚丙烯薄膜作为固体介质，表面蒸镀了一层很薄的金属作为导电电极。当作为介质的聚丙烯薄膜被击穿时，击穿电流将穿过击穿点。由于导电的金属化镀层电流密度急剧增大，并使金属镀层产生高热，使击穿点周围的金属导体迅速蒸发逸散，形成金属镀层空白区，击穿点自动恢复绝缘。图 9-3 所示为低压自愈式电容器结构。

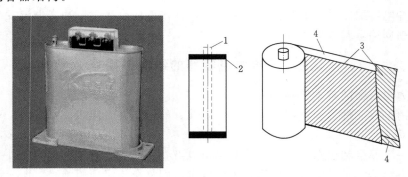

图 9-3　低压自愈式电容器结构
1—心轴；2—喷合金层；3—金属化层；4—薄膜

二、电力电容器的型号

电容器的型号由字母和数字两部分组成。

$$① - ② - ③ - ④ - ⑤ - ⑥$$

① 字母部分。

第一位字母是系列代号，表示电容器的用途特征：A—交流滤波电容器；B—并联电容器；C—串联电容器；D—直流滤波电容器；E—交流电动机电容器；F—防护电容器；J—断路器电容器；M—脉冲电容器；O—耦合电容器；R—电热电容器；X—谐振电容器；Y—标准电容器（移相，旧型号）；Z—直流电容器。

第二位字母是介质代号，表示液体介质材料种类：Y—矿物油浸纸介质；W—烷基苯浸纸介质；G—硅油浸纸介质；T—偏苯浸纸介质；F—二芳基乙烷浸纸介质；B—异丙基联苯浸纸介质；Z—植物油浸渍介质；C—蓖麻油浸渍介质。

第三位字母也是介质代号，表示固体介质材料种类：F—纸、薄膜复合介质；M—全聚丙烯薄膜；无标记—全电容器纸。

第四位字母表示极板特性：J—金属化极板。

② 额定电压（kV）。

③ 额定容量（kvar）。

④ 相数：1—单相；3—三相。

⑤ 使用场所：W—户外式；不标记—户内式。

⑥ 尾注号，表示补充特性：B—可调式；G—高原地区用；TH—湿热地区用；H—污秽地区用；R—内有熔丝。

例如，BFM 12 - 200 - 1W。B 表示并联电容器；F 表示浸渍剂为二芳基乙烷；M 表示全膜介质；12 表示额定电压（kV）；200 表示额定容量（kvar）；1 表示相数（单相）；W 尾注号（户外使用）。

BCMJ 0.4 - 15 - 3。B 表示并联电容器；C 表示浸渍剂为蓖麻油；M 表示全膜介质；J 表示金属化产品；0.4 表示额定电压（kV）；15 表示额定容量（kvar）；3 表示三相。

三、电容器的接线方式

电容器按接线方式分为三角形接线和星形接线。当电容器额定电压按电网的线电压选择时，应采用三角形接线。当电容器额定电压低于电网的线电压时，应采用星形接线。

相同的电容器，接成三角形接线，因电容器上所加电压为线电压，所补偿的无功容量则是星形接线的 3 倍。若是补偿容量相同，采用三角形接线比星形接线可节约电容值 2/3，因此在实际工作中，电容器组大多接成三角形接线。

若某一电容器内部击穿，当电容器采用三角形接线时，就形成了相间短路故障，有可能引起电容器膨胀、爆炸，使事故扩大。当采用星形接线且某一电容器击穿时，不形成相间短路故障。

认知 3　电力电容器的无功补偿方式

一、集中补偿

集中补偿是把电容器组集中安装在变电所的一次或二次侧母线上，并装设自动控制设备，使之能随负荷的变化而自动投切。图 9 - 4 所示为某电容器集中补偿接线。

电容器接在变压器一次侧时，可使线路损耗降低，一次母线电压升高，但对变压器及其二次侧没有补偿作用，而且安装费用高；电容器安装在变压器二次侧时，能使变压器增加出力，并使二次侧电压升高，补偿范围扩大，安装、运行、维护费用低。

集中补偿的优点：电容器的利用率较高，管理方便，能够减少电源线路和变电所主变压器的无功负荷。

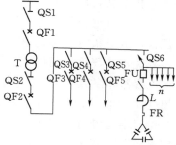

图 9 - 4　电容器集中补偿接线

集中补偿的缺点：不能减少低压网络和高压配出线的无功负荷，需另外建造专门房间。

工矿企业目前多采用集中补偿方式。

二、分组补偿

将全部电容器分别安装于功率因数较低的各配电用户的高压侧母线上，可与部分负荷的变动同时投入或切除。

采用分组补偿时，补偿的无功不再通过主干线以上线路输送，从而降低配电变压器和主干线路上的无功损耗，因此分组补偿比集中补偿降损节电效益显著。这种补偿方式补偿范围更大，效果比较好，但设备投资较大，利用率不高，一般适用于补偿容量小、用电设备多而分散和部分补偿容量相当大的场所。

分组补偿的优点：电容器的利用率比单独就地补偿方式高，能减少高压电源线路和变压器中的无功负荷。

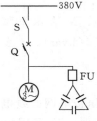

图 9-5 电容器
个别补偿接线

分组补偿的缺点：不能减少干线和分支线的无功负荷，操作不够方便，初期投资较大。

三、个别补偿

它指对个别功率因数特别不好的大容量电气设备及所需无功补偿容量较大的负荷，或由较长线路供电的电气设备进行单独补偿。把电容器直接装设在用电设备的同一电气回路中，与用电设备同时投切。图 9-5 所示为电容器个别补偿接线，图中电动机同时又是电容器的放电装置。用电设备消耗的无功能就地补偿，能就地平衡无功电流，但电容器利用率低。一般适用于容量较大的高、低压电动机等用电设备的补偿

个别补偿的优点：补偿效果最好。

个别补偿的缺点：电容器将随着用电设备一同工作和停止，所以利用率较低，投资大，管理不方便。

认 知 4   电 力 电 容 器 的 使 用

一、检查和维护

（1）新装。交接试验、布置、接线、电压符合；控制、保护和监视回路均应完善，温度计齐全，并试验合格，整定值正确；与电容器组连接的电缆、断路器、熔断器等试验合格；三相平衡，误差值不超过一相总容量的 5%；外观良好，无渗漏油。

（2）运行电容器。电容器外壳有无膨胀、漏油痕迹；有无异常声响和火花；熔断器是否正常；放电指示灯是否熄灭；记录有关电压表、电流表、温度表的读数。如箱壳明显膨胀、外壳渗油严重必须更换。

电容器应在额定电压下运行。如暂时不可能，可允许在超过额定电压 5% 的范围内运行；当超过额定电压 1.1 倍时，只允许短期运行。但长时间出现过电压情况时，应设法消除。

电容器应维持在三相平衡的额定电流下进行工作。如暂不可能，不允许在超过 1.3 倍额定电流下长期工作，以确保电容器的使用寿命。

（3）必要时可以短时停电并检查。螺钉松紧和接触；放电回路是否完好；风道有无积尘；外壳的保护接地线是否完好；继电保护、熔断器等保护装置是否完整可靠，断路器、馈电线等是否良好。

装置电容器组地点的环境温度不得超过 +40℃，24h 内平均温度不得超过 +30℃，一

年内平均温度不得超过＋20℃。电容器外壳温度不宜超过 60℃。如发现超过上述要求时，应采用人工冷却，必要时将电容器组与网路断开。

当功率因数低于 0.9、电压偏低时应投入；当功率因数趋近于 1 且有超前趋势、电压偏高时应退出。

发生下列故障之一时，应紧急退出：①连接点严重过热甚至熔化；②瓷套管闪络放电；③外壳膨胀变形；④电容器组或放电装置声音异常；⑤电容器冒烟、起火或爆炸。

二、使用注意事项

（1）电力电容器组在接通前应用兆欧表检查放电网络。

（2）接通和断开电容器组时，必须考虑以下几点：

1）当汇流排（母线）上的电压超过 1.1 倍额定电压最大允许值时，禁止电容器接入电网。

2）在电容器组自电网断开后 1min 内不得重新接入，但自动重复接入情况除外。

3）在接通和断开电容器组时，要选用不能产生危险过电压的断路器，并且断路器的额定电流不应低于 1.3 倍电容器组的额定电流。

三、电容器的操作

（1）在正常情况下，全所停电操作时，应先断开电容器组断路器后，再拉开各路出线断路器。恢复送电时应与此顺序相反。

（2）事故情况下，全所无电后，必须将电容器组的断路器断开。

（3）电容器组断路器跳闸后不准强送电。保护熔丝熔断后，未经查明原因之前，不准更换熔丝送电。

（4）电容器组禁止带电荷合闸。必须在断路器断开 3min 之后才可进行再次合闸。

任务二　电　抗　器

认知 1　电抗器的作用及分类

电气回路的主要组成部分有电阻、电容和电感。通俗地讲，能在电路中起到阻抗作用的东西，就叫它电抗器。电抗器是依靠线圈的感抗作用来限制短路电流数值的。

电抗器也叫做电感器，一个导体通电时就会在其所占据的一定空间范围内产生磁场，所以所有能载流的电导体都有一般意义上的感性。然而通电的长直导体的电感比较小，所产生的磁场不强，因此实际的电抗器是导线绕成螺线管形式，称为空心电抗器。有时为了让这只螺线管具有更大的电感，便在螺线管中插入铁芯，称为铁芯电抗器。电抗分为感抗和容抗，比较科学的归类是感抗器（电感器）和容抗器（电容器）统称为电抗器，然而由于过去先有了电感器，并且被称为电抗器，所以现在人们所说的电容器就是容抗器，而电抗器专指电感器。

一、电抗器的分类

（1）按相数分，可分为单相和三相电抗器。

（2）按冷却装置种类分，可分为干式和油浸式电抗器。

（3）按结构特征分，可分为空心式电抗器、铁芯式电抗器。

（4）按安装地点分，可分为户内型和户外型电抗器。

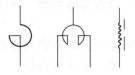

图 9-6 电抗器常用的符号

（5）按用途分，可分为并联电抗器和限流电抗器。

图 9-6 所示为电抗器常用的符号。

二、电抗器在电力系统中的作用

（1）串联电抗器主要用来限制短路电流，也有在滤波器中与电容器串联或并联用来限制电网中的高次谐波。

（2）并联电抗器用来吸收电网中的容性无功。例如，500kV电网中的高压电抗器，都是用来吸收线路充电电容无功的；220kV、110kV、35 kV、10kV 电网中的电抗器是用来吸收电缆线路的充电容性无功的。可通过调整并联电抗器的数量来调整运行电压。

超高压并联电抗器有改善电力系统无功功率有关运行状况的多种功能，主要包括以下几个：

1）轻空载或轻负荷线路上的电容效应，以降低工频暂态过电压。

2）改善长输电线路上的电压分布。

3）使轻负荷时线路中的无功功率尽可能就地平衡，防止无功功率不合理流动，同时也减轻了线路上的功率损失。

4）在大机组与系统并列时，降低高压母线上工频稳态电压，便于发电机同期并列。

5）防止发电机带长线路可能出现的自励磁谐振现象。

6）当采用电抗器中性点经小电抗接地装置时，还可用小电抗器补偿线路相间及相地电容，以加速潜供电流自动熄灭，便于采用单相快速重合闸。

（3）滤波电抗器。在滤波器中与电容器串联或并联用来限制电网中的高次谐波。

（4）消弧电抗器。又称消弧线圈，接在三相变压器的中性点和地之间，用以在三相电网的一相接地时供给电感性电流，补偿流过中性点的电容性电流，使电弧不易持续起燃，从而消除由于电弧多次重燃引起的过电压。

（5）通信电抗器。又称阻波器，串联在兼作通信线路用的输电线路中，用来阻挡载波信号，使之进入接收设备，以完成通信的作用。

（6）电炉电抗器。和电炉变压器串联，用来限制变压器的短路电流。

（7）起动电抗器。和电动机串联，用来限制电动机的起动电流。

交流电动机在额定电压下起动时，初始起动电流将是很大的，往往超过额定电流的许多倍，为了降低起动电流，通常采用降低电压的方法来起动交流电动机，常用的降压方法是采用电抗器或自耦变压器。交流电动机的起动过程很短，起动后就将降压起动用的电抗器或自耦变压器切除。起动电抗器的工作制度属于短时工作制，负载时间通常为 2min。

认知 2 并 联 电 抗 器

一、并联电抗器的型号

并联电抗器的型号表示和含义如下：

$$①-②/③$$

①产品型号字母；②额定容量（kvar）；③电压等级（kV）。

并联电抗器实物如图 9-1 所示。

二、并联电抗器的作用

（1）中压并联电抗器一般并联接于大型发电厂或 110～500kV 变电站的 6～63kV 母线上，用来吸收电缆线路的充电容性无功。通过调整并联电抗器的数量，向电网提供可阶梯调节的感性无功，补偿电网剩余的容性无功，调整运行电压，保证电压稳定在允许范围内。

（2）超高压并联电抗器一般并联接于 330kV 及以上的超高压线路上，主要作用如下：

1）降低工频过电压。装设并联电抗器吸收线路的充电功率，防止超高压线路空载或轻负荷运行时，线路的充电功率造成线路末端电压升高。

2）降低操作过电压。装设并联电抗器可限制由于突然甩负荷或接地故障引起的过电压，避免危及系统的绝缘。

3）避免发电机带长线出现的自励磁谐振现象。

4）有利于单相自动重合闸。并联电抗器与中性点小电抗配合，有利于超高压长距离输电线路单相重合闸过程中故障相的消弧，从而提高单相重合闸的成功率。

三、并联电抗器的结构

1. 空心式电抗器

空心式电抗器没有铁芯，只有线圈，磁路为非导磁体，因而磁阻很大，电感值很小，且为常数。空心电抗器的结构形式多种多样，用混凝土将绕好的电抗线圈浇装成一个牢固整体的被称为水泥电抗器，用绝缘压板和螺杆将绕好的线圈拉紧的被称为夹持式空心电抗器，将线圈用玻璃丝包绕成牢固整体的被称为绕包式空心电抗器。空心电抗器通常是干式的，也有油浸式结构的。

2. 芯式电抗器

铁芯电抗器的结构主要是由铁芯和铁圈组成的。由于铁磁介质的磁导率极高，而且它的磁化曲线是非线性的，所以用在铁芯电抗器中的铁芯必须带有气隙。带气隙的铁芯，其磁阻主要取决于气隙的尺寸。由于气隙的磁化特性基本上是线性的，所以铁芯电抗器的电感值将不取决于外在电压或电流，而仅取决于自身线圈匝数以及线圈和铁芯气隙的尺寸。对于相同的线圈，铁芯式电抗器的电抗值比空心式的大。当磁密较高时，铁芯会饱和，而导致铁芯电抗器的电抗值变小。

芯柱由铁芯饼和气隙垫块组成。铁芯饼为辐射型叠片结构，铁芯饼与铁轭由压紧装置通过非磁性材料制成的螺杆拉紧，形成一个整体。铁芯采用了强有力的压紧和减震措施，整体性能好，振动及噪声小，损耗低，无局部过热。油箱为钟罩式结构，便于用户维护和检修。

3. 干式半芯电抗器

绕组选用小截面圆导线多股平行绕制，涡流损耗和漏磁损耗明显减小，绝缘强度高，散热性好，机械强度高，耐受短时电流的冲击能力强，能满足动、热稳定性的要求。线圈中放入了由高导磁材料做成的芯柱，磁路中磁导率大大增加，与空芯电抗器相比较，在同等容量下，线圈直径、导线用量大大减少，损耗大幅度降低。

铁芯结构为多层绕组并联的筒形结构，铁芯柱经整体真空环氧浇注成型后密实而整体性很好，运行时振动极小，噪声很低。采用机械强度高的铝质的星形接线架，涡流损耗小，可以满足对线圈分数匝的要求。所有的导线引出线全部焊接在星形接线臂上，不用螺钉连接，提高了运行的可靠性。干式半芯电抗器在超高压远距离输电系统中，连接于变压器的 3 次线圈上。用于补偿线路的电容性充电电流，限制系统电压升高和操作过电压，保证线路可靠运行。

认 知 3　限 流 电 抗 器

一、限流电抗器的作用

限制短路电流，以便于采用轻型电气设备和截面较小的载流体。限流电抗器是电阻很小的电感线圈，无铁芯，使用时串接于电路中。

限流电抗器的参数有额定电压、额定电流和电抗百分比，而电抗百分比间接反映电抗值的大小，实用中该值不能过大，否则会影响用户的电能质量，但也不能过小，否则会减弱限制短路电流的效果。

二、限流电抗器分类

（1）线路电抗器。串接在线路或电缆馈线上，使出线能选用轻型断路器以及减小馈线电缆的截面。

（2）母线电抗器。串接在发电机电压母线的分段处或主变压器的低压侧，用来限制厂内、外短路时的短路电流，也称为母线分段电抗器。当线路上或一段母线上发生短路时，它能限制另一段母线提供的短路电流。

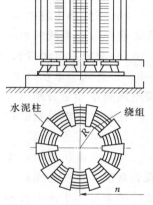

图 9 - 7　水泥电抗器结构

（3）变压器回路电抗器。安装在变压器回路中，用于限制短路电流，以便变压器回路能选用轻型断路器。

三、限流电抗器的结构类型

1. 混凝土柱式限流电抗器

其主要由绕组、水泥支柱及支持绝缘子构成，如图 9 - 7 所示。没有铁芯，绕组采用空芯电感线圈，由纱包纸绝缘的多芯铝线在同一平面上绕成螺线形的饼式线圈叠在一起构成。在沿线圈圆周位置均匀对称的地方设有水泥支架，固定线圈。

2. 分裂电抗器

分裂电抗器在结构上和普通的电抗器没有大的区别，只是在电抗线圈的中间有一个抽头，用来连接电源，两端头接负荷侧或厂用母线，其额定电流相等，如图 9 - 8 所示。

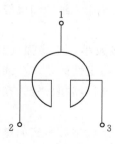

图 9 - 8　分裂电抗器

正常运行时，由于两分支里电流方向相反，使两分支的电抗减小，因而电压损失减小。当一分支出线发生短路时，该分支流过短路电流，另一分支的负荷电流相对于短路电流来说很小，可以忽略其作用，则流过短路电流的分支电抗增大，压降增大，使母线的残余电压较高。

这种电抗器的优点是正常运行时，分裂电抗器每个分段的电抗相当于普通电抗器的 1/4，使负荷电流造成的电压损失较普通电抗器小。另外，当分裂电抗器的分支端短路时，分裂电抗器每个分段电抗较正常运行值增大4倍，故限制短路的作用比正常运行值大，有限制短路电流的作用。缺点是当两个分支负荷不相等或者负荷变化过大时，将引起两分段电压偏差增大，使分段电压波动较大，造成用户电动机工作不稳定，甚至分段出现过电压。

　　3. 干式空心限流电抗器

　　绕组采用多根并联小导线多股并行绕制，如图9 -9所示。匝间绝缘强度高，损耗低；采用环氧树脂浸透的玻璃纤维包封，整体高温固化，整体性强、质量轻、噪声低、机械强度高，可承受大短路电流的冲击；线圈层间有通风道，对流自然冷却性能好，由于电流均匀分布在各层，动、热稳定性高；电抗器外表面涂以特殊的抗紫外线老化的耐气候树脂涂料，能承受户外恶劣的气候条件，可在户内、户外使用。

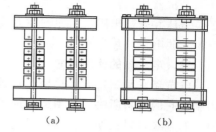

图9-9　干式空心限流电抗器

认知 4　串联电抗器

　　串联电抗器与并联电容补偿装置或交流滤波装置（也属补偿装置）回路中的电容器串联。并联电容器组通常连接成星形。串联电抗器可以连接在线端，也可以连接在中性点端，如图9-10所示。

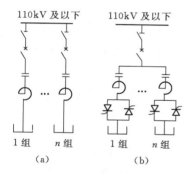

图 9-10　串联电抗器的应用
(a) 串接于由断路器投切的并联电容器或交流滤波装置；(b) 串接于由可控硅投切的并联电容器或交流滤波装置

作用有以下几点：

　　(1) 降低电容器组的涌流倍数和涌流频率。便于选择配套设备和保护电容器。

　　(2) 可吸收接近调谐波的高次谐波，降低母线上该谐波电压值，减少系统电压波形畸变。

　　(3) 与电容器的容抗处于某次谐波全调谐或过调谐状态下，可以限制高于该次的谐波电流流入电容器组，保护了电容器组。

　　(4) 在并联电容器组内部短路时，减少系统提供的短路电流，在外部短路时，可减少电容器组对短路电流的助增作用。

　　(5) 减少健全电容器组向故障电容器组的放电电流值。

　　(6) 电容器组的断路器在分闸过程中，如果发生重击穿，串联电抗器能减少涌流倍数和频率，并能降低操作过电压。

认知 5　电抗器的使用

一、电抗器的布置和安装

　　线路电抗器的额定电流较小，通常都做垂直布置。各电抗器之间及电抗器与地之间用支柱绝缘子绝缘。中间一相电抗器的绕线方向与上下两边的绕线方向相反，这样在上中或中下两相短路时，电抗器间的作用力为吸引力，不易使支柱绝缘子断裂。母线电抗器的额定电流较大，尺寸也较大，可做水平布置或"品"字形布置（参见图12-6所示）。

二、电抗器的运行和维护

电抗器在正常运行中应检查：接头应接触良好无发热；周围应整洁无杂物；支持绝缘子应清洁并安装牢固，水泥支柱无破碎；垂直布置的电抗器应无倾斜；电抗器绕组应无变形；无放电声及焦臭味。

三、电抗器的使用寿命

电抗器在额定负载下长期正常运行的时间，就是电抗器的使用寿命。电抗器使用寿命由制造它的材料所决定。制造电抗器的材料有金属材料和绝缘材料两大类。金属材料耐高温，而绝缘材料长期在较高的温度、电场和磁场作用下，会逐渐失去原有的力学性能和绝缘性能，如变脆、机械强度减弱、电击穿。这个渐变的过程就是绝缘材料的老化。温度越高，绝缘材料的力学性能和绝缘性能减弱得越快；绝缘材料含水分越多，老化也越快。电抗器中的绝缘材料要承受电抗器运行产生的负荷和周围环境的作用，这些负荷的总和、强度和作用时间决定绝缘材料的使用寿命。

小　　结

电力电容器按功能不同可以分为并联电容器、串联电容器、耦合电容器、均压电容器和脉冲电容器几种。电力电容器的结构主要由电容元件、浸渍剂、紧固件、引线、外壳和套管组成。

电容器按接线方式分为三角形接线和星形接线。当电容器额定电压按电网的线电压选择时，应采用三角形接线。当电容器额定电压低于电网的线电压时，应采用星形接线。相同的电容器，接成三角形接线，所补偿的无功容量则是星形接线的3倍。若是补偿容量相同，采用三角形接线比星形接线可节约电容值2/3，因此在实际工作中，电容器组多接成三角形接线。

电力电容器的补偿方式有集中补偿、分组补偿和个别补偿。

电抗器也叫做电感器，一个导体通电时就会在其所占据的一定空间范围内产生磁场，所有能载流的电导体都有一般意义上的感性。感抗器（电感器）和容抗器（电容器）统称为电抗器。电力系统中所采取的电抗器，常见的有串联电抗器和并联电抗器。串联电抗器主要用来限制短路电流，也有在滤波器中与电容器串联或并联用来限制电网中的高次谐波。并联电抗器主要用来吸收电网中的容性无功。

思　考　练　习

1. 电力电容器的分类和作用是什么？
2. 电容器的接线方式有哪些？各有什么特点？
3. 电容器的补偿方式有哪几种？
4. 什么叫电抗器？
5. 电抗器的分类和各自的作用是什么？
6. 使用电抗器的注意事项有哪些？

项目十 低压电器的结构及使用

能力目标

（1）熟悉刀开关的结构，掌握其用途和使用。
（2）熟悉接触器的结构，掌握其用途和使用。
（3）熟悉低压断路器的结构，掌握其用途和使用。
（4）熟悉低压熔断器的结构，掌握其用途和使用。

案例引入

问题：图 10-1 中刀开关、接触器、低压断路器、低压熔断器、熔断器的用途是什么？结构是什么样的？主要适用何种类型？

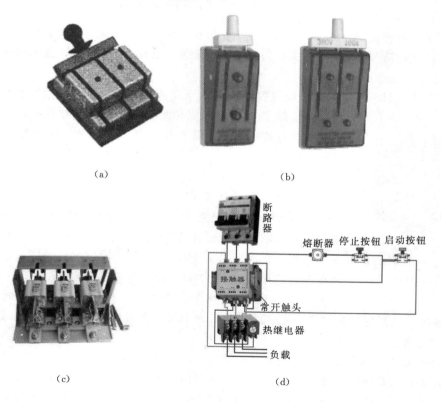

图 10-1 几种常见的低压电器
（a）HD11 单投刀开关；（b）HK 系列刀开关外形；（c）HR3 系列刀熔开关；（d）电机控制回路

知识要点

任务一　刀开关的用途、结构及使用

认知 1　刀开关的用途及种类

一、刀开关的用途

刀开关是手动电器中结构最简单的一种低压开关，额定电流在 1500A 以下，只能手动操作，主要用于不经常操作的交、直流低压电路中。为了能在短路或过负荷时自动切断电路，刀开关必须与熔断器配合使用。

二、刀开关的种类

按动触刀的极数可分为单极、双极和三极；按动触刀的转换方向可分为单掷和双掷；按操作方式可分为直接手柄操作和远距离连杆操作式；按灭弧情况可分为有灭弧罩和无灭弧罩等。

认知 2　刀开关的结构及使用

刀开关是最普通的一种低压电器。常用类型有开启式刀型开关、开启式负荷开关、刀熔开关、封闭式负荷开关和组合开关。刀开关型号很多，但有些已被淘汰，选用时需注意。

1. 开启式刀开关

HD 系列、HS 系列单投和双投刀开关适用于交流电压至 380V、直流电压至 440V、

图 10 - 2　HD11 单投刀
开关外形

额定电流低于 1500A 的成套配电装置中，作为不频繁手动接通和分断交、直流电路或作隔离开关用。图 10 - 2 所示为 HD11 单投刀开关外形。

2. 开启式负荷开关

开启式负荷开关常称为瓷底胶盖开关，可在额定电压交流 220V、380V，额定电流 15 ～60A 的照明与电热电路中作为不频繁接通与分断电路及短路保护之用，在一定条件下也可起过负荷保护作用。常用型号有 HK1、HK2（改进型）。HK2 系列开启式负荷开关适用于交流 50Hz，额定电压单相 220V、三相 380V，额定电流 10～100A 电路中，作手动不频繁地接通与分断负载电路

及小容量线路的短路保护之用。图 10 - 3 所示为 HK 系列开启式负荷开关外形及结构。

3. 刀熔开关

刀熔开关是一种由低压刀开关与熔断器组合而成的熔断器式刀开关。常见的 HR3 系列刀熔开关，就是将 HD 或 HS 型刀开关的闸刀换以 RTO 型熔断器的具有刀形触头的熔管组成。图 10 - 4 所示为 HR3 系列刀熔开关外形。刀熔开关具有刀开关和熔断器的双重功能。采用这种组合开关电器，可以简化配电装置结构，经济实用，越来越广泛地在低压配电屏上安装使用。刀熔开关按其电流分为交流（50Hz）和直流两种。按其操作方式分

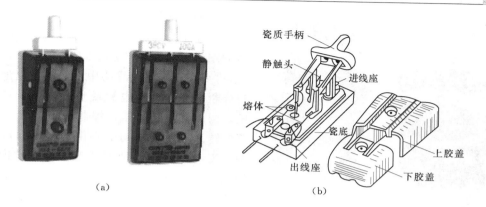

（a）　　　　　　　　　　　　　　　（b）

图 10-3　HK 系列刀开关外形及结构

（a）外形；（b）结构

为正面侧方杠杆传动机构式和正面中央杠杆传动机构式两种。按其检修地位分为屏前检修及屏后检修两种。

4. 低压负荷开关

常见的 HH 系列低压负荷开关，是由带灭弧装置的刀开关和熔断器组合而成，外装封闭式铁壳或开启式胶盖的开关电器。刀开关采用侧面或正面手柄操作，能快速接通和分断。为了安全，有的还装有机械联锁，保证箱盖打开时开关不能闭合及开关闭合时箱盖不能打开。这种开关适合在额定电压交流

图 10-4　HR3 系列刀熔
开关外形

220V、380V，有的也可直流 440V，额定电流 60～400A，作为手动不频繁地接通与分断电路之用，尤其适合于安装在较高级的抽出式低压成套装置中。在一定条件下也可起过负荷保护作用。图 10-5 所示为 HH 系列低压负荷开关结构及外形。

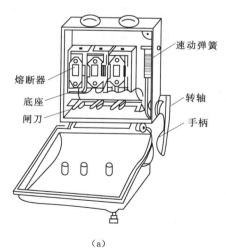

（a）　　　　　　　　　　　　　　　（b）

图 10-5　HH 系列低压负荷开关结构及外形

（a）HH 系列铁壳开关结构；（b）HH 系列低压负荷开关外形

图 10 - 6　HZ10 系列组合开关外形

5. 组合开关

组合开关又称转换开关，我国统一设计的 HZ10 系列适用于交流 380V 及以下，直流 220V 及以下的电气线路中，作不频繁地接通与分断电路，换接电源或负载，测量三相电压，调节并联、串联，控制小型异步电动机正反转之用。在结构上它由若干个动触头和静触头（刀片），分别装于数层绝缘件内。动触点装在方轴上，随方轴旋转而变更其通断位置。操动机构采用了扭簧储能，使开关快速闭合，与分手柄旋转速度无关。图 10 - 6 所示为 HZ10 系列组合开关外形。

任务二　接触器的用途、结构及使用

认知 1　接触器的用途及类型

一、接触器的用途

接触器是用来远距离接通或断开负荷电流的低压开关。除了用于频繁控制电动机外，还可用于控制小型发电机、电热装置、电焊机和电容器组等设备。接触器不能切断短路电流和过负荷电流，因此，常与熔断器和热继电器等配合使用。接触器可分为交流接触器和直流接触器。

二、接触器的类型

接触器按其线圈通过电流种类不同，分为交流接触器和直流接触器。

接触器根据不同控制对象和在运行过程中的不同特点，其使用类别也有所不同，不同类别的接触器，接通与分断能力及电寿命也有所差别，接触器的常见使用类别及典型用途如表 10 - 1 所示。

表 10 - 1　　　　　　　　　接触器的常见使用类别及典型用途

电流种类	使用类别代号	典型用途举例
AC（交流）	AC - 1	无感或微感负载，电阻炉
	AC - 2	绕线转子异步电动机的启动、制动
	AC - 3	笼型异步电动机的启动、运转和分断
	AC - 4	笼型异步电动机的启动、反接制动与反向、点动
DC（直流）	DC - 1	无感或微感负载，电阻炉
	DC - 2	并励电动机的启动、反接制动、点动
	DC - 3	串励电动机的启动、反接制动、点动
	DC - 4	白炽灯的接通

认知 2　接触器的结构及工作原理

一、接触器的结构特点

接触器主要由电磁系统、触点系统、灭弧装置等部分组成，如图 10 - 7 所示。

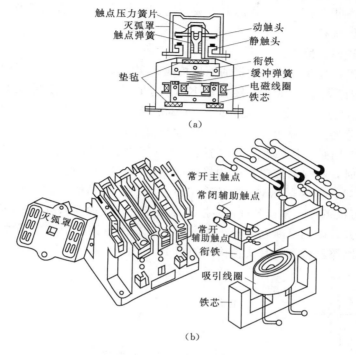

图 10 - 7　交流接触器的结构及原理
（a）交流接触器的结构原理；（b）结构

（1）电磁系统。电磁系统由线圈、动铁芯、静铁芯组成。铁芯用相互绝缘的硅钢片叠压铆成，以减少交变磁场在铁芯中产生涡流及磁滞损耗，避免铁芯过热。铁芯上装有短路铜环，以减少衔铁吸合后的振动和噪声。铁芯大多采用衔铁直线运动的双 E 形结构。交流接触器线圈在其额定电压的 85% ～105% 时，能可靠地工作。电压过高，则磁路严重饱和，线圈电流将显著增大，有被烧坏的危险；电压过低，则吸不牢衔铁，触点跳动，影响电路正常工作。

（2）触点系统。触点系统是接触器的执行元件，用以接通或分断所控制的电路，必须工作可靠、接触良好。主触点在接触器中央，触点较大。复合辅助触点，分别位于主触点的左右侧，上方为辅助常闭触点，下方为辅助常开触点。辅助触点用于控制电路，常起电气联锁作用，放又称联锁（自保或互锁）触点。

（3）灭弧装置。交流接触器在分断大电流电路时往往会在动、静触点之间产生很强的电弧。电弧的熄灭方法一般采用双断口结构的电动力灭弧和半封闭式绝缘栅片陶土灭弧罩。前者适用于容量较小（10A 以下）的接触器，而后者适用于容量较大（20A 以上）的接触器。

二、接触器的动作原理

如图 10-7 所示，当接触器的电磁线圈通电后，产生磁场，使静铁芯产生足够的吸力，克服反作用弹簧与动触点压力弹簧片的反作用力，将衔铁吸合，使动触点和静触点的状态发生改变，其中 3 对常开主触点闭合。常闭辅助触点首先断开，接着，常开辅助触点闭合。当电磁线圈断电后，由于铁芯电磁吸力消失，衔铁在反作用弹簧作用下释放，各触点也随之恢复原始状态。

三、交流接触器使用实例

利用交流接触器控制异步电动机的原理接线和实物接线，如图 10-8 所示，主电路由隔离开关 QS、熔断器 FU 和交流接触器 KM1 的主触点组成；控制电路由交流接触器 KM1 的线圈和辅助触点、能自动复归的起动按钮 SB2、停止按钮 SB1、热继电器触点 FR 组成，接于主电路的 U、W 相上。在起动电动机前先合上隔离开关 QS，然后按下起动按钮 SB2，接通控制回路，接触器 KM1 的线圈通电使主触头闭合，接通主电路，电动机开始转动。与此同时，和起动按钮并联的接触器 KM1 的常开辅助触点 KM1 也闭合，这样当起动按钮断开后，接触器 KM1 仍保持在闭合状态。辅助触点的这种作用称为"自保持"。停机时，可按下停止按钮 SB1，使控制回路断电，接触器 KM1 的线圈失磁，主触点和辅助触点都断开，电动机断电停转。图 10-8（a）中主回路中隔离开关 QS、熔断器串联，也可用低压断路器代替，其实物接线如图 10-8（b）所示。

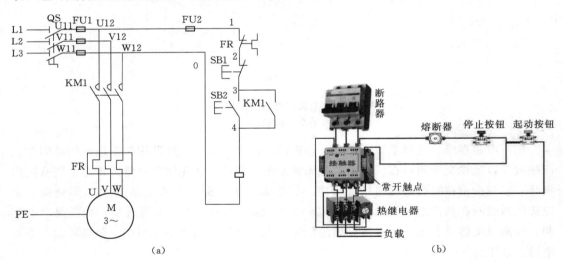

图 10-8　用交流接触器控制异步电动机的原理接线及实物接线
（a）原理接线；（b）实物接线

认 知 3　接 触 器 使 用 要 点

接触器使用寿命的长短、工作的可靠性不仅取决于产品本身的技术性能，而且与产品的使用维护是否得当有关。接触器在使用中应注意以下几点：

（1）接触器的额定电压应不小于负载回路的额定电压。主触点的额定电流应不小于负载的额定电流。在频繁起动、制动和正反转的扬合，主触点的额定电流要选大一些。

（2）线圈电压应与控制电路电压一致，接触器的触点数量和种类应满足控制电路要求。线圈电压从人身及设备安全角度考虑可选择低一些；但从简化控制线路考虑也可选用380V 的。

（3）根据所控制对象电流类型来选用交流或直流接触器。如控制系统中主要是交流对象，而直流对象容量较小，也可全用交流接触器，但触点的额定电流要选大些，20A 以上的接触器加有灭弧罩，利用断开电路时产生的电磁力，快速拉断电弧，以保护触点。

（4）接触器安装前应检查产品的铭牌及线圈上的数据（如额定电压、电流、操作频率和负载因数等）是否符合实际使用要求。安装时应注意用于分合接触器的活动部分，要求产品动作灵活无卡滞现象。当接触器铁芯极面涂有防锈油时，使用前应将铁芯极面上的防锈油擦净，以免油垢黏滞而造成接触器断电不释放。检查和调整触点的工作参数（开距、超程、初压力和终压力等），并使各极触点同时接触。

（5）接触器安装接线时，应注意勿使螺钉、垫圈、接线头等零件遗漏，以免落入接触器内造成卡住或短路现象。安装时，应将螺钉拧紧，以防振动松脱。安装后应检查接线正确无误后，在主触点不带电的情况下，先使吸引线圈通电分合数次，检查产品动作是否可靠，然后才能投入使用。用于可逆转换的接触器，为保证联锁可靠，除装有电气联锁外，还应加装订装机械联锁机构。

（6）接触器在使用时应定期检查产品各部件，要求可动部分无卡住、紧固件无松脱现象，各部件如有损坏应及时更换。触点表面应经常保护清洁，不允许涂油；当触点表面因电弧作用而形成金属小珠时应及时清除。当触点严重磨损后，应及时调换触点。但应注意：银及银基合金触点表面在分断电弧时生成的黑色氧化膜接触电阻很低，不会造成接触不良现象，因此不必锉修，否则将会大大缩短触点寿命。原来带有灭弧室的接触器，绝不能不带灭弧室使用，以免发生短路事故；陶土灭弧罩易碎，应避免碰撞，如有碎裂应及时调换。

任务三 低压断路器用途、结构及使用

认知 1 低压断路器的用途及种类

一、低压断路器的用途

低压断路器又称自动空气开关，它是低压配电系统中重要的开关设备和保护元件。它适用于交流 380V、直流 440V 及以下的低压配电网络，在正常运行情况下不频繁地接通和切断电路。在电路发生短路、过负荷和失压时又自动切断电路。它可根据需要配备手动操动机构或远距离控制的电动操动机构。

其功能相当于刀开关、熔断器、热继电器、过电流继电器及欠电压继电器的组合，可用来接通和分断负载电路，也可用来控制不频繁起动的电动机，是一种既有手动开关作用又能自动进行欠电压、失电压、过载和短路保护的开关电器。

二、低压断路器的种类

低压断路器种类很多，可以有以下几种分类方式：

（1）按结构类型分，有塑壳式断路器和框架式（万能式）断路器两种。

（2）按极数分，有单极、二极、三极和四极等。

（3）按结构功能分，有一般式、多功能式、高性能式和智能式等。

（4）按安装方式分，有固定式和抽屉式两种。

（5）按接线方式分，有板前接线、板后接线、插入式接线、抽出式（抽屉式）接线和导轨式接线等。

（6）按操作方式分，有手动（手柄或外部转动手柄）和电动操作两种。

（7）按动作速度分，有一般型和快速型两种。交流快速型断路器通常称为限流断路器，其分断时间短到足以使短路电流在达到预期峰值前即被分断。

（8）按用途分，有配电断路器、电动机保护用断路器、灭磁断路器和漏电断路器等几种。

认知 2　低压断路器的结构及工作原理

一、低压断路器的结构

低压断路器的结构由触头系统、灭弧装置、操动机构、保护装置（脱扣器）等组成，如图 10-9 所示。

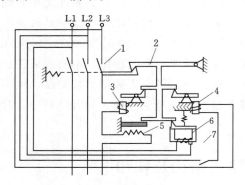

图 10-9　低压断路器的结构

1—主触头；2—自由脱扣机构的锁扣；3—过电流脱扣器；4—分励脱扣器；5—热脱扣器；6—欠电压脱扣器；7—按钮

（1）触头系统。其包括主触头和辅助触头。主触头用于分、合主电路，有单断口指式触头、双断口桥式触头、插入式触头等几种形式，通常是由两对并联触头，即工作触头和灭弧触头所组成，工作触头主要是通过工作电流，灭弧触头是在接通和断开电路时保护工作触头不被电弧烧伤。辅助触头用于控制电路，用来反映断路器的位置或构成电路的联锁。

（2）灭弧装置。作用是吸引开断大电流时产生的电弧，使长弧被分割成短弧，通过灭弧栅片的冷却，使弧柱温度降低，最终熄灭电弧。其结构因断路器的种类而异：框架式低压断路器常用金属栅片式灭弧室，由石棉水泥夹板、灭弧栅片及灭焰栅片所组成；塑壳式低压断路器所用的灭弧装置由红钢纸板嵌上栅片组成；快速低压断路器的灭弧装置还装有磁吹线圈。

（3）操动机构。其包括传动机构和自由脱扣机构。作用是用手动或电动来操作触头的合、分，在出现过载、短路时可以自由脱扣。当断路器合闸时，传动机构把合闸命令传递到自由脱扣机构，使触头闭合。

（4）保护装置。断路器的保护装置是各种脱扣器。

1）电磁脱扣器用于短路保护，是利用电磁吸力作用，使自由脱扣器机构上的触点断开。

2）热脱扣器主要用于过负荷保护，一般为双金属片机构，当电流超过额定值时热元件发热使双金属片变形而导致断路器分闸。

3）失压或欠电压脱扣器用于低压保护，当电源电压低于某一规定数值或电路失压时失压或欠电压脱扣器使低压断路器分断。

4）半导体式脱扣器可作过载长延时、短路短延时、特大短路瞬时动作保护用，它由电流变换器、电压变换器、电源变压器和半导体插件组成。

5）分励脱扣器用于远距离控制低压断路器分闸，对电路不起保护作用。

二、低压断路器的工作原理

低压断路器接通或分断电路，是通过扳动其手柄（或通过外部转动手柄）或采用电动机操动机构使动、静触头闭合或断开。正常情况下，触头能接通和分断额定电流。当主触点闭合后，自由脱扣器将主触头锁在合闸位置上。过电流脱扣器的线圈和热脱扣器的热元件与主电路串联，欠电压脱扣器的线圈和电源并联。当电路发生短路或严重过载时，过电流脱扣器的衔铁吸合，使自由脱扣机构动作，锁扣脱钩，主触头断开主电路。当电路过载时，热脱扣器的热元件发热使双金属片向上弯曲，推动自由脱扣机构动作使锁扣脱钩，断路器分闸。当电路欠电压（低于额定电压的70%）时，欠电压脱扣器的衔铁释放，也使自由脱扣机构动作。分励脱扣器则作为远距离控制用：在正常工作时，其线圈是断电的；在需要距离控制时，按下起动按钮，使线圈通电，衔铁带动自由脱扣机构动作，使主触头断开。

断路器分、合闸时，触头之间产生的强烈电弧使灭弧罩内的铁质栅片被磁化，产生吸力把电弧吸向灭弧罩，利用灭弧栅片冷却电弧，并将电弧分割成短弧，提高电弧电阻和电弧电压，最终将电弧熄灭。

认知 3　低压断路器的常用类型

低压断路器按结构形式可分为塑料外壳式和框架式两大类；按灭弧介质有空气断路器和真空断路器等；按用途有配电用断路器、电动机保护用断路器、照明用断路器和漏电保护断路器等。

一、塑料外壳式低压断路器

塑料外壳式低压断路器又称装置式自动开关，主要由绝缘底座、触点系统、灭弧系统、脱扣器及操动机构等部分组成，并全部装在一个塑料外壳内。壳盖中央露出操作手柄或操作按钮，供手动操作之用。操动机构能使开关快速闭合及分断而与操作速度无关。

塑料外壳式断路器种类繁多，国产主要型号有 DZ15、DZX10、DZ20 等，引进技术生产的有 H、T、3VE、3WE、NSM、S 型等。塑壳式断路器常作为电源开关或作为控制和保护不频繁起动、停止的电机，以及用于宾馆、机场、车站等大型建筑的照明回路。

下面介绍 DZ15 型塑料外壳式低压断路器。

DZ15 型塑料外壳式低压断路器型号说明如下，其技术数据见表 10 - 2。

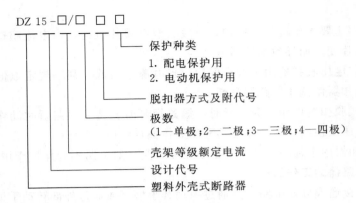

保护种类
1. 配电保护用
2. 电动机保护用

脱扣器方式及附代号

极数
（1—单极；2—二极；3—三极；4—四极）

壳架等级额定电流

设计代号

塑料外壳式断路器

表 10 - 2　　　　　　　　　　　　　DZ15 系列塑壳式断路器

型号	极数	额定电流（A）	额定电压（V）	额定短路分断能力（kA）	机械寿命（万次）	电寿命（万次）
DZ15 - 40	1	6、10、16、20、25、32、40	AC220	3	1.5	1.0
	2、3		AC380			
DZ15 - 63	1	10、16、20、25、32、40、50、63	AC220	5	1.0	0.6
	2、3、4		AC380			

　　DZ15 系列塑壳式断路器如图 10 - 10 所示，适用于交流 50Hz、额定电压至 380V、额定电流至 100A 的电路中作为分配电能用，并可用来作线路和电动机的过载及短路保护，也可作为线路的不频繁转换及电动机的不频繁起动之用。它主要由触点、操动机构、液压式电磁脱扣器、灭弧机构及塑料外壳组成，当被保护线路或电动机发生过载及短路时，断路器能可靠分断；多极断路器能机构联动，只要一极发生过载动作，便能使所有的极同时分断。

图 10 - 10　塑壳断路器外形

二、框架式断路器

框架式低压断路器是敞开地装在塑料或金属的框架上，由于它的保护方案和操作方式较多，装设地点也很灵活，又称万能式自空气开关。

框架式断路器容量较大，可装设较多的脱扣器，辅助触点的数量也较多，不同的脱扣器组合可产生不同的保护特性（选择型或非选择型、反时限动作特性），且操作方式较多。主要用作配电网络的出线总断路器、母线联络断路器或大容量馈线断路器和大型电动机控制断路器。容量较小（如 600A 以下）的框架式断路器多用电磁机构传动，容量较大（如 1000A 以上）的框架式断路器则多用电动机机构传动，但无论采用何种传动机构，都装有手柄，以备检修或传动机构故障时用。极限通断能力较高的框架式断路器还采用储能操动机构，以提高通断速度。

框架式断路器常用型号有 DW16（一般型）、DW15、DW15HH（多功能、高性能）、DW45（智能型），另外还有 ME、AH（商性能型）和 M（智能型）系列等。

下面介绍 DW10 型塑料外壳式低压断路器。

DW10 型自动空气开关的结构示意图如图 10-11 所示。按照额定电流的大

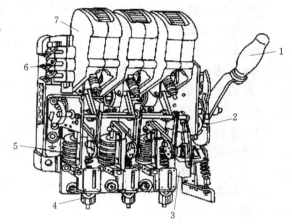

图 10-11 DW10 型万能式低压断路器
1—操作手柄；2—自由脱扣机构；3—失压脱扣器；
4—过流脱扣器电流调节螺母；5—过电流脱扣器；
6—辅助触点（联锁触点）；7—灭弧罩

小，其底架有铝合金、铁或胶木座，触点也由主触点、副触点和弧触点分别组合构成。采用陶土灭弧室内灭弧栅来灭弧，灭弧能力较强。它的过流脱扣器、失压脱扣器、分励脱扣器一般都是瞬时动作的。辅助开关一般为三动合、三动断，需要时可为五动合、五动断。DW10 型自动空气开关的合闸操作方式较多，除直接手柄操作外，还有杠杆操作、电磁铁操作和电动机操作等方式。

三、智能型万能断路器

1. 结构原理

智能型万能式断路器由触点系统、灭弧系统、操动机构、互感器、智能控制器、辅助开关、二次接插件、欠压和分励脱扣器、传感器、显示器、通信接口、电源模块等部件组成。

智能断路器的保护特性有：过载长延时保护；短路短延时保护；反时限、定时限、短路瞬时保护；接地故障定时限保护。智能断路器外形如图 10-12 所示。

图 10-12 DW45 智能断路器外形

智能化断路器的核心部分是智能脱扣器。它由实时检测、微处理器及其外围接口和执行元件 3 个部分组成。

（1）实时检测。用传感器或取电流、电压信号，将电压、电

127

流等参数的变化必须反映到微处理器上。

（2）微处理器系统。这是智能脱扣器的核心部分，由微处理器与外围接口电路组成，对信号进行实时处理、存储、判别，对不正常运行进行监控等。

（3）执行部分。智能型脱扣器的执行元件是磁通变换器，其磁路全封闭或半封闭，正常工作时靠永磁体保证铁芯处于闭合状态，脱扣器发出脱扣指令时，线圈通过的电流产生反磁场抵消了永磁体的磁场，动铁芯靠反作用力弹簧动作推动脱扣件脱扣。

2. 智能断路器与普通断路器的比较

智能化断路器与普通断路器相比较具有以下特点：

（1）保护功能多样化。普通低压断路器一般采用双金属片式热脱扣器作为过载保护，用电磁脱扣器作为短路保护来构成长延时、瞬时两段保护，因而实现保护功能一体化较难。智能断路除了可同时具有长延时、短延时、瞬时的 3 段保护功能以外，还具备过压、欠压、断相、反相、三相不平衡、逆功率及接地保护（第四段保护）、屏内火灾检测报警等功能。

（2）选择性强。智能化断路器由于采用微处理器，惯性小、速度快，其保护的选择性、灵活性及重复误差都好，它的各种保护功能和特性可以全范围调节，可实现多种选择性。

（3）具备通信功能。既能从操纵者那里得到各种控制命令和控制参数，又能通过连续巡回检测对各种保护特性、运行参数、故障信息进行直观显示，还可与中央计算机联网实现双向通信，实施遥测、遥信、遥控，人机对话功能强，操作人员易于掌握，避免误动作。

（4）显示与记忆。智能化断路器能显示三相电压、电流、功率因数、频率、电能、有功功率、动作时间、分断次数及预示寿命等，能将故障数据保存，并指示故障类型、故障电压、电流等，起到辅助分析诊断故障的作用，还可通过光耦合器的传输进行远距离显示。

（5）故障自诊断、预警与试验功能。可对构成智能断路器的电子元器件的工作状态进行自诊断，当出现故障时可发出报警并使断路器分断。预警功能使操作人员能及时处理电网的异常情况。

小　结

低压电器是指用于交流电压 1200V 以下或直流电压低于 1500V 的输电线路中起保护、控制、转换和调节等作用的电气元件的总称。低压电器按照用途或所控制的对象可分为低压配电电器和低压控制电器；按照动作性质可以分为自动电器和手动电器。常用低压电器设备有刀开关、低压断路器、接触器、熔断器等。

低压刀开关主要作用是隔离电源，按照功能作用可以分为开启式负荷开关、熔断器式刀开关和隔离刀开关。

接触器是一种自动控制电器，可用来频繁地接通和断开主电路。它主要的控制对象是电动机、变压器等电力负载，可以实现远距离接通或分断电路。

　　低压断路器按结构可分为万能式（框架式）断路器和塑壳式断路器两种，它是一种既可以带负荷通断电路，又可以在短路、过负荷、欠压或失压时自动跳闸的电气开关设备。

　　低压熔断器在低压配电系统和用电设备中主要起短路保护作用，熔断器具有结构简单、使用方便、价格低廉等优点。低压熔断器根据结构可以为瓷插式熔断器、螺旋式熔断器、无填料封闭管式熔断器和有填料封闭管式熔断器几种。

思　考　练　习

　　1. 什么是低压电器？按动作方式可以分为哪两类？按用途不同可分为哪几类？常用的低压电器有哪些？

　　2. 低压刀开关有什么作用？在使用和安装刀开关时应注意什么？

　　3. 交流接触器有什么用途？它的工作原理是什么？

　　4. 交流接触器的主要结构有哪些？其作用是什么？

　　5. 交流接触器的使用和维护注意事项是什么？

　　6. 低压断路器有哪些功能？其工作原理是什么？

　　7. 低压断路器有哪些主要部件？其作用是什么？

　　8. 按照结构形式低压断路器可以分为哪几类？各自的特点是什么？

模块三　发电厂、变电站电气一次主接线设计

项目十一　电气主接线与自用电

能力目标

(1) 熟悉对电气主接线的要求。

(2) 掌握电气主接线的主要形式、特点及使用条件。

(3) 熟悉电气主接线设计的主要步骤，能根据原始资料完成主接线初步设计。

(4) 了解发电厂、变电站自用电的要求及接线。

案例引入

问题：

1. 图 11-1 (a)、(b) 所示电气主接线图各有何特点？各自的适用范围是什么？

2. 除图示主接线还有什么类型的主接线？它们的接线特点是什么？分别适用于什么场合？

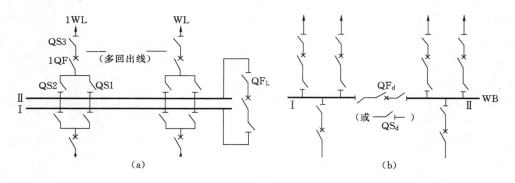

图 11-1　单母线分段、双母线主接线

(a) 普通双母线结构；(b) 单母线分段

3. 怎样进行相应的倒闸操作？

知识要点

任务一　对电气主接线的基本要求

认知 1　电气主接线及电气主接线图

一、电气主接线

电气主接线是由多种电气设备通过连接线，按其功能要求组成的接受和分配电能的电路，也称电气一次接线或电气主系统。

二、电气主接线图

电气主接线中用规定的设备文字和图形符号将各种电气设备，按连接顺序排列，详细表示电气设备的组成和连接关系的接线图，称为电气主接线图。电气主接线图一般画成单线图（即用单相接线表示三相接线），但对三相接线不完全相同的局部则画成三线图。图 11－1 是

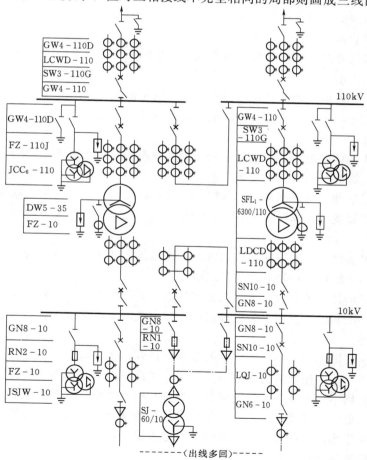

图 11－2　某 110kV/10kV 降压变电站的电气主接线

131

常见的电气主接线的简图。图 11-2 所示为某 110kV/10kV 降压变电站的电气主接线。

认知 2　对电气主接线的基本要求

电气主接线的选择正确与否对电力系统的安全、经济运行，对电力系统的稳定和调度的灵活性，以及对电气设备的选择、配电装置的布置、继电保护及控制方式的拟定等都有重大的影响。在选择电气主接线时，应注意发电厂或变电站在电力系统中的地位、进出线回路数、电压等级、设备特点及负荷性质等条件，并应满足下列基本要求。

一、可靠性

主接线首先应满足可靠性要求。主接线的可靠性要包括一次部分和相应的二次部分在运行中可靠性的综合，要考虑发电厂或变电站在电力系统中的地位和作用、所采用设备的可靠性以及结合一次设备和相应的二次部分在运行中的可靠性进行综合分析。这里所说主接线的可靠性主要是指当主电路发生故障或电气设备检修时，主接线在结构上能够将故障或检修所带来的不利影响限制在一定范围内，以提高供电的能力和电能的质量。

目前，对主接线的可靠性的评估不仅可以定性分析，而且可以定量计算。一般从以下几个方面对主接线的可靠性进行定性分析：

（1）断路器检修时是否影响供电。

（2）设备或线路故障或检修时，停电线路数量的多少和停电时间的长短，以及能否保证对重要用户的供电。

（3）有没有使发电厂或变电站全部停止工作的可能性等。

（4）大机组超高压电气主接线应满足可靠性的特殊要求。

二、灵活性

灵活性是指适应发电厂、变电站不同时期各种不同运行工况要求的能力。主接线应满足调度灵性活、检修灵活性及扩建灵活性。

（1）调度灵活性。应根据系统正常运行的需要，能方便、灵活地切除或投入线路、变压器或无功补偿装置等，满足系统在事故运行方式、检修运行方式及特殊运行方式下的系统调度要求。

（2）检修灵活性。应能方便地停运线路、变压器、开关设备等，进行安全检修或更换而不致影响电力系统的运行和对用户的供电。

（3）扩建灵活性。可以容易地从初期接线过渡到最终接线，并要考虑便于分期过渡和扩展，使电气一次和二次设备、装置等改变连接方式的工作量最少。

三、经济性

主接线在满足可靠性、灵活性要求的前提下做到经济合理。

（1）投资省。①主接线应力求简单，少用一次设备，节省设备上的投资；②要能使继电保护和二次回路不过于复杂，以节省二次设备和控制电缆；③要能限制短路电流，以便选择价格合理的电气设备或轻型电器；④能满足系统安全运行及继电保护的要求。

（2）占地面积小。在选择接线方式时，要考虑设备布置的占地面积大小，力求减少占地，节省配电装置征地的费用。

（3）电能损失少。经济合理地选择主变压器的形式（双绕组、三绕组、自耦变压器）、容量、台数，要避免两次变压而增加电能损失。年运行费用少，年运行费用包括电能损耗费、折旧费及大、小修费用等。

变电站电气主接线的可靠性、灵活性和经济性是一个综合概念，不能单独强调其中的某一种特性，也不能忽略其中的某一种特性。但根据变电站在系统中的地位和作用的不同，对变电站电气主接线的性能要求也有不同的侧重。例如，系统中的超高压、大容量发电厂和枢纽变电站，因停电会对系统和用户造成重大损失，故对其可靠性要求就特别高；系统中的中小容量发电厂和中间变电站或终端变电站，因停电对系统和用户造成的损失较小，这类变电站数量特别大，故对其主接线的经济性就要特别重视。

任务二　主接线的基本接线形式及特点

认知 1　电气主接线的基本类型分类

母线是接受和分配电能的装置，是电气主接线和配电装置的重要环节。电气主接线一般按有无母线分类，即分为有母线和无母线两大类。

一、有母线的主接线

有母线的主接线形式包括单母线和双母线。单母线又分为单母线不分段、单母线分段〔图 11 - 1 （b）〕、单母线分段带旁路母线等形式；双母线分为普通双母线〔图 11 - 1 （a）〕、双母线分段、双母线带旁路等；3/2 接线，又叫一台半断路器接线。

二、无母线的主接线形式

其主要有单元接线、桥形接线和角形接线等。

认知 2　单母线接线的特点及适用范围

一、单母线不分段接线

1. 接线特点分析

图 11 - 3 所示为单母线接线，各电源和出线都接在同一条公共母线 WB 上，其供电电源在发电厂是发电机或变压器，在变电站是变压器或高压进线回路。母线既可以保证电源并列工作，又能使任一条出线都可以从任一电源获得电能。每条回路中都装有断路器和隔离开关，紧靠母线侧的隔离开关（如 QSB）称为母线隔离开关，靠近线路侧的隔离开关（如 QSL）称为线路隔离开关。使用断路器和隔离开关可以方便地将电路接入母线或从母线上断开。

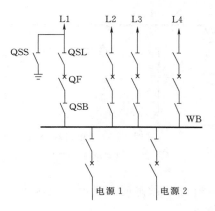

图 11 - 3　单母线接线

操作示例：

（1）当检修断路器 QF 时，可先断开 QF，再依次拉开其两侧的隔离开关 QSL、QSB。在 QF 两侧挂上接地线，以保证检修人员的安全。图中 QSS 是接地隔离开关，其作用同接地线。

（2）当 QF 恢复送电时，应先合上 QSB、QSL，后合 QF。

上述操作要注意 QSB 和 QSL 的操作顺序。

2. 单母线接线的优、缺点

（1）优点。接线简单、清晰、设备少、投资小、运行操作方便且有利于扩建。隔离开关仅在检修电气设备时作隔离电源用，不作为倒闸操作电器，从而避免因用隔离开关进行大量倒闸操作而引起的误操作事故。

（2）缺点。

1）母线或母线隔离开关检修时，连接在母线上的所有回路都将停止工作。

2）当母线或母线隔离开关上发生短路故障或断路器靠母线侧绝缘套管损坏时，所有断路器都将自动断开，造成全部停电。

3）当检修任一电源或出线断路器时，该回路必须停电。

3. 单母线接线使用范围

1）6～10kV 配电装置的出线回路不超过 5 回。

2）35～66kV 配电装置的出线回路不超过 3 回。

3）110～220kV 配电装置的出线回路不超过 2 回。

二、单母线分段接线

出线回路数增多时，可用断路器将母线分段，成为单母线分段接线，如图 11-4 所示。根据电源的数目和功率，母线可分为 2～3 段。段数分得越多，故障时停电范围越小，但使用的断路器数量越多，其配电装置和运行也就越复杂，所需费用就越高。

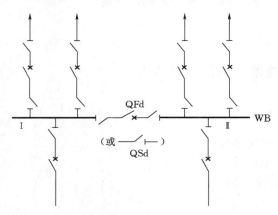

图 11-4 单母线分段接线

QFd—分段断路器；QSd—分段隔离开关

1. 接线特点分析

如图 11-4 所示，正常运行时，单母线分段接线有两种运行方式。

（1）分段断路器闭合运行。正常运行时分段断路器 QFd 闭合，两个电源分别接在两段母线上；两段母线上的负荷应均匀分配，以使两段母线上的电压均衡。在运行中，当任一段母线发生故障时，继电保护装置动作跳开分段断路器和接至该母线段上的电源断路器，另一段则继续供电。一个电源故障时，仍可以使两段母线都有电，可靠性比较好。但是线路故障时短路电流较大。

（2）分段断路器 QFd 断开运行。正常运行时分段断路器 QFd 断开，两段母线上的电压可不相同。每个电源只向接至本段母线上的引出线供电。当任一电源出现故障，接于该电源的母线停电，导致部分用户停电，为了解决这个问题，可以在 QFd 处装设备用自投装置，或者重要用户可从两段母线引接采用双回线路供电。分段断路器断开运行的优点是可以限制短路电流。

2. 单母线分段接线的优、缺点

（1）优点。

1）当母线发生故障时，仅故障母线段停止工作，另一段母线仍继续工作。

2）两段母线可看成是两个独立的电源，提高了供电可靠性，可对重要用户供电。

3）当用断路器分段后，对重要用户可从不同段引出两个回路，由两个电源供电。

（2）缺点。

1）当一段母线故障或检修时，该段母线上的所有支路必须断开，停电范围较大。

2）任一支路断路器检修时，该支路必须停电。

3）当出线为双回路时，常使架空线出现交叉跨越。

3. 适用范围

（1）电压为 6～10kV 时，出线回路数为 6 回及以上；当变电站有两台主变压器时，6～10kV 宜采用单母线分段接线。

（2）电压为 35～66kV 时，出线回路数为 4～8 回。

（3）电压为 110～220kV 时，出线回路数为 3～4 回。

三、单母线带旁路母线接线

1. 接线特点分析

如图 11-5 所示，在工作母线外侧增设一组旁路母线 WP，并经旁路隔离开关引接到各线路的外侧。另设一组旁路断路器 QFp（两侧带隔离开关）跨接于工作母线与旁路母线之间。平时旁路断路器和旁路隔离开关 QSp 均处于分闸位置，旁路母线不带电。

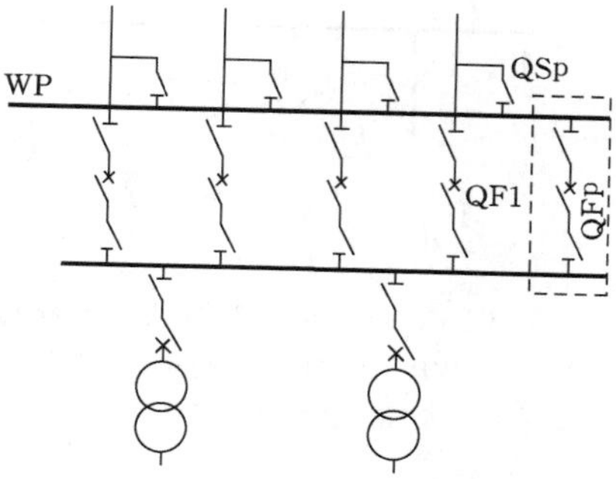

2. 旁路母线的作用及典型操作

旁路母线的作用是：检修任一接入旁路母线的进出线回路断路器时，由旁路断路器代替该回路断路器工作而使该回路不停电。

图 11-5　单母线接线带旁路

例如，检修 QF1 时，使其所在出线不停电，具体操作步骤如下：

（1）首先合上旁路断路器两侧的隔离开关，然后合上旁路断路器 QFp 向旁路母线空载充电，检查旁路母线是否完好。若旁路母线存在故障，则 QFp 跳闸，不再进行下面的操作。

（2）断开 QFp，合上 QSp，合上 QFp。

（3）断开 QF1 出线断路器及其两侧的隔离开关。

QF1 检修后，恢复线路送电的操作与上述相反，首先合 QF1 两侧的隔离开关，再合 QF1，使工作回路与旁路回路并联；断开旁路断路器 QFp 及两侧的隔离开关，出线恢复由工作回路供电；再断开 QSp，使旁路及旁路母线退出运行。

当任一回路的断路器需要停电检修时，该回路可经旁路隔离开关 QSp 绕道旁路母线，再经旁路断路器 QFp 及其两侧的隔离开关从工作母线取得电源。此途径即为"旁路回路"

或简称"旁路"。而旁路断路器就是各线路断路器的公共备用断路器。但应注意，旁路断路器在同一时间里只能替代一个线路的断路器工作。

3. 单母线带旁路接线的优、缺点

这种接线方式可以不停电出线检修断路器，故提高了供电可靠性；但增加了设施及操作的复杂性。

四、带旁路母线的单母线分段接线

1. 接线特点分析

单母线带旁路接线中当母线出现故障或检修时，仍然会造成整个主接线停止工作，为了解决这个问题，可以采用带旁路母线的单母线分段接线。这种接线方式兼顾了旁路母线和母线分段两方面的优点，但当旁路断路器和分段断路器分别设置时，所用断路器数量多，设备费用高，在工程实践中，为了减少投资，可不专设旁路断路器，而用母线分段断路器兼作旁路断路器，常用的接线如图11－6所示。

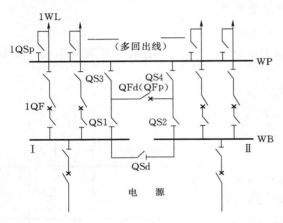

图 11－6　单母线分段带旁路母线接线

WP—旁路母线；QSp—旁路隔离开关；
QFd—分段断路器（兼旁路断路器）

在正常工作时，靠旁路母线侧的隔离开关 QS3、QS4 断开，而隔离开关 QS1、QS2 和断路器 QFd 处于合闸位置（这时 QSd 是断开的），主接线系统按单母线分段方式运行。当需要检修某一出线断路器（如 1WL 回路的 1QF）时，可通过倒闸操作，由分段断路器作为旁路断路器使用，即由 QS1、QFp、QS4 从Ⅰ母线接至旁路母线，或经 QS2、QFp、QS3 从Ⅱ母线接至旁路母线，再经过 1QSp 构成向 1WL 供电的旁路。此时，分段隔离开关 QSd 是接通的，以保持两段母线并列运行。

2. 典型操作

现以检修 1QF 为例，简述其倒闸操作步骤。

（1）向旁路母线充电，检查其是否完好。合上 QSd；断开 QFp 和 QS2；合上 QS4；再合上 QFp，使旁路母线空载升压，若旁路母线完好则 QFp 不会自动跳闸。

（2）接通 1WL 的旁路回路。断开 QFp，合上 1QSp，合上 QFp，这时有两条并列的向 1WL 供电的通电回路。

（3）将线路 1WL 切换至旁路母线上运行。断开断路器 1QF 及其两侧的隔离开关，并在靠近断路器一侧进行可靠接地。这时，断路器 1QF 退出运行，进行检修，但线路 1WL 继续正常供电。

图 11－7 所示为分段断路器兼旁路断路器的其他接线形式。试着自己分析一下接线特点和相应的操作。

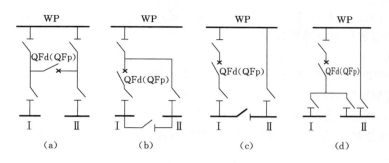

图 11-7　分段断路器兼旁路断路器的其他接线方式

认 知 3　双 母 线 接 线

一、双母线接线

1. 接线特点分析

图 11-8 所示为双母线接线，它有两组母线，一组为工作母线，另一组为备用母线。每一电源和每一出线都经一台断路器和两组隔离开关分别与两组母线相连，任一组母线都可以作为工作母线或备用母线。两组母线之间通过母线联络断路器（简称母联断路器 0QF）连接。采用两组母线后，使运行的可靠性和灵活性大为提高。

2. 双母线接线的优、缺点

（1）优点。

1）可靠性高。可轮流检修母线而不影响正常供电。

a. 当采用一组母线工作、另一组母线备用方式运行时，需要检修工作母线，可将工作母线转换为备用状态后，便可进行母线停电检修工作。

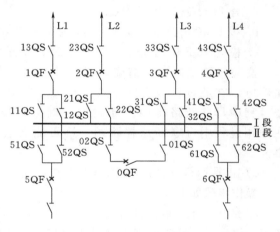

图 11-8　双母线接线

b. 检修任一母线侧隔离开关时，只影响该回路供电。

c. 工作母线发生故障后，所有回路短时停电并能迅速恢复供电。

d. 可利用母联断路器替代引出线断路器工作，使引出线断路器检修期间能继续向负荷供电。

2）灵活性好。各个电源和各回路负荷可以任意分配到某一组母线上，能灵活适应电力系统中各种运行方式调度和潮流变化的需要。通过操作可以组成以下运行方式：

a. 母联断路器断开，进出线分别接在两组母线上，相当于单母线分段运行。

b. 母联断路器断开，一组母线运行，另一组母线备用。

c. 两组母线同时工作，母联断路器合上，两组母线并联运行，电源和负荷平均分配在两组母线上，这是双母线常采用的运行方式。

3）扩建方便。向双母线的左右任一方向扩建，均不影响两组母线的电源和负荷的均匀分配，不会引起原有电路的停电。

（2）缺点。

1）设备较多、配电装置复杂，运行中需要用隔离开关切换电路，容易引起误操作；同时投资和占地面积也较大。

2）检修出线断路器时该支路仍然会停电。

3）当母线故障或检修时，隔离开关作为倒闸操作电器，容易误操作。

3. 典型操作

以下操作均以图 11-8 所示为例。

（1）Ⅰ母线运行转检修操作。

1）正常运行方式：两组母线并联运行，L1、L3、5QF 接 Ⅰ 段母线，L2、L4、6QF 接 Ⅱ 段母线。

操作步骤如下：

a. 确认 0QF 在合闸运行，取下 0QF 操作电源熔断器。

b. 合上 52QS，断开 51QS，合上 12QS，断开 11QS。

c. 合上 32QS，断开 31QS。

d. 投上 0QF 操作电源熔断器，然后断开 0QF。

e. 检查 0QF 确已断开，断开 01QS，断开 02QS，然后退出 Ⅰ 段母线电压互感器。

按检修要做好安全措施，即可对 Ⅰ 段母线进行检修，而整个操作过程没有任何回路停电。在此过程中，操作隔离开关之前取下 0QF 操作电源熔断器，是为了使在操作过程中母联断路器 0QF 不跳闸，确保所操作隔离开关两侧可靠等电位，因为如果在操作过程中母联断路器跳闸，则可能会造成带负荷断开（合上）隔离开关，造成事故。

2）正常运行方式：Ⅰ 段母线为工作母线，Ⅱ 段母线为备用母线。

操作步骤如下：

a. 依次合上母联隔离开关 01QS 和 02QS，再合上母联断路器 0QF。用母联断路器向备用母线充电，检验备用母线是否完好。若备用母线存在短路故障，母联断路器立即跳闸；若备用母线完好时，合上母联断路器后不跳闸。

b. 取下 0QF 操作电源的熔断器，合上 52QS，断开 51QS；合上 62QS，断开 61QS；合上 12QS，断开 11QS；合上 22QS，断开 21QS；合上 32QS，断开 31QS；合上 42QS，断开 41QS。

c. 投上 0QF 操作电源熔断器，由于母联断路器连接两套母线，所以依次合上、断开以上隔离开关只是转移电流，而不会产生电弧。

d. 断开母联断路器 0QF，依次断开母联隔离开关 01QS 和 02QS。

至此，Ⅱ 段母线转换为工作母线，Ⅰ 段母线转换为备用母线，在上述操作过程中，任一回路的工作均未受到影响。

（2）51QS 隔离开关检修。

正常运行方式：两组母线并联运行，L1、L3、5QF 接 Ⅰ 段母线，L2、L4、6QF 接 Ⅱ

段母线。

操作步骤如下：

a. 将 L1、L3 线路倒换到 Ⅱ 母线上运行。

b. 断开该回路和与此隔离开关相连接的 Ⅰ 段母线。

做好安全措施，该隔离开关就可以停电检修，具体操作步骤参考操作（1）"Ⅰ 母线运行转检修操作"，学生可自己分析。

（3）L1 线路断路器 1QF 拒动，利用母联断路器切断 L1 线路。

正常运行方式：两组母线并联运行，L1、L3、5QF 接 Ⅰ 段母线，L2、L4、6QF 接 Ⅱ 段母线。

操作步骤如下：

a. 利用倒母线的方式，将 L3 回路和 5QF 回路从 Ⅰ 母线上倒到 Ⅱ 母线上运行，这时 L1 线路、1QF、Ⅰ 段母线、母联、Ⅱ 段母线形成串联供电电路。

b. 断开母联断路器 0QF 切断电路。

即可保证线路 Ll 可靠切断。具体操作步骤读者可以参考前面相关操作自己练习。

4. 适用范围

由于双母线接线具有较高的可靠性和灵活性，这种接线在大、中型发电厂和变电站中得到广泛的应用。一般用于引出线和电源较多、输送和穿越功率较大、要求可靠性和灵活性较高的场合。

（1）6～10kV 配电装置，当短路容量大、有出线电抗器时。

（2）35～66kV 配电装置，当出现超过 8 回及以上或连接电源较多、负荷较大时。

（3）110kV 配电装置，当出线超过 6 回及以上时；220kV 配电装置，当出线超过 4 回及以上时。

为了弥补双母线接线的缺点，提高双母线接线的可靠性，可进行以下两种方式改进。

二、双母线分段接线

1. 接线特点分析

图 11-9 所示为工作母线分段的双母线接线。用分段断路器将工作母线 Ⅰ 分段，每段用母联断路器与备用母线 Ⅱ 相连。这种接线具有单母线分段和双母线接线的特点，有较高的供电可靠性与运行灵活性，但所使用的电气设备较多，使投资增大。另外，当检修某回路出线断路器时，则该回路停电，或短时停电后再用"跨条"恢复供电。双母线分段接线常用于大、中型发电厂的发电机电压配电装置中。

2. 适用回路范围

（1）当进出线回路数为 10～14 回时，在一组母线上用断路器分段，称为双母线三分段接线。

（2）当进出线回路数为 15 回及以上时，在两组母线上均用断路器分段，称为双母线四分段接线。

有专用旁路断路器的双母线带旁路母线接线如图 11-10 所示。

当出线回路数较少时，为了减少断路器的数目，可不设专用的旁路断路器，而用母联断路器兼作旁路断路器，其接线如图 11-11 所示。

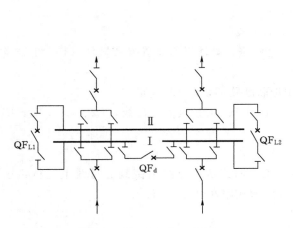

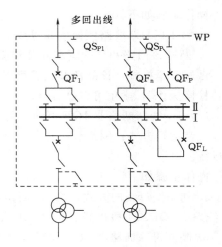

图 11-9　双母线分段接线

图 11-10　有专用旁路断路器的
双母线带旁路母线接线

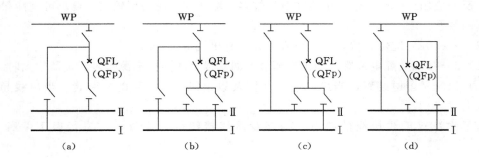

图 11-11　用母联断路器兼做旁路断路器的几种接线形式

(a) 母联兼做旁路的常用接线；(b) 母联兼旁路（两组母线均能带旁路）；
(c) 旁路兼母联（以旁路为主）；(d) 母联兼旁路（设跨条）

认知 4　一台半断路器接线

一、接线特点分析

如图 11-12 所示，两组母线之间接有若干串断路器，每一串有 3 台断路器，中间一台称为联络断路器，每两台之间接入一条回路，共有两条回路。平均每条回路装设一台半（3/2）断路器，故称为一台半断路器接线，又称 3/2 接线。

为提高供电可靠性，防止同名回路（双回路出线或主变压器）同时停电的缺点，可按下列原则成串配置：

（1）同名回路应接在不同串内。以免当一串的中间断路器故障或一串中母线侧断路器检修，同时串中另一侧回路故障时，使该串中两个同名回路同时断开。

（2）电源回路宜与出线回路配合成串。

（3）同名回路还宜接在不同侧的母线上。这样布置，对特别重要的同名回路，可避免当一串中的中间断路器检修时，合并同名回路串的母线侧断路器故障，而将配置在同侧母线的同名回路同时断开。

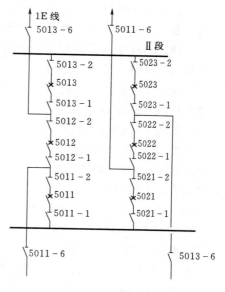

图 11-12 一台半断路器接线

二、一台半断路器接线的优、缺点

1. 优点

（1）可靠性高。任一组母线故障时，只是与故障母线相连的断路器自动分闸，任何回路不会停电，甚至在一组母线检修，另一组母线故障的情况下，仍能继续输送功率；在保证对用户不停电的前提下，可以同时检修多台断路器。

（2）运行灵活性好。正常运行时，两条母线和所有断路器都同时工作，形成多环路供电方式，运行调度十分灵活。

（3）操作检修方便。隔离开关只用作检修时隔离电压，不做倒闸操作。另外，当检修任一组母线或任一台断路器时，各个进出线回路都不需切换操作。

2. 缺点

（1）设备投资大。

（2）一台半断路器接线的二次接线盒继电保护比较复杂。

3. 典型操作

（1）Ⅰ段母线由运行转检修（图 11-12）。

1）断开 5011 断路器，检查 5011 断路器在分闸位置。

2）断开 5021 断路器，检查 5021 断路器在分闸位置。

3）断开 5011-1 隔离开关，检查 5011-1 隔离开关分闸到位。

4）断开 5021-1 隔离开关，检查 5021-1 隔离开关分闸到位。

5）进行保护的投退和安全措施后，即可对Ⅰ段母线进行检修。

（2）Ⅰ段母线由检修转运行。

1）拆除全部措施以及进行保护投退切换。

2）检查 5011 断路器确实断开，合上 5011-1 隔离开关，检查 5011-1 隔离开关合闸到位。

3）检查 5021 断路器确实断开，合上 5021-1 隔离开关，检查 5021-1 隔离开关合闸到位。

4）合上 5011 断路器，检查 5011 断路器在合闸位置。

5）合上 5021 断路器，检查 5021 断路器在合闸位置。

（3）1E 出线由运行转检修。

1）断开 5012 断路器，检查 5012 断路器在分闸位置。

2）断开 5013 断路器，检查 5013 断路器在分闸位置。

3）断开 5013 - 6 隔离开关，检查 5013 - 6 隔离开关分闸到位。

4）在进行保护的投退和安全措施后，即可对 1E 线路进行检修。

（4）1E 线路由检修转运行。

1）撤出安全措施和进行保护的投退。

2）检查 5012 断路器确实断开。

3）检查 5013 断路器确实断开。

4）合上 5013 - 6 隔离开关，检查 5013 - 6 隔离开关合闸到位。

5）合上 5013 断路器；检查 5013 断路器在合闸位置。

6）合上 5012 断路器，检查 5012 断路器在合闸位置。

（5）5012 断路器由运行转检修。

1）检查 5012 断路器确实断开。

2）断开 5012 - 2 隔离开关，检查 5012 - 2 隔离开关分闸到位。

3）断开 5012 - 1 隔离开关，检查 5012 - 1 隔离开关分闸到位。

4）在进行保护的投退和安全措施后，即可对 5012 断路器进行检修。

（6）5012 断路器由检修转运行。

1）撤除安全措施和进行保护的投退。

2）检查 5012 断路器确实断开。

3）合上 5012 - 2 隔离开关，检查 5012 - 2 隔离开关合闸到位。

4）合上 5012 - 1 隔离开关，检查 5012 - 1 隔离开关合闸到位。

5）合上 5012 断路器，检查 5012 断路器在合闸位置。

4. 适用范围

一台半断路器接线，目前在国内外已较广泛应用于大型发电厂和变电站的 330～500kV 的配电装置中。当进出线回路数为 6 回及以上，并在系统中占重要地位时，宜采用一台半断路器接线。

认知 5　变压器母线组接线及单元接线

一、变压器母线组接线

1. 接线特点分析

如图 11 - 13 所示，各出线回路由两台断路器分别接在两组母线上，而在工作可靠、故障率很低的主变压器的出口不装设断路器，直接通过隔离开关接到母线上，组成变压器母线组接线。

当变压器故障时，和它连接于同一母线上的断路器跳闸，但不影响其他回路供电。由隔离开关隔离故障，使变压器退出运行后，该母线即可恢复运行。当出线回路数较多时，出线也可以采用一台半断路器的接线形式。

2. 优点

这种接线调度灵活，电源和负荷可自由调配，安全可靠，有利于扩建。

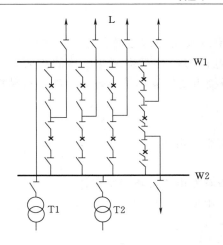

图 11 - 13 变压器母线组接线

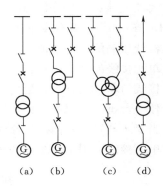

图 11 - 14 单元接线

（a）发电机—双绕组变压器单元接线；（b）发电机—自耦
变压器单元接线；（c）发电机—三绕组变压器单元接线；
（d）发电机—变压器—线路组单元接线

二、单元接线

1. 接线特点分析

如图 11 - 14 所示，发电机与变压器直接连接成一个单元，组成发电机—变压器组，称为单元接线。其中，图 11 - 14（a）是发电机—双绕组变压器单元接线，发电机出口处除了接有厂用电分支外，不设母线，也不装出口断路器，发电机和变压器的容量相匹配，必须同时工作，发电机发出的电能直接经过主变压器送往升高电压电网。发电机出口处可装一组隔离开关，以便单独对发电机进行试验，200MW 及以上的发电机，由于采用分相封闭母线，不宜装设隔离开关，但应有可拆连接点；图 11 - 14（b）、（c）是发电机—变压器单元接线，为了在发电机停止工作时，变压器高压和中压侧仍能保持联系，发电机与变压器之间应装设断路器和隔离开关。除了图 11 - 14 所示的单元接线外，还可以接成发电机—变压器—线路组单元等形式，如图 11 - 14（d）所示。

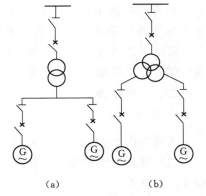

图 11 - 15 扩大单元接线

（a）发电机—变压器扩大单元接线；
（b）发电机—分裂绕组变压器
扩大单元接线

2. 优、缺点

（1）接线简单，设备少，配电装置简单，投资少，占地少。

（2）不设发电机电压母线，发电机或变压器低压侧短路时断路电流小。

（3）操作简单，继电保护简单。

（4）任一元件故障或检修全部停止运行，检修灵活性差。

3. 适用范围

单元接线适用于：机组台数不多的大、中型不带近区负荷的区域发电厂；分期投产或

143

装机容量不等的无机端负荷的中小型水电厂。

为了减少变压器及其高压侧断路器的台数，节约投资与占地面积，可采用图 11 - 15 所示的扩大单元接线。图 11 - 15 （a） 是两台发电机与一台双绕组变压器的扩大单元接线，图 11 - 15 （b） 是两台发电机与一台低压分裂绕组变压器的扩大单元接线，这种接线限制变压器低压侧的短路电流。

扩大单元接线的优、缺点：

（1） 接线简单，设备少，配电装置简单，投资少，占地少。

（2） 任一台机组停机都不影响厂用电的供电。

（3） 当变压器发生故障或检修时，该单元的所有发电机都将无法运行。

扩大单元接线适用于系统有备用容量时的大、中型发电厂中。

认知 6　桥　形　接　线

一、接线特点分析

当只有两台主变压器和两条线路时，可以采用图 11 - 16 所示的桥形接线方式。桥形接线仅用 3 台断路器，根据桥断路器 QFL 的不同，可分为内桥和外桥接线。当桥断路器连接在变压器侧，称为内桥接线；当桥断路器连接在线路侧，称为外桥接线。

这种接线可看作是单母线分段接线的变形，即去掉线路侧断路器或主变压器侧断路器后的接线，也可看作是变压器—线路单元接线的变形，即在两组变压器—线路单元接线的升压侧增加一横向连接桥臂后的接线。

在桥式接线中，为了在检修断路器时不影响其他回路的运行，减少系统开环机会，可以考虑增加跨条，见图 11 - 16 中的虚线部分，正常运行时跨条断开。

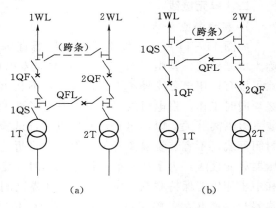

图 11 - 16　桥形接线
（a） 内桥接线；（b） 外桥接线
QFL—联络断路器

二、内桥接线

1. 接线特点

内桥接线如图 11 - 16 （a） 所示，桥臂置于变压器侧。其特点如下：

（1） 线路发生故障时，仅故障线路的断路器跳闸，其余 3 条支路可继续工作，并保持相互间的联系。

（2） 变压器故障时，联络断路器及与故障变压器同侧的线路断路器均自动跳闸，使未故障线路的供电受到影响，需经倒闸操作后，方可恢复对该线路的供电（如 1T 故障时 1WL 受到影响）。

（3） 正常运行时变压器操作复杂。如需切除变压器 1T，应首先断开断路器 1QF 和联络断路器 QFL，再拉开变压器侧的隔离开关，使变压器停电。然后，重新合上断路器

1QF 和联络断路器 QFL，恢复线路 1WL 的供电。

2. 典型操作

（1）1T 退出运行（图 11 - 16）。

1）断开 1QF、QFL。

2）断开 1T 的隔离开关 1QS。

3）合上 QFL、1QF。

（2）1WL 退出运行。断开 1QF，再断开两侧的隔离开关。

3. 内桥接线的优、缺点

（1）优点。桥式接线属于无母线的接线形式，简单清晰，设备少（高压断路器少，4 个回路只有 3 个断路器），造价低，也易于发展过渡为单母线分段或双母线接线。

（2）缺点。

1）变压器切投复杂，需动作两台断路器，并影响一条线路暂时停电，工作可靠性和灵活性较差。

2）桥检修时两回路解列。

3）出线断路器检修停电较长。

4. 适用范围

内桥接线适用于两回进线两回出线且输电线路较长、线路故障率较高，变压器不需要经常改变运行方式的场合。

三、外桥接线

1. 接线特点

外桥接线如图 11 - 16（b）所示，桥臂置于线路断路器的外侧。其特点如下：

（1）变压器发生故障时，仅跳故障变压器支路的断路器，其余 3 条支路可继续工作，并保持相互间的联系。

（2）线路发生故障时，联络断路器及与故障线路同侧的变压器支路的断路器均自动跳闸，需经倒闸操作后方可恢复被切除变压器的工作。

（3）线路投入与切除时，操作复杂，并影响变压器的运行。

2. 典型操作

1WL 退出运行，操作步骤如下：

（1）断开 QFL、断开 1QF。

（2）断开 1WL 的隔离开关 1QS。

（3）合上 1QF、QFL。

3. 优、缺点

（1）优点。桥式接线属于无母线的接线形式，简单清晰，设备少（高压断路器少，4 个回路只有 3 个断路器），造价低，也易于发展过渡为单母线分段或双母线接线。

（3）缺点。

1）线路切投复杂，需动作两台断路器，并影响一台变压器运行。

2）桥检修时两回路解列。

4．适用范围

这种接线适用于两回进线、两回出线且线路较短、故障率较低、主变压器需按经济运行要求经常投切，电力系统有较大的穿越功率通过桥臂回路的场合。

认知 7　角　形　接　线

1．接线特点

角形接线又称环形接线，其接线形式如图 11-17 所示。角形接线中，断路器数等于回路数，且每条回路都与两台断路器相连接，即接在"角"上。

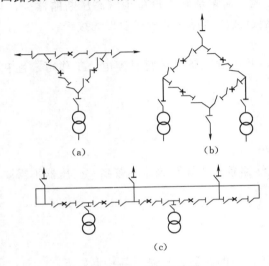

图 11-17　多角形接线

(a) 三角形接线；(b) 四角形接线；(c) 五角形接线

2．角形接线的优、缺点

（1）优点。

1）经济性较好。这种接线平均每回路需设一台断路器，投资少。

2）工作可靠性与灵活性较高，易于实现自动远动操作。角形接线属于无汇流母线的主接线，不存在母线故障的问题。每回路均可由两台断路器供电，可不停电检修任一断路器，而任一回路故障时，不影响其他回路的运行。所有的隔离开关不用作操作电器。

（2）缺点。

1）检修任一断路器时，角形接线变成开环运行，降低可靠性。此时若恰好又发生另一断路器故障，将造成系统解列或分成两部分运行，甚至造成停电事故。为了提高可靠性，应将电源与馈线回路按照对角原则相互交替布置。

2）角形接线在开环和闭环两种运行状态时，各支路所通过的电流差别很大，可能使电气设备的选择出现困难，并使继电保护复杂化。

3）角形接线闭合成环，其配电装置难以扩建发展。

3．适用范围

多角形接线多用于最终容量数和出线数已确定的 110kV 及以上配电装置中，一般以采用三角形或四角形为宜，最多不要超过六角形。

任务三　发电厂和变电站主变压器的选择

认知 1　主变压器容量、台数的确定原则

在发电厂和变电站中，用来向电力系统或用户输送功率的变压器，称为主变压器。只供本厂（所）用电的变压器称为厂（所）用变压器或称自用变压器。主变压器是主接线的

中心环节，其台数、容量和形式的初步选择是构成各种主接线的基础，并对发电厂和变电站的技术经济性有很大影响。

一、发电厂主变压器容量、台数的确定

主变压器容量、台数直接影响主接线的形式和配电装置的结构，它的确定应综合各种因素进行分析，做出合理的选择。

1. 具有发电机电压母线接线的主变压器容量、台数的确定

（1）当发电机电压母线上负荷最小时，能将发电机电压母线上的剩余有功和无功容量送入系统。

（2）当接在发电机电压母线上最大一台发电机组停用时，主变压器应能从系统中倒送功率，以保证发电机电压母线上最大负荷的需要。此时，可考虑主变压器的允许过负荷和限制非重要负荷。

（3）根据系统经济运行的要求（如水电站充分利用丰水季节的水能）而限制本厂输出功率时，能供给发电机电压的最大负荷。

（4）发电机电压母线与系统连接的变压器一般为两台。对小型发电厂，接在发电机电压母线上的主变压器宜设置一台。对装设两台或以上主变压器的发电厂，当其中容量最大的一台因故退出运行时，其他主变压器在允许正常过负荷范围内，应能输送母线剩余功率的 70% 以上。

2. 单元接线的主变压器容量的确定

单元接线时变压器容量应按发电机的额定容量扣除本机组的厂用负荷后，留有 10% 的裕度来确定。采用扩大单元时，应尽可能采用分裂绕组变压器，其容量也应等于按上述（1）或（2）算出的两台发电机容量之和。

二、变电站主变压器容量、台数的确定

1. 主变压器容量的确定

（1）主变压器容量一般按变电站建成后 5～10 年的规划负荷选择，并适当考虑到远 10～20 年的负荷发展。对于城郊变电站，主变压器容量应与城市规划相结合。

（2）根据负荷的性质和电网的结构来确定主变压器的容量。对重要变电站，应考虑当一台主变压器停运时，其余变压器容量在计及过负荷能力允许时间内，应满足Ⅰ类及Ⅱ类负荷的供电；对一般性变电站，当一台主变压器停运时，其余变压器容量应能保证全部负荷的 70%～80%。

（3）同级电压的单台降压变压器容量的级别不宜太多，应从电网出发推行系列化、标准化。

2. 主变压器台数的确定

（1）对城市、郊区的一次变电站，在中、低压侧已构成环网的情况下，变电站以装设 2 台主变压器为宜。

（2）对地区性孤立的一次变电站或大型工业专用出发，变电站可考虑装设 3 台主变压器。

（3）对不重要的较低电压的变电站，可以只装设 1 台主变压器。

认知 2　主变压器形式的选择原则

1. 相数的选择

主变压器采用单相或三相，三相变压器与同容量的单相变压器组相比较，价格低、占地面积小，而且运行损耗减少 12％～15％。因此，在 330kV 及以下电力系统中，一般都选用三相变压器。但是，随着电压的提高、容量的增大，变压器的外形尺寸及重量均会增大，可能会出现由制造厂到发电厂（或变电站）的运输困难，如隧洞的高度、桥梁的承载能力不足等。若受到限制时，则宜选用两台小容量的三相变压器取代一台大容量的三相变压器，或者选用单相变压器组。

2. 绕组数选择

变压器按其绕组数可分为双绕组式、三绕组式、自耦式以及低压绕组分裂式等形式。

（1）最大机组容量为 125MW 及以下的发电厂，有两种升高电压向用户供电或与系统连接时，宜采用三绕组变压器，每个绕组的通过容量应达到该变压器额定容量的 15％ 及以上。

（2）对于 200MW 及以上的机组，其升压变压器一般不采用三绕组变压器，一般采用双绕组变压器加联络变压器等灵活方式。

（3）联络变压器一般采用三绕组变压器，其低压绕组可接高压厂用电起动/备用变压器或无功补偿装置。

（4）具有 3 种电压的变电所中，如通过主变压器各侧绕组的功率均达到变压器容量的 15％ 以上，或低压侧无负荷，但在变电站内需装设无功补偿设备时，主变压器宜采用三绕组变压器。

3. 绕组连接方式选择

变压器绕组的连接方式必须和系统电压相位一致；否则不能并列运行。电力系统采用的绕组连接方式只用 Y 和△，高、中、低 3 侧绕组如何组合要根据具体工程来确定。

我国 110kV 及以上电压，变压器绕组都采用 Y_0 连接；35kV 采用 Y 连接，其中性点多通过消弧线圈接地。35kV 以下电压，变压器绕组都采用△连接。因此，普通双绕组一般选用 Y_N，d11 接线；三绕组变压器一般接成 Y_N，y，d11 或 Y_N，y_n，d11 等形式。

由于 35kV 采用 Y 连接，与 220kV、110kV 系统的线电压相角移 0°（相位 12 点），这样当电压为 220kV/110kV/35kV，高、中压为自耦连接时，变压器的第三绕组连接方式就不能用△连接，否则就不能与 35kV 系统并网。

4. 调压方式的确定

为了保证供电质量，电压必须维持在允许范围内。通过切换变压器的分接头开关，改变变压器高压绕组的匝数，从而改变其变比，实现电压调整。切换方式有两种：一种是不带电压切换，称为无励磁调压，调整范围通常在 ±2×2.5％ 以内；另一种是带负荷切换，称为有载调压，调整范围可达 30％，其结构复杂，价格较贵。设置有载调压的原则如下：

（1）对 220kV 及以下的降压变压器，仅在电网电压可能有较大变化的情况下，采用有载调压方式，一般不宜采用。当电力系统运行确有需要时，在降压变电站亦可装设单独的调压变压器或串联变压器。

（2）对 110kV 及以下的变压器，宜考虑至少有一级电压的变压器采用有载调压方式。

（3）接于出力变化大的发电厂的主变压器，或接于时而为送电端、时而为受端母线上的发电厂联络变压器，一般采用有载调压方式。

5. 冷却方式的选择

变压器的冷却方式主要有自然风冷却、强迫空气冷却、强迫油循环水冷却、强迫油循环风冷却、强迫油循环导向冷却、水内冷变压器、SF_6 充气式变压器等。小容量的一般采用自然风冷却，大容量的一般采用强迫油循环风冷却。

任务四　电气主接线设计

认知 1　电气主接线设计的原则和要求及设计依据

一、电气主接线的设计原则和要求

电气主接线是发电厂、变电站电气设计的首要部分，也是构成电力系统的重要环节。主接线的确定对电力系统及发电厂、变电站本身运行的可靠性、灵活性和经济性密切相关，并对电气设备选择和布置、继电保护和控制方式等都有较大的影响。因此，必须处理好各方面的关系，综合分析有关影响因素，经过技术、经济比较，合理确定主接线方案。

电气主接线设计应满足可靠性、灵活性、经济性 3 项基本要求，具体要求参照"任务一"中的"认知 2"。

二、电气主接线设计的依据

电气主接线的设计依据是设计任务书，主要包括以下内容：

（1）发电厂、变电站在电力系统中的地位和作用。电力系统的发电厂有大型主力发电厂、中小型地区电厂及企业自备电厂 3 种类型。电力系统的变电站有系统枢纽变电站、中间变电站、地区重要变电站、一般变电站和企业专用变电站等 5 种类型。

（2）发电厂、变电站的分期和最终建设容量。

（3）负荷的性质。对于一类负荷必须有两个独立电源供电，而且失去任一电源时都能保证全部一类负荷不中断供电。对于二类负荷一般要有两个独立电源供电，且当任一电源失去后，能保证全部或大部分二类负荷的供电。对于三类负荷一般只需一个电源供电。

（4）电力系统备用容量的大小以及系统对电气主接线提供的具体资料。

（5）环境条件，如当地的气温、湿度、覆冰、污秽、风向、水文、地质、海拔高度等，这些因素对主接线中电气设备的选择和配电装置的实施均有影响。

认知 2　电气主接线设计的步骤和方法

电气主接线的设计是发电厂或变电站设计中的重要部分。需要按照工程基本建设程序，历经可行性研究阶段、初步设计阶段、技术设计阶段和施工设计阶段等 4 个阶段。在各阶段中随要求、任务的不同，其深度、广度也有所差异，但总的设计思路、方法和步骤基本相同。

课程设计是在有限的时间内，使学生运用所学的基本理论知识，独立地完成设计任务，以达到掌握设计方法进行工程训练的目的。因此，在内容上大体相当于实际工程设计中初步设计的内容，具体设计步骤和内容如下：

1. 分析原始资料

（1）本工程情况。认真分析本工程在电力系统中的位置、作用，确定主变压器容量、台数及形式选择，见"任务三"。

发电厂运行方式及年利用小时数直接影响着主接线设计。承担基荷为主的发电厂，设备利用率高，一般年利用小时数在5000h以上；承担腰荷者，设备利用小时数应在3000～5000h；承担峰荷者，设备利用小时数在3000h以下。对不同的发电厂其工作特性有所不同。对于核电厂或单机容量在200MW以上的火电厂以及径流式水电厂等应优先担任基荷，相应主接线需选用以供电可靠为中心的接线形式。水电厂多承担系统调峰调相任务，根据水能利用及库容的状态可酌情担负基荷、腰荷和峰荷。因此，其主接线应以供电调度灵活为中心进行接线形式选择。

（2）电力系统情况。电力系统近期及远期发展规划（5～10年）；发电厂或变电站在电力系统中的位置（地理位置和容量位置）和作用；本期工程和远景与电力系统连接方式以及各级电压中性点接地方式等。

所建发电厂的容量与电力系统容量之比若大于15%，则该厂就可认为是在系统中处于比较重要地位的电厂，因为一旦全厂停电，会影响系统供电的可靠性。因此，主接线的可靠性也应高一些，即应选择可靠性较高的接线形式。

（3）负荷情况。负荷性质及其地理位置、输电电压等级、出线回路数及输送容量等。电力负荷在原始资料中虽已提供，但是设计时应予辩证地分析。因为负荷的发展与增长速度受政治、经济、工业水平和自然条件等方面的影响。所设计的主接线方案，不仅要在当前是合理的，还要求在将来5～10年内负荷发展以后仍能满足要求。

此外，还要考虑当地的气温、覆冰、污秽、风向、水文、地质、海拔及地震等因素对主接线中电器的选择和配电装置实施的影响。

2. 拟订主接线方案

根据设计任务书的要求，在原始资料分析的基础上，可拟定出若干个主接线方案。因为对电源和出线回路数、电压等级、变压器台数、容量及母线结构等的考虑不同，会出现多种接线方案（本期和远期）。应依据对主接线的基本要求，从技术上论证各方案的优、缺点，淘汰一些明显不合理的方案，最终保留2～3个技术上相当、又都能满足任务书要求的方案，再进行经济比较。对于在系统中占有重要地位的大容量发电厂或变电站主接线，还应进行可靠性定量分析计算比较，最后获得最优的技术合理、经济可行的主接线方案。

拟订主接线方案的具体步骤如下：

（1）根据发电厂、变电站和电网的具体情况，初步拟订出若干技术可行的接线方案。

（2）选择主变压器台数、容量、形式、参数及运行方式。

（3）拟订各电压等级的基本接线形式。

（4）确定自用电的接入点、电压等级、供电方式等。

（5）对上述各部分进行合理组合，拟出3～5个初步方案，再结合主接线的基本要求各方案进行技术分析比较，确定出两三个较好的待选方案。

（6）对待选方案进行经济比较，确定最终主接线方案。

3. 短路电流计算

为了选择合理的电气设备，需根据拟订的电气主接线进行短路电流计算。

4. 主要电气设备的配置和选择

按设计原则对隔离开关、互感器、避雷器等进行配置，并选择断路器、隔离开关、母线等的型号规格。

5. 绘制电气主接线图纸

将最终确定的主接线方案，按要求绘制相关图纸，一般包括电气主接线图、平面布置图和断面图等。

认知 3　电气主接线中主要设备的配置

根据《电力工程电气设计手册》电气一次部分的要求，电气主接线中主要设备的配置如下：

1. 隔离开关的配置

（1）断路器两侧均应配置隔离开关，以便在断路器检修时隔离电源。

（2）中、小型发电机出口一般应装设隔离开关。

（3）接在母线上的避雷器和电压互感器宜合用一组隔离开关。但 330～500kV 避雷器和线路电压互感器均不应装隔离开关。

（4）多角形接线中的进出线应该装隔离开关，以便进出线检修时能保证闭环运行。

（5）桥形接线中的跨条宜用两组隔离开关串联，这样便于进行不停电检修。

（6）中性点直接接地的普通变压器，中性点应通过接地隔离开关接地，自耦变压器中性点则不必装设隔离开关。

（7）接在发电机、变压器引出线或中性点上的避雷器可不装隔离开关。

2. 接地隔离开关（接地刀闸）的配置

（1）35kV 及以上每段母线应根据长度装设 1～2 组接地隔离开关，母线的接地隔离开关一般装设在母线电压互感器隔离开关或者母联隔离开关上。

（2）63kV 及以上配电装置的断路器两侧隔离开关和线路隔离开关的线路侧宜配置接地隔离开关。

（3）旁路母线一般装设一组接地隔离开关，设在旁路回路隔离开关的旁路母线侧。

（4）63kV 及以上主变压器进线隔离开关的主变压器侧宜装设一组接地隔离开关。

3. 电压互感器的配置

（1）电压互感器的配置应能满足保护、测量、同期和自动装置的要求。

（2）6～220kV 电压等级的每一组主母线的三相上应装设电压互感器。

（3）当需要监视和检测线路侧有无电压时，出线侧的一相上应装设电压互感器。

（4）发电机出口一般装设两组电压互感器。

（5）500kV 采用双母线时，每回出线和每组母线的三相装设电压互感器；500kV 采用一台半断路器接线时，每回出线三相装设电压互感器，主变压器进线和每组母线根据需要在一相或者三相装设电压互感器。

4．电流互感器的配置

（1）凡是装设断路器的回路均应装设电流互感器，其数量应能满足测量、保护、自动装置的需要。

（2）在未设断路器的下列地点应装设电流互感器：发电机变压器中性点、发电机和变压器出口、桥形接线的跨条上。

（3）中性点直接接地系统一般按三相配置，非直接接地系统根据需要按两相或者三相配置。

（4）一台半断路器接线中，线路—线路串根据需要设 3～4 组电流互感器，线路—变压器串，如果变压器套管电流互感器可以利用，可以装设 3 组电流互感器。

5．避雷器的配置

（1）配电装置的每组母线上应装设避雷器，但是进出线都装有避雷器的除外。

（2）旁路母线是否装设避雷器视其运行时避雷器到被保护设备的电气距离是否满足要求确定。

（3）330kV 及以上变压器和并联电抗器处必须装设避雷器，避雷器应尽可能靠近设备。

（4）220kV 及以下变压器到避雷器之间的电气距离超过允许值时，应在变压器附近增设一组避雷器。

（5）三绕组变压器低压侧的一相上宜装设一台避雷器。

（6）自耦变压器必须在两个自耦合的绕组出线上装设避雷器，避雷器装设于变压器与断路器之间。

（7）下列情况变压器中性点应装设避雷器：

1）中性点直接接地系统，变压器中性点为分级绝缘且装有隔离开关时。

2）中性点直接接地系统，变压器中性点为全绝缘，但是变电站为单进线且为单台变压器运行时。

3）中性点不接地或经消弧线圈接地系统，多雷区单进线变压器中性点。

6．阻波器和耦合电容的配置

阻波器和耦合电容应根据系统通信对载波电话的规划要求配置。

认知 4　发电厂、变电站电气主接线实例

一、发电厂变电站电气主接线实例

图 11-18 所示为某区域性火电厂电气主接线简图。该厂没有近区负荷，所发电能全部送往系统，在系统中地位十分重要，对主接线的可靠性要求很高。因此，1G、2G 发电机组以发电机—双绕组变压器单元接线接入一台半断路器接线的 500kV 高压配电装置，3G、4G 接入一台半断路器接线的 500kV 高压配电装置，5G 接入 220kV 配电装置。500kV 与 220kV 配电装置之间，经一台自耦联络变压器互相联络，联络变压器低压侧引接厂用保安电源变压器。3G、4G、5G 的厂用电引自主变压器低压侧，与系统联系紧密，全厂停电时可从系统取用厂用电恢复电厂运行。500kV 输电线路通常装设有并联电抗器（图中未画出），在线路轻载运行或空载运行时吸收线路的充电功率，限制线路电压升高过多。

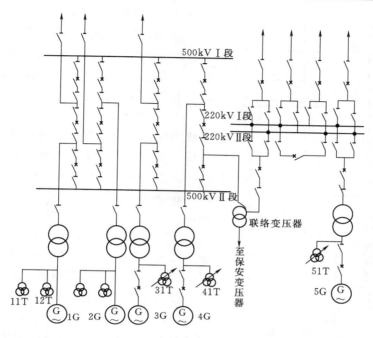

图 11-18　某区域性火电厂电气主接线

图 11-19 所示为某热电厂的电气主接线简图。该电厂 3 台发电机采用单元接线接入 110kV 配电装置，110kV 配电装置由于出线达到 8 回，有部分线路与系统相连接，采用双母线接线，以保证供电可靠性和各种运行方式的需要。厂用工作电源从各主变压器低压侧引接，从 110kV 引接备用电源，保证厂用电的可靠性。

二、变电站电气主接线实例

变电站分为系统枢纽变电站、地区重要变电站和一般变电站三大类。

1. 系统枢纽变电站接线

（1）特点。系统枢纽变电站汇集多个大电源和大容量电厂联络，在系统中处于枢纽地位，高压侧交换系统间巨大功率

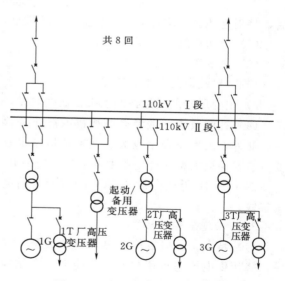

图 11-19　某热电厂电气主接线

潮流，向中压侧输送大量电能。全站停电后，将使系统稳定破坏，电网瓦解，造成大面积停电。

（2）电压等级。为 330kV 及 500kV 超高压。

（3）主变压器台（组）数及形式。

1）一般装设两台（组）主变压器，根据负荷需要分期投运，经过技术经济比较认为

（）

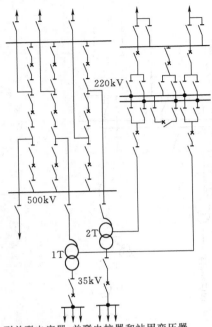

到并联电容器、并联电抗器和站用变压器

图 11-20 某系统枢纽变电站主接线

后，将引起地区电网瓦解，影响整个地区供电。

（2）电压等级为 220kV 及 330kV。

（3）主变压器台数及形式。

1）一般装设两台主变压器。

2）主变压器形式选择同系统枢纽变电站。

（4）补偿装置。常装设调相机或静止补偿装置。此外，大型联合企业的总变电站地位也较重要，它要保证大型联合企业中各个分厂的供电。

图 11-21 所示为某 220kV 区域变电站电气主接线。

3．一般变电站接线

（1）特点。一般变电站多为终端或分支变电站，降压供电给附近用户或一个企业。全站停电后，只影响附近用户或一个企业供电。

（2）电压等级。多为 110kV，也有 220kV。

（3）主变压器台数及形式。

1）一般为两台主变压器，当只有一个电源时，也可只装一台主变压器。

2）主变压器一般为双绕组或三绕组变压器。

（4）补偿装置。一般不装设调相静止补偿装

合理时，也可装设 3～4 台（组）主变压器。

2）具有 3 种电压的变压器，如通过主变压器各侧绕组的功率达到该变压器额定容量的 15% 以上，或低压侧虽无负荷，但需装设无功设备时，主变压器一般选用三绕组变压器。

3）与两种 110kV 及以上中性点直接接地系统连接的主变压器，一般应优先选用自耦变压器。当自耦变压器第三绕组有无功补偿设备时，应根据无功功率潮流，校核公共绕组容量，以免在某种运行方式下限制自耦变压器输出功率。

（4）补偿装置。常设有调相机、静止补偿装置、高压并联电抗器以及串联补偿装置等。

图 11-20 所示为某枢纽变电所主接线。

2．地区重要变电站接线

（1）特点。地区重要变电站位于地区网络的枢纽点上，高压侧以交换或接受功率为主，供电给地区的中压侧和附近的低压侧负荷。全站停电

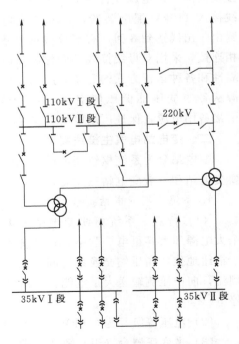

图 11-21 某 220kV 中型区域变电站
电气主接线

置。有些企业变电站内装有以提高功率因数为目的的并联电容器补偿装置。

图 11-22 所示为某 110kV/10kV 变电站电气主接线

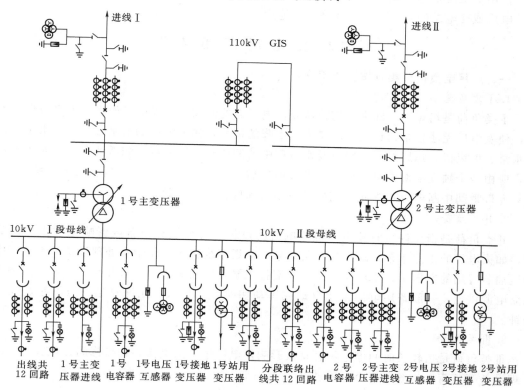

图 11-22 某 110kV/10kV 变电站电气主接线

任务五 自用电及接线

认知 1 自用电负荷的分类及特点

一、自用电的负荷

自用电是指发电厂或变电站在生产过程中自身所使用的电能。发电厂的自用电也称为厂用电。变电站的自用电称为站用电。

二、自用电负荷的特点

发电厂在一定时间内，厂用电所消耗的电量占发电厂总发电量的百分数，称为厂用电率。发电厂的厂用电率与电厂类型、容量、自动化水平、运行水平等多种因素有关。一般凝汽式火电厂的厂用电率为 5%～8%，热电厂为 8%～10%，水电厂为 0.3%～2.0%。

变电站的自用电负荷称站用电，变电站的站用电负荷比发电厂厂用电负荷小得多，站用电负荷主要有主变压器的冷却设备、蓄电池的充电设备或硅整流电源、油处理设备、照明、检修器械以及供水水泵等用电负荷。

自用电也是发电厂或变电站的最重要负荷,其供电电源、接线和设备必须可靠,以保证发电厂或变电站的安全可靠、经济合理地运行。

认 知 2　发 电 厂 厂 用 电

一、厂用电负荷分类（按重要程度）

1. Ⅰ类负荷

Ⅰ类负荷是指短时（即手动切换恢复供电所需的时间）的停电可能影响人身或设备安全,使发电厂无法正常运行或发电量大幅下降的负荷,如火电厂的给水泵、凝结水泵、循环水泵、引风机、送风机、给粉机及水电厂中的调速器、压油泵、润滑油泵等。对Ⅰ类负荷,应由两个独立电源供电,当一个电源消失后,另一个电源要立即自动投入继续供电,它只允许瞬间中断电源,为此,应配置备用电源自动投入装置。

2. Ⅱ类负荷

Ⅱ类负荷是指允许短时停电,但停电时间过长有可能损坏设备或影响正常生产的负荷,如火电厂的工业水泵、疏水泵、灰浆泵、输煤系统机械、化学水处理设备及水电厂中的压油装置用的空压机、主厂房桥机、渗漏排水泵及厂内照明等。对Ⅱ类负荷,应由两个独立电源供电,一般备用电源采用自动或手动切换方式投入。允许停电一般不超过几十分钟。

3. Ⅲ类负荷

Ⅲ类负荷是指较长时间停电不会直接影响发电厂生产的负荷,如机修间、试验室、油处理设备等负荷,一般由一个电源供电。

4. 事故保安负荷

它指在发电机停机过程及停机后的一段时间内仍应保证供电的负荷,否则将引起主要设备损坏、自动控制失灵或者推迟恢复供电,甚至危及人身安全。按事故保安负荷对供电电源的不同要求,可分为两类:

（1）直流保安负荷。包括直流润滑油泵、事故照明等。直流保安负荷由蓄电池组供电。

（2）交流保安负荷。包括顶轴油泵、交流润滑油泵、盘车电机、实时控制用的电子计算机等。

二、厂用供电电源

1. 厂用电供电电压等级的确定

厂用负荷的供电电压,主要取决于发电机的额定容量、额定电压、厂用电动机的电压、容量和数量等因素。

发电厂和变电所中一般供电网络的电压:低压供电网络为 0.4kV（380V/220V）;高压供电网络有 3kV、6kV、10kV 等。电压等级不宜过多,否则会造成厂用电接线复杂,运行维护不方便,降低供电可靠性。

2. 工作电源

工作电源是指保证发电厂或变电所正常运行的电源。工作电源不仅要供电可靠,而且要满足厂用负荷容量的要求。

图 11-23 所示为厂用工作电源的引接方式示意图。当电气主接线具有发电机电压母线时，则厂用工作电源一般直接从母线上引接，如图 11-23（a）所示；当发电机和变压器采用单元接线时，厂用工作电源则从主变压器的低压侧引接，如图 11-23（b）所示。厂用工作电源可以是厂用变压器，也可以是厂用电抗器。

厂用低压工作电源一般采用 0.4kV 电压等级，由厂用低压变压器获得。

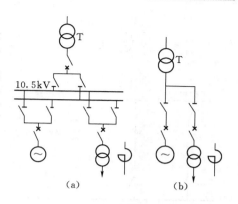

图 11-23 厂用工作电源的引接方式
(a) 从发电机电压母线引接；
(b) 从主变压器低压侧引接

3. 备用电源

为了提高可靠性，每一段厂用母线至少要由两个电源供电，其中一个为工作电源，另一个为备用电源。当工作电源故障或检修时，仍能不间断地由备用电源供电。厂用备用电源有明备用和暗备用两种方式。

明备用就是专门设置一台变压器（或线路），它经常处于备用状态（停运），如图 11-24（a）中的变压器 3T 所示。正常运行时，断路器 1QF、3QF 均为断开状态。当任一台厂用工作变压器 1T 或 2T 退出运行时，均可由变压器 3T 替代工作。

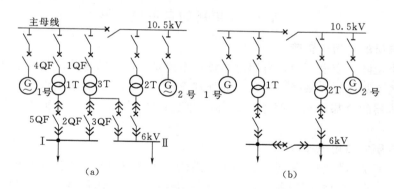

图 11-24 厂用备用电源的两种接线方式
(a) 明备用；(b) 暗备用

暗备用就是不设专用的备用变压器。而将每台工作变压器的容量加大，正常运行时，每台变压器都在半载下运行，互为备用状态，如图 11-24（b）所示。中、小型水电厂和降压变电站多采用暗备用方式。

厂用备用电源应尽量保证其独立性，即失去工作电源时，不应影响备用电源的供电。此外，还应装设备用电源自动投入装置。

4. 事故保安电源

事故保安电源是为保证事故保安负荷的用电而设置的，并能自动投入。事故保安电源必须是一种独立而又十分可靠的电源。它分直流事故保安电源和交流事故保安电源。前者

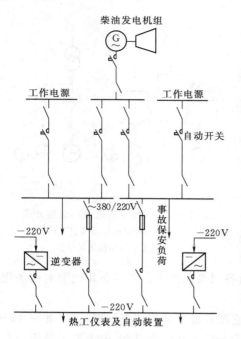

图 11-25 交流事故保安电源接线示意图

由蓄电池组供电；后者宜采用快速起动的柴油发电机组，或由外部引来的可靠交流电源。此外，还应设置交流不停电电源。交流不停电电源宜采用接在直流母线上的逆变机组或静态逆变装置。目前，多用静态逆变装置。图 11-25 所示为交流事故保安电源接线示意图。

三、厂用电接线的基本形式

发电厂厂用电系统接线通常都采用单母线分段接线形式，并多以成套配电装置接受和分配电能。

在火电厂中，高压母线均采取按炉分段的接线原则，即将厂用电母线按照锅炉的台数分成若干独立段，凡属同一台锅炉及同组的汽轮机的厂用负荷均接于同一段母线上，这样既便于运行、检修，又能使事故影响范围局限在一机一炉，不致过多干扰正常运行的完好机炉。

低压厂用母线一般也按炉分段，高压厂用电源则由相应的高压厂用母线提供。

认知 3　变电所的自用电接线

一、变电所的自用电负荷

在中、小型降压变电所中，自用电的负荷主要是照明、蓄电池的充电设备、硅整流设备、变压器的冷却风扇、采暖、通风、油处理设备、检修器具及供水水泵等。其中，重要负荷有主变压器的冷却风扇或强迫油循环冷却装置的油泵、水泵、风扇以及整流操作电源等。

二、变电所的自用电接线

由于变电所的自用电负荷耗电量不多，因此，变电所的自用电接线简单，中、小型降压变电所采用一台所用变压器即可，从变电所中最低一级电压母线引接电源，其副边采用 380V/220V 中性点直接接地的三线四相制供电，动力和照明合用一个电源。

枢纽变电站、总容量为 60MVA 及以上的变电所、装有水冷却或强迫油循环冷却的主变压器以及装有同步调相机的变电所，均装设两台所用变压器，分别接在最低一级母线的不同分段上。

对装有两台所用变压器的变电所，应装设备用电源自动投入装置，以提高对所用电供电的可靠性。

变电所的所用电一般采用单母线接线形式。当有两台所用变压器时，采用单母线分段接线形式，如图 11-26（a）所示。

在一些中、小型变电所中，可用复式整流装置代替价格昂贵、维护复杂的蓄电池组，变电所的控制信号、保护装置、断路器操作电源等均由交流整流装置供电。由于取消了蓄

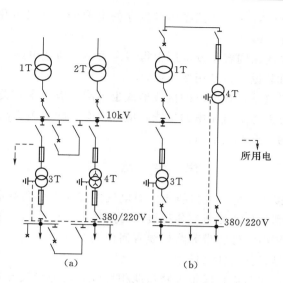

图 11-26　降压变电站自用电接线

（a）大型变电站自用电接线；（b）无蓄电池变电站自用电接线

电池组，所以所用交流电源就显得更为重要。对于采用整流操作或无人值班的变电所，除应装两台所用变压器外，还需将其接在不同电压等级或独立电源上，以保证在变电所内停电时，不间断对所用电的供电，如图 11-26（b）所示。

小　　结

电气主接线是发电厂和变电站的主体，是由一次设备按一定的要求和顺序连接成的电路，它直接影响着发电厂和变电站的安全可靠和经济运行。电气主接线应满足供电的安全可靠、灵活性和经济性。

电气主接线可分为有母线和无母线两大类。有母线的主接线形式包括单母线和双母线。单母线又可分为单母线不分段、单母线分段、单母线分段带旁路母线等形式；双母线又分为单断路器双母线、双母线分段、双母线带旁路母线、一台半断路器接线、双断路器双母线等形式。无母线的主接线主要有单元接线、桥形接线和角形接线等。不同的主接线有各自的优缺点以及相应的适用范围。

发电厂和变电站主接线方案的设计，应综合考虑各种因素，按照国家的有关政策，根据具体情况经过技术经济比较最后确定。主接线的初步设计一般有分析原始资料、拟定接线方案、短路电流计算、设备配置选择、绘制设计图纸等环节。设计时应参照《电力工程电气设计手册》电气一次部分及相应的规程规范。

自用电是指发电厂和变电站本身的用电。对于发电厂，尤其是火力发电厂，其自身的用电占发电负荷很大的比例，并且是非常重要的负荷。

火力发电厂的厂用电系统，为了保证发电设备的连续运行，其接线应采取以下措施：厂用电接线采用单母线分段，并要求按炉分段为原则；设置备用母线段，用专用备用变压器引接，采用明备用方式，并最好接在相对独立的电源处；装设备用电源自动投入装置；设置事故保安电源装置。

　　变电站的自用电要比相同容量发电厂少得多。大型枢纽变电站一般装设两台站用变压器；中、小型变电站可装设一台站用变压器。

　　不同的发电厂和变电站，自用电的接线形式也不同。应根据其类型、容量大小、电压等级、地理环境等多方面考虑自用电的接线。应采取有效的措施提高自用电的可靠性，以保证发电厂或变电站的安全稳定运行。

思　考　练　习

　　1. 什么是电气主接线、电气主接线图？对电气主接线有哪些基本要求？

　　2. 电气主接线有哪些基本类型？各种接线有何特点、优缺点、适用范围？

　　3. 母线分段有何作用？母线带旁路母线有何作用？

　　4. 主接线和旁路母线各起什么作用？

　　5. 一台半断路器接线与双母线带旁路接线相比较，两种接线各有何利弊？

　　6. 举例说明单母线接线、单母线带旁路、双母线接线、3/2 接线、内桥接线、外桥接线的典型的操作项目的操作步骤。

　　7. 电气主接线设计的一般步骤是什么？

　　8. 选择主变压器时应考虑哪些因素？其容量、台数、形式等应根据哪些原则来选择？

　　9. 主接线中隔离开关、互感器、断路器、避雷器应如何配置？

　　10. 自用电的作用和意义是什么？

　　11. 自用电负荷分为哪几大类？为什么要进行分类？

　　12. 什么是备用电源？明备用和暗备用的区别是什么？

　　13. 备用电源自动投入装置和不间断交流电源的作用是什么？

　　14. 对自用电接线有哪些基本要求？

　　15. 发电厂和变电站的自用电在接线上有何区别？

项目十二 配 电 装 置

能力目标

(1) 了解配电装置及对配电装置的基本要求。

(2) 掌握配电装置的类型及其特点。

(3) 掌握配电装置的安全净距。

(4) 了解屋内外配电装置的分类及布置原则。

(5) 掌握成套配电装置的分类及特点。

(6) 熟悉 GIS 的结构、特点及优缺点。

案例引入

问题：

图 12-1 所示的为何种类型的配电装置？配电装置起什么作用？配电装置的类型有哪些？各自有什么特点？设备之间摆放有何要求？

图 12-1 某变电站户外配电装置

知识要点

任务一 配电装置的基本概念

认知 1 配电装置的概念、分类及其特点

一、配电装置及其作用

配电装置是变电站中的重要组成部分，它是按主接线的要求，由载流导体、开关设

备、保护电器、测量电器和必要的辅助设备组成的电工建筑物。

在正常情况下用来接受和分配电能；发生事故时能迅速切断故障部分，以恢复非故障部分的正常工作。

二、配电装置及对其基本要求

（1）符合国家技术经济政策，满足有关规程要求。

（2）设备选择合理，布置整齐、清晰，保证有足够的安全距离。

（3）节约用地。

（4）运行安全和操作巡视方便。

（5）便于检修和安装。

（6）节约用材，降低造价。

三、配电装置的类型

按配电装置根据电气设备安装地点的不同，可分为屋内配电装置和屋外配电装置。

按组装方式，可分为装配式和成套配电装置。

按电压等级不同，可分为低压配电装置（1kV 以下）、高压配电装置（1～220kV）、超高压配电装置（330～750kV）、特高压配电装置（1000kV 和直流±800kV）。

认知 2 配电装置的最小安全净距和相关术语

一、配电装置的最小安全净距

为了满足配电装置运行和检修的需要，各带电设备应相隔一定的距离。最小安全净距是指在此距离下，无论是处于最高工作电压之下还是处于内外过电压下，此空气间隙均不致被击穿。

我国《高压配电装置设计技术规程》（DL/T 5352—2006）规定的屋内、屋外配电装置的安全净距，如图 12-2、图 12-3、表 12-1 和表 12-2 所示，其中，B、C、D、E 等类电气距离是在 A_1 值的基础上再考虑一些其他实际因素决定的，其含义如图 12-2 和图 12-3 所示。在各种间隔距离中，最基本的是带电部分对地部分之间和不同相的带电部分之间的空间最小安全净距，即 A_1 和 A_2 值。

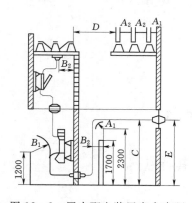

图 12-2 屋内配电装置安全净距

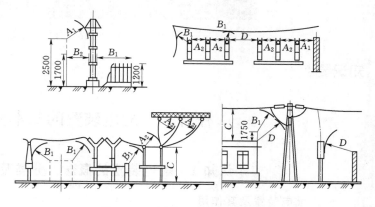

图 12-3 屋外配电装置安全净距

表 12-1　　　　　　　　　　屋内配电装置的安全净距　　　　　　　　单位：mm

符号	适用范围	额定电压（kV）									
		3	6	10	15	20	35	60	110J	110	220J①
A_1	（1）带电部分至接地部分之间 （2）网状和板状遮拦向上延伸线距地2.3m，与遮拦上方带电部分之间	75	100	125	150	180	300	550	850	950	1800
A_2	（1）不同相的带电部分之间 （2）断路器和隔离开关的断口两侧带电部分之间	75	100	125	150	180	300	550	900	1000	2000
B_1	（1）栅状遮拦至带电部分之间 （2）交叉的不同时停电检修的无遮拦带电部分之间	825	850	875	900	930	1050	1300	1600	1700	2550
B_2	网状遮拦至带电部分之间	175	200	225	250	280	400	650	950	1050	1900
C	无遮拦裸导线至地面之间	2500	2500	2500	2500	2500	2600	2850	3150	3250	4100
D	平行的不同时停电检修的无遮拦裸导线之间	1875	1900	1925	1950	1980	2100	2350	2650	2750	3600
E	通向屋外的出线套管至屋外通道的路面	4000	4000	4000	4000	4000	4000	4500	5000	5000	5500

①　J 系指中性点直接接地系统。

表 12-2　　　　　　　　　　屋外配电装置的安全净距　　　　　　　　单位：mm

符号	适用范围	额定电压（kV）								
		3～10	15～20	35	60	110J	110	220J	330J	500J①
A_1	（1）带电部分至接地部分之间 （2）网状和板状遮拦向上延伸线距地2.5m，与遮拦上方带电部分之间	200	300	400	650	900	1000	1800	2500	3800
A_2	（1）不同相的带电部分之间 （2）断路器和隔离开关的断口两侧带电部分之间	200	300	400	650	1000	1100	2000	2800	4300
B_1	（1）栅状遮拦至带电部分之间 （2）交叉的不同时停电检修的无遮拦带电部分之间 （3）设备运输时，其外廓至无遮拦带电部分之间 （4）带电作业时的带电部分至接地部分之间	950	1050	1150	1400	1650	1750	2550	3250	4550
B_2	网状遮拦至带电部分之间	300	400	500	750	1000	1100	1900	2600	3900
C	（1）无遮拦裸导线至地面之间 （2）无遮拦裸导线至建筑物、构筑物顶部之间	2700	2800	2900	3100	3400	3500	4300	5000	7500
D	（1）平行的不同时停电检修的无遮拦裸导线之间 （2）带电部分与建筑物、构筑物的边沿部分之间	2200	2300	2400	2600	2900	3000	3800	4500	5800

①　J 系指中性点直接接地系统。

在配电装置设计中，确定带电导体之间和导体对接地构架之间的距离时，应该考虑减少相间短路的可能性及减少短路时的电动力；减少大电流导体附近的铁磁物质的发热；减少电压为 110kV 及以上的电晕损失；考虑建筑和安装施工的不正确性以及带电检修等因素。所以工程上采用的电气安全距离一般都比表 12-1 和表 12-2 所列的数值大。

二、配电装置的有关术语和图

1. 配电装置的有关术语

（1）间隔和列。

1）间隔。间隔是配电装置中最小的组成单元，其大体上对应主接线图中的接线单元，以主设备为主，加上附属设备构成整套电气设备。

按照回路的用途，可分为发电机、变压器、线路、母线（或分段）断路器、电压互感器和避雷器间隔等。这样可以将电气设备故障的影响限制在最小范围内，以免波及相邻的电气回路，以及在检修电气设备时，避免检修人员与邻近回路的电气设备接触。

2）列。一个间隔断路器的排列顺序即为列。按形成的列数可分为单列布置、双列布置和三列布置。

（2）通道。凡是用来维护和搬运各种电器的通道，称维护通道；如通道内设有断路器（或隔离开关）的操动机构、就地控制屏等，称为操作通道；仅和防暴小室相通的通道，称防爆通道。

2. 配电装置图分类

（1）配置图。配置图是一种示意图，用来表示进线（如发电机、变压器）、出线（如线路）、断路器、互感器、避雷器等合理分配于各层、各间隔中的情况，并表示出导线和电气设备在各间隔的轮廓，但不要求按比例尺寸绘出。通过配置图可以了解和分析配电装置方案，统计所用的主要电气设备，如图 12-4 所示。

图 12-4　屋内配电装置配置

（2）平面图。平面图是按比例画出房屋及其间隔、通道和出口等处的平面布置轮廓，平面上的间隔只是为了确定间隔数及排列，故可不表示所装电气设备。

（3）断面图。断面图是用来表明所取断面的间隔中各种设备的具体空间位置、安装和相互连接的结构图。断面图也应按比例绘制。

任务二 屋内配电装置

认知1 屋内配电装置的特点及分类

一、屋内配电装置的特点

屋内配电装置是将电气设备安装在屋内。屋内配电装置的特点如下：

（1）由于允许安全净距小和可以分层布置，因此，占地面积小。

（2）维修、操作、巡视在室内进行，比较方便，且不受气候影响。

（3）外界污秽不会影响电气设备，减轻了维护工作量。

（4）电气设备之间的距离小，通风散热条件差，且不便于扩建。

（5）房屋建筑投资较大，但又可采用价格较低的户内型电气设备，以减少总投资。

配电装置形式的选择，应考虑所在地区的地理情况及环境条件，因地制宜，节约用地，并结合运行及检修要求，通过经济技术比较确定。在大、中型变电站中，35kV 及以下电压等级的配电装置多采用层内配电装置。但 110kV 配电装置有特殊要求时，如位于城市中心或处于严重污秽地区的变电站，通过经济技术比较也可采用屋内配电装置。

二、屋内配电装置的分类

1. 按布置形式分类

变电站的屋内配电装置，按其布置形式不同，一般可分为单层式、二层式和三层式。

（1）单层式是将所有电气设备布置在一层建筑中，适用于线路无电抗器的情况。单层式占地面积较大，通常采用成套开关柜，以减少占地面积。

（2）二层式是将母线、母线隔离开关等较轻设备放在第二层，将电抗器、断路器等较重设备布置在底层，与单层式相比占地面积小，造价较高。

（3）三层式是将所有电气设备依其轻重分别布置在 3 层建筑物中，占地面积小，但其结构复杂，施工时间长，造价较高，检修和运行不大方便，目前已较少采用。

2. 按安装形式分类

（1）装配式配电装置。装配式配电装置是在配电装置的土建工程建筑基本完工后，将电气设备在现场组装。

其特点是：建造安装灵活、投资较少、金属消耗量少；安装工作量大，施工工期较长。

（2）成套配电装置。成套配电装置是在制造厂预先把开关电器、互感器等安装在柜（或元件）中，然后成套运至安装地点，称为成套配电装置。

成套配电装置的特点是：①电气设备布置在封闭或半封闭的金属外壳中，相间和对地距离可以缩小，结构紧凑，占地面积小；②所有电器元件已在工厂组装成一个整体（开关柜），大大减少了现场安装工作量，有利于缩短建设工期，也便于扩建和搬迁；③运行可靠性高，维护方便；④耗用钢材较多，造价较高。

目前，屋内配电一般采用成套配电装置。一般情况下，35kV 及以下、2 级及以上污秽地区或市区的 110kV 配电装置宜采用屋内型。

认知 2　屋内配电装置的基本布置

一、总体布置原则

（1）同一回路的电器和导体应布置在一个间隔内，以保证检修安全和限制故障范围。间隔之间及两段母线之间应分隔开，以保证检修安全和限制故障范围。

（2）尽量将电源布置在一段的中部，使母线截面通过较小的电流，但有时为了连接的方便，根据变电站的布置而将变压器间隔设在一段母线的两端。

（3）较重的设备（如电抗器）布置在下层，以减轻楼板的荷重并便于安装。

（4）充分利用间隔的位置。

（5）布置对称，便于操作。

（6）有利于扩建。

二、具体布置要求

1. 母线及隔离开关

母线通常装在配电装置的上部，一般呈水平、垂直和直角三角形布置，如图 12-5 所示。水平布置不如垂直布置便于观察，但建筑部分简单，可降低建筑物的高度，安装比较容易，因此，在中、小容量的配电装置中采用较多。垂直布置时，相间距离可以取得较大，无需增加间隔深度；支持绝缘子装在水平隔板上，绝缘子间的距离可取较小值，因此，母线结构可获得较高的机械强度。但垂直布置的结构复杂，并增加建筑高度，垂直布置可用于 20kV 以下、短路电流很大的装置中。直角三角形布置方式，其结构紧凑，可充分利用间隔深度，但三相为非对称布置，外部短路时，各个母线和绝缘子机械强度均不相同，这种布置方式常用于 6～35kV 大、中容量的配电装置中。

母线相间距离 a 决定于相间电压，并考虑短路时的电动力稳定与安装条件。在 6～10kV 小容量装置中母线水平布置时，a 为 250～350mm；垂直布置时，见图 12-5（a），为 700～800mm；35kV 水平布置时，相间距离约为 500mm。

母线支持绝缘子的跨距 L，是根据短路机械强度而定，水平布置且机械强度满足要求时，L 可采用间隔宽度，这样支持绝缘子便可装在隔墙上，以使结构简化。

双母线布置中的两组母线应以垂直的隔板分开，这样，在一组母线运行时，可安全地检修另一组母线。母线分段布置时，在两段母线之间也应以隔板墙隔开。母线隔离开关，通常设在母线的下方。为了防止带负荷误拉隔离开关造成电弧短路，并延烧至母线，在双母线布置的屋内配电装置中，母线与母线隔离开关之间宜装设耐火隔板。两层以上的配电装置中，母线隔离开关宜单独布置在一个小室内。

为了防止带负荷误拉隔离开关，以确保设备及工作人员的安全在隔离开关操作机构与响应断路器之间，应设置机械或电气联锁装置。

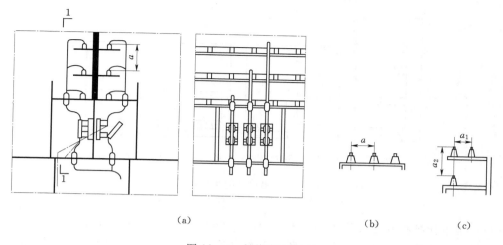

图 12-5 母线布置方式

(a) 垂直布置；(b) 水平布置；(c) 直角三角形布置

2. 断路器及其操作机构

断路器通常设在单独的小室内。断路器小室的形式，按照油量多少及防爆的要求，可分为敞开式、封闭式及防爆式。四壁用实体墙壁、顶盖和无网眼的门完全封闭起来的小室称为封闭小室；如果小室完全或部分使用非实体的隔板或遮拦，则称为敞开小室；当封闭室的出口直接通向屋外或专设的防爆通道，则称为防爆小室。

断路器的操动机构设在操动走道内。手动操动机构和轻型远距离控制操动机构均装在壁上，重型远距离控制操动机构（如 CD3 型等）则落地装在混凝土基础上。

3. 互感器和避雷器

电流互感器无论是干式还是油浸式，都可和断路器放在一小室内。穿墙式电流互感器应尽可能作为穿墙套管使用。

电压互感器都经隔离开关和熔断器（60kV 及以下采用熔断器）接到母线上，它需占用专门的间隔，但在同一间隔内，可以装设几个不同用途的电压互感器。

当母线上接有架空线路时，母线上应装设避雷器，它可和电压互感器共用一个间隔，但应以隔层隔开。

4. 电抗器

电抗器比较重，多布置在第一层的封闭小室内。电抗器按其容量不同有 3 种不同的布置方式：三相垂直布置、品字形布置和三相水平布置，如图 12-6 所示。通常线路电抗器采用垂直或"品"字形布置。当电抗器的额定电流超过 1000A、电抗值超过 5％～6％时，由于重量及尺寸过大，垂直布置会有困难，且使小室高度增加很多，故宜采用"品"字形布置；额定电流超过 1500A 的母线分段电抗器或变压器低压侧的电抗器（或分裂电抗器），则采取水平布置。

安装电抗器时必须注意，垂直布置时 V 相应放在上下两相的中间，"品"字形布置时，不应将 U、W 相重叠在一起。其原因是 V 相电抗器线圈的缠绕方向与 U、W 相并不相同，这样在外部短路时，电抗器相间的最大作用力是吸力，而不是斥力，以便利用瓷绝

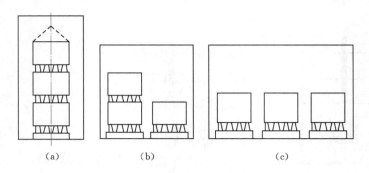

图 12-6 电抗器的布置方式
(a) 垂直布置;(b) "品"字形布置;(c) 水平布置

缘子抗压强度比抗拉强度大得多的特点。因此,安装时不可将次序弄错,否则,支持电抗器的绝缘子可能受拉而损坏。当电抗器水平布置时,绝缘子皆受弯曲力,故无上述要求。

5. 配电装置的通道和出口

配电装置的布置应便于设备操作、检修和搬运,故需设置必要的通道(走廊)。凡用来维护和搬运配电装置中各种电气设备的通道,称为维护通道;如通道内设有断路器(或隔离开关)的操动机构、就地控制屏等,称为操作通道;仅和防爆小室相通的通道,称为防爆通道。配电装置室内各种通道的最小宽度应符合规程要求。

为了保证配电装置中工作人员的安全及工作的方便,不同长度的屋内配电装置应有一定数目的出口。长度小于 7m 时,可设一个出口;长度大于 7m 时,应有两个出口(最好设在两端);长度大于 60m 时,在中部适当的地方再增加一个出口。配电装置出口的门应向外开,并应装弹簧锁,相邻配电装置室之间如有门时,应能向两个方向开启。

6. 电缆及电缆构筑物

电缆构筑物是用来放置电缆的,电缆构筑物常用的形式有电缆隧道及电缆沟。电缆隧道为封闭狭长的构筑物,高在 1.8m 以上,两侧设有数层敷设电缆的支架,可容纳较多的电缆,人在隧道内能方便地进行敷设和维修电缆工作。电缆隧道造价较高,一般用于大型电厂和城市变电站。电缆沟为有盖板的沟道,沟深与宽不足 1m,敷设和维修电缆必须揭开水泥盖板,很不方便。沟内容易积灰,可容纳的电缆数量也较少;但土建工程简单,造价较低,常为变电站和中、小型电厂所采用。国内、国外不少电厂,也有将电缆吊在天花板下,以节省电缆沟。

为确保电缆运行的安全,电缆隧道(沟)应设有 0.5%~1.5% 排水坡度和独立的排水系统。

电缆隧道(沟)在进入建筑物处,应设带门的耐火隔墙(电缆沟只设隔墙),以防发生火灾时烟火向室内蔓延扩大事故,同时,也防止小动物进入室内。

为使电力电缆发生事故时不致影响控制电缆,一般将电力电缆与控制电缆分开排列在过道两侧。如布置在一侧时,控制电缆应尽量放置在下面,并用耐火隔板与电力电缆隔开。

7. 屋内配电装置布置的其他问题

配电装置室可以开窗采光和通风,但应采取防止雨雪和小动物进入室内的措施。处于空气污秽、多台风和龙卷风地区的配电装置,可开窗采光而不可通风。配电装置室一般采用自然通风,如不能满足工作地点对温度的要求或发生事故而排烟有困难时,应增加机械通风装置。

认知3　屋内配电装置布置实例

一、6～10kV屋内配电装置布置实例

为了简化配电装置的施工,当出线不带电抗器时,6～10kV屋内配电装置多采用高压开关柜如图12-7所示。GG-1A型高压开关柜基本骨架结构由角钢焊接而成,其出线柜由钢板分成上、中、下三个部分。上部为母线及隔离开关,中部和下部之间的隔板上安装电流互感器和穿墙套管,此隔板是为了出线有反送电源时,保证工作人员进入中部检修的安全。中部与上部之间的隔板,是为了在母线不停电的情况下,保证工作人员进入中部检修的安全。前视左上部为高950mm的仪表门,其上安装监视仪表、指示操作元件及继电器、电能表等;左中部为操作板、安装操动机构;左下角小门内安装有合闸接触器、熔断器;操作板右侧之长条门内安装二次回路端子排及柜内照明灯;右侧为上下两扇门,由此可进入检修电气设备。

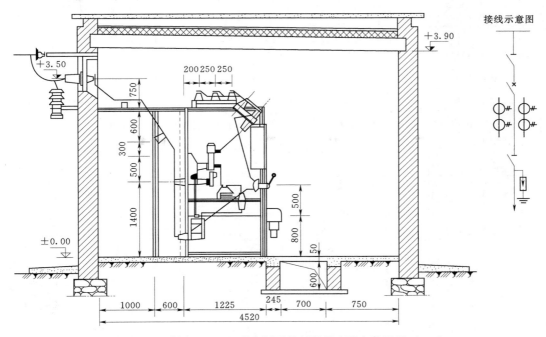

图12-7　采用GG-1A型高压开关柜的屋内配电装置图(mm)

开关柜在配电装置室内,可以靠墙呈单排或双排对面布置,也可以不靠墙呈单排或双排背靠背布置。开关柜布置在中间,两面有走廊的叫做独立式的配电装置。采用GG-1A型高压开关柜独立式间隔单列布置的配电装置配置图如图12-8所示。

二、110kV屋内配电装置布置实例

图12-9所示为二层二通道单母线分段带旁路母线110kV屋内配电装置断面图。它

的主母线和旁路母线平行布置在上层，主母线居中，旁路母线靠近出线侧。母线层的隔离开关均为竖装。底层每个间隔分前后两个小室，各布置有少油断路器及出线隔离开关。所有隔离开关均采用 V 形，并都在现场用手动机构操作。母线引下线均采用钢芯铝线。上、下两层各设有两条操作维护走廊。楼层的母线隔离开关间隔采用轻钢丝网隔开，以减轻土建结构。间隔宽度为 7m，跨度为 15m，采用自然采光。

间隔序号		1	2	3	4	5	6	7	8	9	10	11	12
间隔名称		1号线路	1号进线	2号线路	电压互感器避雷器	3号线路	母线分段		4号线路	2号进线	5号进线	电压互感器避雷器	6号线路
操作走廊													
母线及母线隔离开关	终端通道												终端通道
断路器熔断器													
电压互感器电流互感器													
出线隔离开关避雷器													
进出线小间													
维护走廊													

图 12-8　采用 GG-1A 型高压开关柜独立式间隔单列布置的配电装置配置图

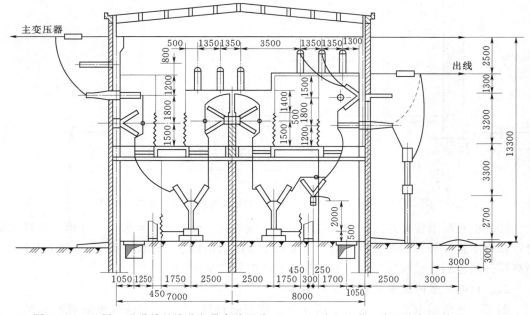

图 12-9　二层二通道单母线分段带旁路母线 110kV 屋内配电装置布置实例（单位：mm）

任务三 屋 外 配 电 装 置

认知 1 屋外配电装置的特点及分类

一、屋外配电装置特点

屋外配电装置是将电气设备安装在露天场地。屋外配电装置的特点如下：

（1）无需配电装置室，节省建筑材料和降低土建费用，一般建设周期短。

（2）相邻设备之间距离大，减少故障蔓延的危险性，且便于带电作业。

（3）巡视设备清楚，且扩建比较方便。

（4）易受外界气候条件的影响，设备运行条件差，须加强绝缘。

（5）气候变化给设备维修和操作带来困难。

（6）占地面积大，对于水电站可能使投资增大。

110kV 及以上采用屋外配电装置。

二、屋外配点装置分类

屋外配电装置的结构形式，除与主接线、电压等级和电气设备类型有密切关系外，还与地形地势有关。根据电气设备和母线布置的高度，屋外配电装置可分为中型、半高型和高型等 3 类。

（1）中型配电装置是将所有电器都安装在同一水平面内，并装在一定高度的基础上，使带电部分对地保持必要的高度，以便工作人员能在地面安全地活动；中型配电装置中，母线所在的水平面稍高于电器所在水平面，母线和电气设备均不能上、下重叠布置。中型配电装置布置比较清晰，不易误操作，运行可靠，施工和维护方便，投资少，并有多年的运行经验。明显缺点是占地面积过大。

（2）半高型配电装置是将母线置于高一层的水平面上，与断路器、电流互感器等重叠布置，其占地面积比普通中型配电装置减少 30%。高型和半高型配电装置的母线和电器分别装在几个不同高度的水平面上，并重叠布置。凡是两组母线及母线隔离开关上下重叠布置的配电装置就称为高型配电装置。

（3）高型配电装置可以节省占地面积 50% 左右，但耗用钢材较多，投资增大，操作和维修条件较差。如果仅将母线与断路器、电流互感器、隔离开关做上下重叠布置，则称为半高型配电装置。半高型配电装置介于高型和中型之间，具有两者的优点，并克服两者的缺点，除母线隔离开关外，其余部分与中型布置基本相同，运行维护仍较方便。

认知 2 屋外配电装置基本布置

1. 母线及构架

屋外配电装置的母线有软母线和硬母线两种。软母线为钢芯铝绞线或软管母线，三相呈水平布置，用悬式绝缘子悬挂在母线构架上。软母线可选用较大的挡距（一般不超过 3 个间隔宽度），但挡距越大导线弧垂也越大，因而，导线相间及对地距离就要增加，母线及跨越线构架的宽度和高度均需增加，硬母线常用的有矩形和管形两种，前者用于 35kV

及以下的配电装置中，后者用于 110kV 及以上的配电装置中。管形硬母线一般采用柱式绝缘子安装在支柱上，由于硬母线没有弧垂和拉力，因而不需另设高大的构架；管形母线不会摇摆，相间距离可以缩小，与剪刀式隔离开关配合，可以节省占地面积，但抗震能力较差。由于强度关系，硬母线挡距不能太大，一般不能上人检修。

屋外配电装置的构架，可由钢或钢筋混凝土制成。钢构架经久耐用，机械强度大，可以按任何负荷和尺寸制造，便于固定设备，抗震能力强，运输方便。但钢结构金属消耗量大，且为了防锈需要经常维护，因此，全钢结构使用较少。

钢筋混凝土构架可以节约大量钢材，也可满足各种强度和尺寸的要求，经久耐用，维护简单。钢筋混凝土环形杆，可以在工厂成批生产，并可分段制造，运输和安装都比较方便，是我国配电装置构架的主要形式。以钢筋混凝土环形杆和镀锌钢梁组成的构架，兼顾了二者的优点，已在我国各类配电装置中广泛采用。

2. 电力变压器

电力变压器外壳不带电，故采用落地布置，安装在铺有铁轨的双梁形钢筋混凝土基础上，轨距中心等于变压器的滚轮中心。为了防止变压器发生事故时燃油流散使事故扩大，单个油箱油量超过 1000kg 以上的变压器，按照防火要求，在设备下面设置储油池或挡油墙，其尺寸应比设备的外廊大 1m，并在池内铺设厚度不小于 0.25m 卵石层。主变压器与建筑物的距离不应小于 1.25m，且距变压器 5m 以内的建筑物，在变压器总高度以下及外廊两侧各 3m 范围内，不应有门窗和通风孔。当变压器油重超过 2500kg 以上时，两台变压器之间的防火净距不应小于 10m，如布置有困难，应设防火墙。

3. 断路器

断路器有低式和高式两种布置。低式布置的断路器放在 0.5～1m 的混凝土基础上。低式布置的优点是：检修比较方便，抗震性能较好。但必须设置围栏，因而影响通道的畅通。一般中型配电装置的断路器采用高式布置，即把断路器安装在高约 2m 的混凝土基础上。断路器的操动机构须装在相应的基础上。按照断路器在配电装置中所占据的位置，可分为单列布置和双列布置。当断路器布置在主母线两侧时，称为双列布置；如将断路器集中布置在主母线的一侧，则称为单列布置。单、双列布置的确定，必须根据主接线、场地地形条件、总体布置和出线方向等多种因素合理选择。

4. 隔离开关和电流、电压互感器

这几种设备均采用高式布置，其要求与断路器相同。隔离开关的手动操动机构装在其靠边一相基础的一定高度上。

5. 避雷器

避雷器也有高式和低式两种布置。110kV 及以上的阀型避雷器由于本身细长，如安装在 2.5m 高的支架上，其上面的引线离地面已达 5.9m，在进行试验时，拆装引线很不方便，稳定度也很差，因此，多采用落地布置，安装在 0.4m 的基础上，四周加围栏。磁吹避雷器、35kV 的阀型避雷器及氧化锌避雷器形体矮小，稳定度较好，一般采用高式布置。

6. 电缆沟

屋外配电装置中电缆沟的布置，应使电缆所走的路径最短。电缆沟按其布置方向，可分为纵向和横向电缆沟。一般横向电缆沟布置在断路器和隔离开关之间，大型变电站的纵向电缆沟，因电缆数量较多，一般分为两路。

7. 道路

为了运输设备和消防的需要，应在主要设备近旁铺设行车道路。大、中型变电站内一般均应设置 3m 的环形道路，还应设置宽 0.8～1m 的巡视小道，以便运行人员巡视电气设备，电缆沟盖板可作为部分巡视小道。

认知 3　屋外配电装置布置实例

一、中型配电装置布置实例

中型配电装置按照隔离开关的布置方式可分为普通中型配电装置和分相中型配电装置。

1. 普通中型配电装置布置实例

普通中型配电装置是把所有电气设备都安装在地平面上，没有采用半高位或高位布置，母线下不布置任何电气设备，所以无论在施工、运行还是检修方面都比较方便，但是占地面积过大，因而近 20 年来，逐步限制了它的使用范围，而渐渐地被发展起来的各种节约用地的配电装置所代替。

2. 分相中型配电装置布置实例

分相即指隔离开关的布置方式是分相直接布置在母线正下方。近年来，硬（铝）管母线在高压配电装置中的应用日渐增多，采用铝管母线可以使架构高度降低和相间距离缩小，并有利于与剪刀式隔离开关配合，采用剪刀式隔离开关是节约用地的一项重要措施。

出线隔离开关则选用三柱式。母线及设备的相间距离均为 3m，节约了纵向尺寸，可自 83m 缩减为 65.2m，间隔宽度自 14m 缩减为 12m，可见节约用地效果明显。

由于间隔宽度较小，为了保证出线或引下线的相间距离和对架构的安全距离，在横梁上装设有悬式绝缘子串，以便固定跳线和引下线。采用 V 形悬式绝缘子串吊阻波器，以防止阻波器的摇摆。为了少用铝管，便于施工，利于抗震，设备间的连接均采用软导线。搬运道路的位置，设在断路器与电流互感器之间，为了使汽车能通过搬运道路，要将电流互感器安装在 3.5m 高的支架上，以提高断路器和电流互感器间连线的对地高度，且连线长度不大于 10m。

分相布置的缺点是：两组主母线隔离开关串联连接，检修时将出现同时停两组隔离开关的情况。

图 12-10（a）、图 12-10（b）所示为双列布置 110kV 中型配电装置平面图及配置图，由图 12-10（b）可见，该配电装置是单母线分段、出线带旁路、分段断路器兼作旁路断路器的接线。

图 12-10（c）、图 12-10（d）所示为双列布置的 110kV 中型配电装置变压器间隔断面图及出线间隔断面图。由图 12-10（c）、（d）可见，母线采用钢芯铝绞线，用悬式绝缘子串悬挂在由环形断面钢筋混凝土杆和钢材焊成的三角形断面横梁上。间隔宽度为 8m。所有电气设备都安装在地面的支架上，出线回路由旁路母线的上方引出，各净距数值如图 12-10（a）所示。变压器回路的断路器布置在母线的另一侧，距离旁路母线较远，变压器回路利用旁路母线较困难，所以，这种配电装置只有出线回路带旁路母线。

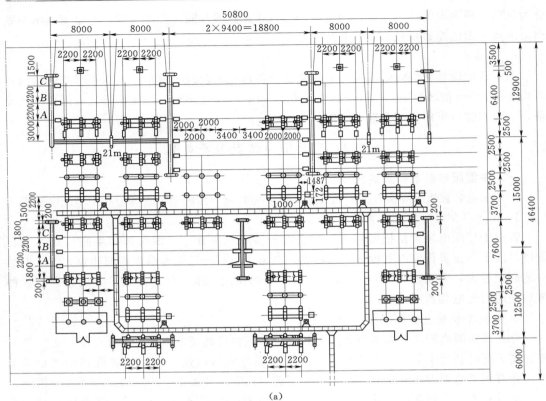

(a)

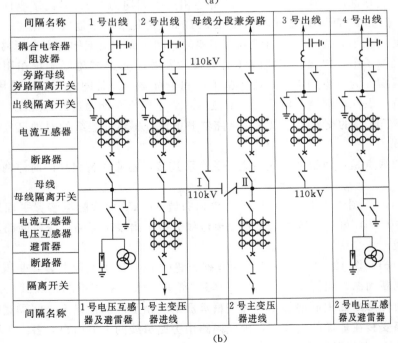

间隔名称	1号出线	2号出线	母线分段兼旁路	3号出线	4号出线
耦合电容器阻波器			110kV		
旁路母线旁路隔离开关 出线隔离开关					
电流互感器					
断路器					
母线母线隔离开关		I 110kV II	110kV		
电流互感器电压互感器避雷器					
断路器					
隔离开关					
间隔名称	1号电压互感器及避雷器	1号主变压器进线	2号主变压器进线		2号电压互感器及避雷器

(b)

图 12-10（一） 中型屋外配电装置示例

（a）110kV 双列布置中型屋外配电装置平面图；（b）110kV 双列布置中型屋外配电装置配置

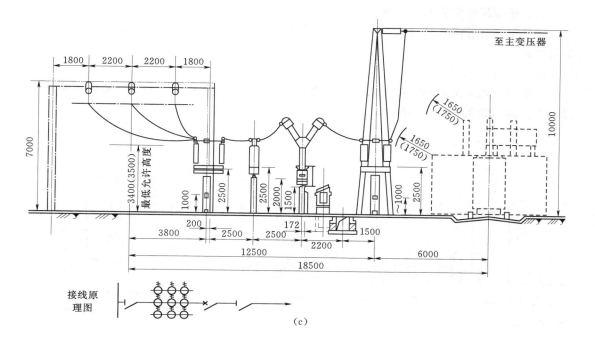

(c)

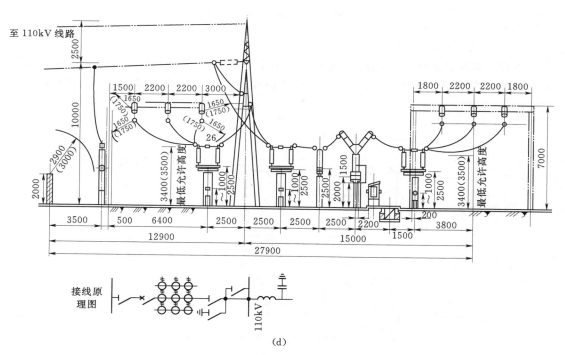

(d)

图 12-10（二） 中型屋外配电装置示例

（c）110kV 双列布置中型屋外配电装置变压器间隔断面图；

（d）110kV 双列布置中型屋外配电装置出线间隔断面图

二、高型配电装置布置实例

高型配电装置按其结构的不同分为 3 种类型，即单框架双列式、双框架单列式和三框架双列式。

1. 单框架双列式

单框架双列式是将两组主母线及其隔离开关上下重叠布置在一个高型框架内，旁路母线架不提高，如图 12－11 所示。

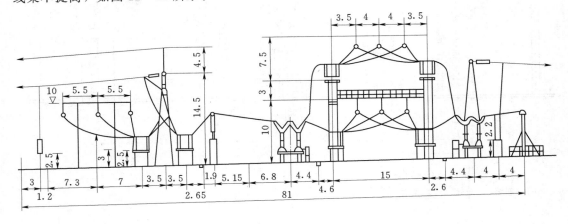

图 12－11　220kV 单框架双列式高型布置（单位：m）

2. 双框架单列式

双框架单列式除将两组母线及其隔离开关上下重叠布置外，再将一个旁路母线架提高，并列设在主母线架的出线侧，两个高型框架合并，成为双框架结构，如图 12－12 所示。

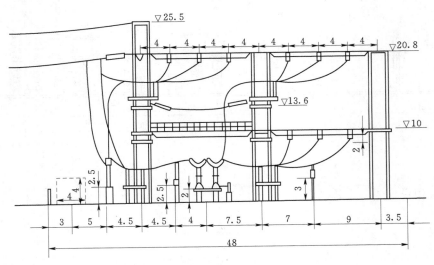

图 12－12　220kV 双框架单列式高型布置（单位：m）

3. 三框架双列式

三框架双列式除将两组主母线及其隔离开关上下重叠布置外,再把两个旁路母线架提高,并列设在主母线两侧,3个高型框架合并,成为三框架结构,如图12-13所示。

从图12-13中可以看出,三框架结构比单框架和双框架更能充分利用空间位置,因为它可以双侧出线,在中间一个框架中布置了两层母线及隔离开关,两侧的两个框架的上层布置旁路母线及旁路隔离开关,下层布置进出线断路器、电流互感器和隔离开关,从而使占地面积压缩到最小程度。改革后的三框架布置钢材消耗量也显著降低,由于三框架布置较双框架和单框架布置优越,因而得到了广泛的应用。但和中型布置相比钢材消耗量较多,操作条件较差,检修上层设备不便。

三、半高型配电装置布置实例

半高型配电装置比中型配电装置高而比高型配电装置低,比普通中型布置节约用地。其布置特点是抬高母线,在母线下方布置断路器、电流互感器和隔离开关等设备。单母线分段带旁路线配电装置,采用半高型布置为宜。图12-14所示为110kV单母线、进出线带旁路母线、半高型布置的进出线断面图。优点是:① 占地面积比普通中型布置约减少30%;②主母线及其他电器和普通中型相同,旁路母线及隔离开关位置均不很高,且不经常带电运行,故检修运行都比较方便;③由于旁路母线与主母线采用不等高布置,实现进出线均带旁路的接线就很方便。此方案的缺点是:隔离开关下方未设置检修平台,检修不方便。

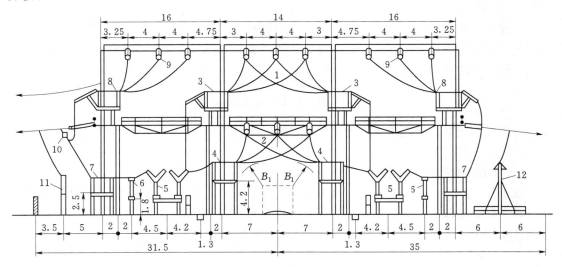

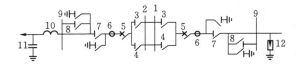

图 12-13 220kV 三框架双列式高型布置断面图(单位:m)

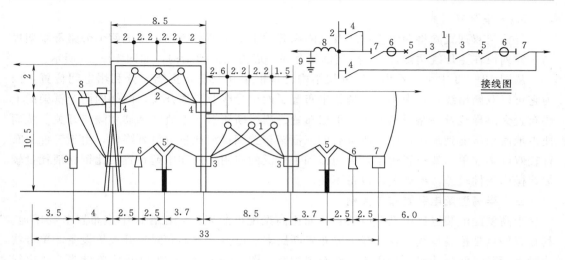

图 12 - 14　110kV 单母线、进出线带旁路母线、半高型布置断面图（单位：m）

任务四　成套配电装置

成套配电装置可分成 3 类：①低压成套配电装置；②高压成套配电装置（也称高压开关柜）；③SF6 全封闭式组合电器配电装置。

成套配电装置按安装地点可分为屋内式和屋外式。低压成套配电装置只做成屋内式，高压开关柜有屋内式和屋外式。由于屋外式有防水、防锈等问题，故目前大量使用的是屋内式。SF6 全封闭式组合电器也因屋外气候条件较差，大部分都布置在屋内。

认知 1　低压成套配电装置

低压成套配电装置是指电压为 1000V 及以下的成套配电装置。有固定式低压配电屏和抽屉式低压开关柜两种。

一、GGD 型低压配电屏

图 12 - 15 所示为 GGD 型固定式低压配电屏。配电屏的构架用 8MF 冷变型钢局部焊接而成。正面上部装有测量仪表，双面开门。三相母线布置在屏顶，闸刀开关、熔断器、空气自动开关、互感器和电缆端头依次布置在屏内，继电器、二次端子排也装设在屏内。

固定式低压配电屏结构简单、价格低，维护、操作方便，广泛应用于低压配电装置。

二、GCS 抽屉式开关柜

GCS 抽屉式低压开关柜如图 12 - 16 所示，GCS 为密封式结构，分为功能单元室、母线室和电缆室。电缆室内为二次线和端子排。功能室由抽屉组成，主要低压设备均安装在抽屉内。若回路发生故障时，可立即换上备用的抽屉，迅速恢复供电，开关柜前面的门上装有仪表、控制按钮和空气自动开关操作手柄。抽屉有联锁机构，可防误操作。

这种柜的特点是：密封性能好，可靠性高，占地面积小；但钢材消耗较多，价格较高。它将逐步取代固定式低压配电屏。

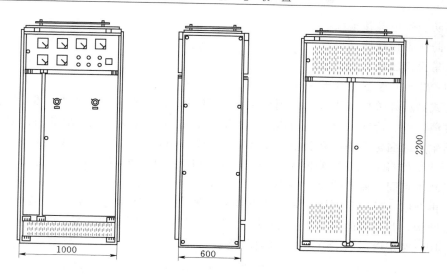

图 12-15 GGD 型固定式低压配电屏（单位：mm）

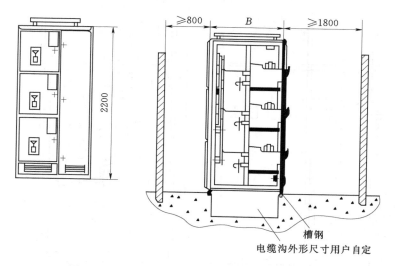

图 12-16 GCS抽屉式低压开关柜（单位：mm）

认知 2 高压开关柜

一、高压开关柜分类及"五防"功能

1. 高压开关柜的分类

高压开关柜是指 3~35kV 的成套配电装置。变电站中常用的高压开关柜有移开式和固定式两种。

2. 高压开关柜具有的"五防"功能

（1）防止误分误合断路器。

（2）防止带负荷分、合隔离开关。

（3）防止误入带电间隔。

（4）防止带电挂接地线。

（5）防止带接地线送电。

二、常见高压开关柜简介

1. XGN2－10 型固定式开关柜

固定式高压开关柜体积大、封闭性能差（GG 系列）、检修不够方便，但制造工艺简单、钢材消耗少、价廉，较广泛用作中、小型变电站的 6～35kV 屋内配电装置中。

我国生产的固定式高压开关柜主要有 GG－1A、GG－10、XGN2－10、GBC－35 等型号，GG－1A 和 GG－10 开关柜为敞开式，GG－10 型开关柜与 GG－1A 型开关柜相比，结构形式基本相同，而整体尺寸较小。

下面再介绍一种常见的固定式高压开关柜。图 12－17 所示为 XGN2－10Z 型固定式开关柜外形结构，其型号的含义为：X—箱式开关设备；G—固定式；N—户内装置；2—设计序号；10—额定电压（kV）；Z—真空断路器。

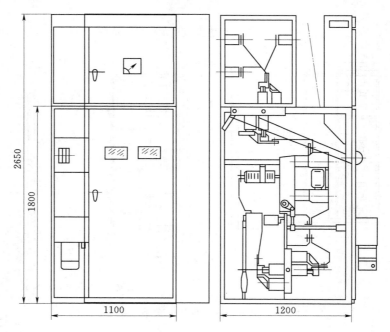

图 12－17　XGN2－10Z 型固定式开关柜外形结构

开关柜为断路器室、母线室和继电器室。断路器室位于柜体下部，设有压力释放通道。母线室位于柜体后上部，为减小柜体高度，母线呈"品"字形排列，母线与上隔离开关接线端子相连接。电缆室位于柜体的后下部，电缆室内支持绝缘子可设有监视装置，电缆固定在支架上。继电器室位于柜体的前上部，室内安装板可安装各种继电器等，室内有端子排支架，安装指示仪表、信号元件等二次元件，顶部还可布置二次小母线。

断路器操动机构装在正面左边位置，其上方为隔离开关的操动及联锁机构。开关柜为双面维护，前门的下方设有与柜宽方向平行的接地铜母线。

开关柜采用机械联锁实现"五防"功能，其动作原理如下：

（1）停电操作（运行→检修）。开关柜处于工作位置，即上、下隔离开关与断路器处于合闸状态，前、后门已锁好，线路处于带电运行中，这时的小手柄处于工作位置。先将断路器分断，再将小手柄扳到"分断闭锁"位置，这时断路器不能合闸；将操作手柄插入下隔离的操作孔内，从上往下拉，拉到下隔离分闸位置；将操作手柄拿下，再插入上隔离操作孔内，从上往下拉，拉到上隔离分闸位置；再将操作手柄拿下，插入接地开关操作孔内，从下向上推，使接地开关处于合闸位置，这时可将小手柄扳至"检修"位置。检修人员可对断路器及电缆室进行维护和检修。

（2）送电操作（检修→运行）。若检修完毕需要送电时，其操作程序如下：将后门关好锁定，取出钥匙后关前门；将小手柄从检修位置扳至"分断锁闭"位置，这时前门被锁定，断路器不能合闸；将操作手柄插入接地开关操作孔内，从上向下拉，使接地开关处于分闸位置；将操作手柄拿下，再插入上隔离开关的操作孔内，从下向上推，使上隔离处于合闸位置，将操作手柄拿下，插入下隔离的操作孔内，从下向上推，使下隔离处于合闸位置；取出操作手柄，将小手柄扳至工作位置，这时可将断路器合闸。

2.KYN28A-12型（原型号GZS1）移开式开关柜

移开式高压开关柜又称为手车式高压开关柜。我国生产的主要有 KYN-10、JYN-10、GFC-10、GFC-11、GC-2、JYN1-35、GBC-35 等型号。

KYN28-12（Z）（GZS1）型铠装移开式交流金属封闭开关柜系额定电压 3.6～12kV 三相交流 50Hz 的户内成套配电装置。用于发电厂送电、电业系统和工矿企业变电所受电、配电，还可以用于频繁启动高压电动机等。

该开关柜能满足 GB3906、DL404、IEC-298 等标准的要求，并且具有"五防"功能。KYN28 高压开关柜结构如图 12-18 所示。高压金属封闭开关设备是由柜体和手车两大部分构成。柜体由金属隔板分隔成四个独立的隔室：母线室、断路器手车室、电缆室和继电器仪表室。手车根据用途分为断路器手车、计量手车、隔离手车等，同参数规格的手车可以自由互换，手车在柜内有试验位置和工作位置，每一位置都分别有到位装置，以保证联锁可靠。

断路器手车在试验或工作位置时，断路器才能进行合分操作，且在断路器合闸后，手车无法移动，防止了带负荷误拉、推断路器；仅当接地关处于分闸位置时，断路器手车才能从试验位置移至工作位置，仅当断路器手车处于试验

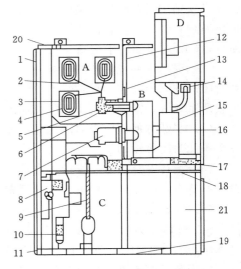

图 12-18 KYN28A-12 型中置式高压开关柜结构

A—母线室；B—断路器手车室；C—电缆室；
D—继电器仪表室

1—外壳；2—分支小母线；3—母线套管；4—主母线；5—静触头装置；6—静触头盒；7—电流互感器；8—接地隔离开关；9—电缆；10—避雷器；11—接地主母线；12—装卸式隔板；13—隔板；14—瓷插头；15—断路器手车；16—加热装置；17—可抽出式水平隔板；18—接地隔离开关操动机构；19—板底；20—泄压装置；21—控制小线槽

位置时，接地开关才能进行合闸操作，实现了防止带电误合接地开关及防止接地开关处于闭合位置时关合断路器；接地开关处在分闸位置时，下门及后门都无法打开，防止了误入带电间隔；断路器在工作位置时，二次插头被锁定不能拔出。为保证安全及各联锁装置可靠不至损坏，必须按联锁防误操作程序进行操作。

认知 3　SF₆ 全封闭组合电器（GIS）

一、GIS 特点及分类

1. GIS 特点

GIS（Gas-Insulater Switchgear SF₆ 气体绝缘全封闭组合电器），于 20 世纪 60 年代中期是由美国制造出的，它的出现使高压电气设备发生了质的飞跃，目前正式投运的 GIS 最高电压为 800kV，第一台 800kV GIS 由 ABB 公司制造，于 1988 年 1 月投运在南非电力。

与常规变电站相比，GIS 具有以下特点：

（1）结构紧凑。据相关资料显示，电压等级越高，其占地面积越少。220kV GIS 设备占地面积只有常规设备的 1/3 左右，500kV GIS 设备占地面积只有常规设备的 1/4 左右。所以，GIS 对于山区水电站、人口稠密的城市来说非常适合。

（2）受周围环境因素的影响较小。由于 GIS 设备是全密封式的，电气元件全部密封在封闭的外壳内，与外界空气不接触，因此几乎不受周围环境影响。GIS 非常适合工业污染较严重地区、潮湿地区及高海拔地区。

（3）安装方便。由于 GIS 采用积木式结构，由若干气室单元组成，设备生产厂家将各个单元封闭运输到现场，安装对接非常方便，可以大大缩短现场施工周期。

（4）运行安全可靠、维护工作量少。由于 SF₆ 气体优良的绝缘和灭弧性质，以及 GIS 自身的特点，所以该设备运行安全可靠，维护工作量少。

（5）GIS 每一回路并不是运行在一个气压系统中，如断路器因需要灭弧，要求气压较高，SF₆ 气体压力为 0.5MPa，其他如母线、隔离开关等只需绝缘，要求气压较低，SF₆ 气体压力为 0.4MPa，所以每一个回路中都分成数个独立的气体系统，用盆式绝缘子隔开，成为若干个气隔。分成气隔后还可以防止事故范围扩大，并利于各元件分别检修，也便于更换设备。

（6）缺点。尽管 GIS 设备有很多优点，但是该设备却有价格昂贵，由于相邻单元距离很近，在某单元发生严重故障时很容易波及其他单元，造成更加严重的损失等缺点。

2. GIS 分类

（1）按结构形式分。根据充气外壳的结构形状，GIS 可以分为圆筒形和柜形两大类。第一大类依据主回路配置方式还可分为单相—壳形（即分相形）、部分三相—壳形（又称主母线三相共筒形）、全三相—壳形和复合三相—壳形 4 种。第二大类又称为 C-GIS，俗称充气柜，依据柜体结构和元件间是否隔离可分为箱形和铠装式两种。

（2）按绝缘介质分。其可以分为全 SF₆ 气体绝缘型（F-GIS）和部分气体绝缘型（H-GIS）两类。前者全封闭，而后者则有两种情况：一种是除母线外其他元件均采用气体绝缘，并构成以断路器为主体的复合电器；另一种是只有母线采用气体绝缘的封闭母线，其他元件均为常规的敞开式电器。

（3）按主接线方式分。常用的有单母线、双母线、一倍半断路器、桥形和角形多种接线方式。

我国的 GIS 设备研制工作起步于 20 世纪 60 年代。1971 年我国首次研制成功 110kV 设备，并投入运行。近年来国产 GIS 设备在我国电力系统中越来越多地使用，标志着我国 GIS 设备制造行业已经达到国际先进水平，如西开电气的 ZF9 - 252kV GIS、平高电气的 ZF11 - 252kV GIS 以及沈阳高压开关厂的 ZF6 - 110kV GIS，目前在全国都有广泛应用。图 12 - 19 所示为 110kV 单母线接线的 SF_6 全封闭组合电器配电装置的断面图。为便于支撑和检修，母线布置在下部。母线采用三相共箱式结构。

配电装置按照电气主接线的连接顺序，布置成 Π 形，使结构更紧凑，以节省占地面积和空间。该封闭组合电器内部分为母线、断路器、隔离开关及电压互感器等 4 个互相隔离的气室，各气室内 SF_6 压力不完全相同。

封闭组合电器各气室相互隔离，这样可以防止事故范围的扩大，也便于各元件的分别检修与更换。

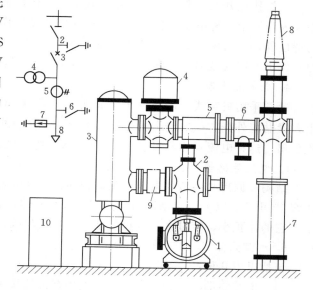

图 12 - 19　110kV 单母线接线的 SF_6 全封闭组合电器配电装置的断面图

1—母线；2—接地隔离开关；3—断路器；4—电压互感器；5—电流互感器；6—快速接地开关；7—避雷器；8—引线套管；9—波纹管；10—SF_6 断路器操动机构

二、GIS 结构组成

各组成元件的特点如下。

1. 断路器

组合电器的核心元件，是采用了灭弧性能优异的 SF_6 断路器，具有灭弧速度快、断流能力强的特点。断路器的布置方式有两种：一种是立式；另一种是卧式。一般在 220kV 以下的用立式，在 220kV 以上的用卧式。虽然断路器的布置方式不一样，但内部的结构和工作原理是一样的。目前断路器配置的操动机构主要有液压机构、弹簧机构、气动机构和弹簧液压机构。

2. 隔离开关

组合电器的隔离开关与传统敞开式隔离开关有很大区别，从外观上无明显的断开点，也不存在外绝缘问题。为了观察隔离开关的状态，在其断口附近设置玻璃观察口，但一般都采用分、合闸指示器显示。

隔离开关是 GIS 的标准元件之一。按功能分为可分为普通隔离开关和快速隔离开关两种。

（1）普通隔离开关。主要用于在线路无电流时切合和隔离电路，配电动操作机构，通过三极传动，实现三极联动操作。

（2）快速隔离开关。除具有普通隔离开关的特性外，还具有切合感应电流、小电磁电流及切合双母线环流的能力，其切环流为 1600A（20V），配弹簧操作机构。

3. 接地开关

接地开关也是 GIS 标准元件之一，按功能分可分为工作接地和快速接地两种。

工作接地开关主要用于工作维护接地，合闸后使不带电的主回路可靠接地，确保主回路及人身安全，配电动操作机构，三极实现联动操作。快速接地开关除具有普通接地开关的特性外，主要用于变电站的进线端，具有关合线路短路电流和切合线路感应电流的能力。保护 GIS 免受烧损。配弹簧操作机构，三极实现联动操作。

4. 电流互感器

通常采用贯穿式。器身置于金属筒内并充以 SF_6 气体作为绝缘。二次绕组绕在铁芯上，紧贴着外壳，一次绕组就是导体本身。二次引线通过一个绝缘的密封性能良好的接线板引出。这种电流互感器可装 2～4 个二次绕组，供给继电保护和测量仪表。

5. 电压互感器

结构和原理与一般的电压互感器相同，分为电容式和电磁式两种。电容式常用于电压等级 330kV 及以上，它制造简单、容量较小、体积较大。电磁式用于电压等级 330kV 以下，它的体积小、容量大、制造复杂，一旦出现故障，现场无法修复。

6. 过渡元件

包括以下几种：

（1）电缆终端。它是组合电器电缆出线的连接部分。为了绝缘试验的方便，电缆和组合电器之间设有隔离仓，以便在做试验时作隔离用。

（2）充气套管。它是组合电器与架空线路的连接部分，套管内充有 SF_6 气体。

（3）油气套管。它是组合电器与变压器的连接部分，套管的一侧在 SF_6 气体中，另一侧在变压器油中。

7. 母线

组合电器的母线分成三相共体式或单相式两种。三相共体式母线封闭于一个圆筒内，导电杆用盆式绝缘子支撑固定。其特点是外壳涡流损耗小，相应载流容量大，占地面积小。缺点是电动力大，可能出现三相短路。单相式母线每相封闭于一个圆筒内，优点是圆筒直径小，可分成若干气隔，回收 SF_6 气体工作量小，不会发生三相短路。缺点是占地面积大，涡流损耗大。

8. 避雷器

组合电器中一般采用氧化锌避雷器作为过电压保护，它结构简单，重量小，高度低，具有良好的保护特性。

小　　结

配电装置是变电站的重要组成部分。配电装置可分为屋内配电装置、屋外配电装置和成套配电装置。

配电装置中的各种尺寸，是综合考虑了设备外形、电气距离、设备搬运和检修等因素而确定的。屋内配电装置分为单层、双层和三层式 3 类。屋外配电装置有中型、高型和半高型。成套配电装置有低压配电屏、高压开关柜和 SF_6 封闭式组合电器等。一般 35kV 及以下采用屋内配电装置，在特殊情况下 110～220kV 也可采用屋内配电装置。屋外配电装置主要用于 110kV 及以上电压等级。成套配电装置多用于屋内。

思 考 练 习

1. 什么是最小安全净距？决定屋外配电装置的最小安全净距的因素是什么？
2. 配电装置应满足哪些基本要求？
3. 屋内配电装置和屋外配电装置各有何优、缺点？
4. 屋外配电装置的分类有哪几种？各有何特点？
5. 成套配电装置的分类有哪几种？各有何优、缺点？
6. SF_6 全封闭式组合电器的主要结构和优、缺点是什么？适用范围如何？

项目十三　发电厂、变电站防雷保护及接地

能力目标

（1）熟悉发电厂、变电站雷害的主要来源。

（2）熟悉主要的防雷设备及其选择。

（3）掌握发电厂、变电站防雷保护措施。

（4）熟悉接地装置及接地电阻的计算。

案例引入

问题：

1. 图 13-1 中工人师傅正在变电站装设避雷器，避雷器的作用是什么？一般应在什么位置装设避雷器？

图 13-1　避雷器安装现场

2. 变电站为什么要装设了避雷针？在哪装设？高度怎么确定？

3. 发电厂、变电站的接地装置是怎么构成的？对其有何要求？

任务一　发电厂、变电站的雷电过电压

认知 1　雷 电 过 电 压

雷电放电是由带电荷的雷云引起的放电现象，是自然界的一种气体放电现象，雷电放电引起的过电压称为大气过电压，又称外部过电压。大气过电压的幅值取决于雷电参数和防雷措施，与电网的额定电压没有直接关系。

大气放电产生的雷电流数值可达数十、甚至数百千安，从而引起巨大的电磁效应、机械效应和热效应。发电厂、变电站遭受雷害会造成电力系统设备损坏或停电，为了保证电

186

力系统安全、经济运行，必须有一定的防雷保护措施。

认知 2　发电厂、变电站雷害主要来源

一、发电厂、变电站雷害的主要来源

发电厂、变电站雷害的主要来源：一是雷直击于发电厂、变电站（简称直击雷）；二是雷击输电线路后向发电厂、变电站入侵（简称侵入波）。

1. 直击雷过电压

雷闪直接对电气设备放电所引起的过电压为直击雷过电压。当雷云向电气设备放电时，在电气设备上造成很高的对地电位，这种危险电位升高就是过电压。

2. 侵入波

发电厂、变电站存在着大量的进出线，若输电线路遭受直击雷或输电线路附近落雷在输电线路上产生感应雷，雷电波就会沿着输电线传到发电厂和变电站，在发电厂、变电站存在着大量的电气设备，就有可能遭受雷害。

输电线路附近落雷时，由于电磁感应在电气设备上感应出极性相反的过电压，称为感应雷过电压。三相的感应过电压相等，大小与雷电流的大小、雷击点的距离、导线的高度、有无屏蔽线等有关。

二、发电厂、变电站防雷的主要措施

发电厂、变电站防护直击雷的主要措施是避雷针；防护侵入波的主要措施是在发电厂、变电站装设避雷器，在靠近发电厂、变电站的地方设置进线段。

任务二　防雷设施及其选择

认知 1　防雷设施及其作用

一、发电厂、变电站主要防雷设施

发电厂、变电站主要防雷设施包括避雷针、避雷线、避雷器和接地装置。

二、防雷设施的作用

避雷针主要防止电气设备遭受直击雷；避雷线主要防止输电线路遭受直击雷；避雷器主要用于发电厂、变电站，防止雷电侵入波沿着输电线路传到发电厂、变电站，造成变压器、电压互感器或大型电动机绝缘的损坏。无论是避雷针、避雷线还是避雷器都需要通过接地装置进行接地，通过接地装置将雷电流泄入地下，降低加在设备上的过电压。

认知 2　避雷针和避雷线的保护范围

一、避雷针、避雷线的工作原理

避雷针、避雷线实质上是引雷的，当发生雷云放电时，一个良好接地的避雷针、避雷

线，能将雷电吸引到自身并安全地将雷电流引入大地，从而保护了避雷针、避雷线附近较低高度的设备和建筑物。

避雷针用于厂房、变电站等的保护，避雷线用于输电线、变电站等的保护。两者是由金属制成，要有足够的高度和良好的接地装置。

二、避雷针、避雷线的保护范围

1. 避雷针

（1）避雷针的组成及技术要求。避雷针由接闪器（避雷针的针端）、引下线和接地体组成。

接闪器宜采用圆钢或焊接钢管。根据针长的不同，采用圆钢的直径为 12～20mm，采用钢管的直径为 20～40mm，应热镀锌或涂漆。引下线一般采用圆钢或扁钢，优先采用直径为 6mm 的圆钢。采用多根引下线时，为了便于测量接地电阻以及检查引下线、接地线的连接状况，宜在各引下线距地 1.8m 处设置断接卡。建筑物的金属构件可作为引下线。

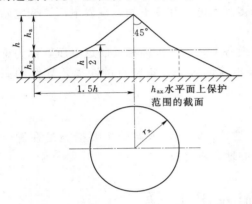

图 13-2 单只避雷针的保护范围

接地体为垂直埋设的，一般采用角钢、钢管、圆钢等，水平埋设的一般采用扁钢、圆钢等。圆钢直径不小于 $\phi10\text{mm}$，扁钢截面不小于 $25\text{mm}\times4\text{mm}$，角钢厚度不小于 4mm，钢管壁厚不小于 3.5mm，接地体的埋深不应小于 0.5m。

（2）避雷针保护范围的确定。避雷针的保护范围是指一个由实验决定的并由运行经验加以校验的空间，被保护物在此空间范围内遭受雷击的概率为 0.1%。设计其保护范围实际上是确定避雷针的高度和保护半径。

1）单支避雷针。单支避雷针的保护范围如图 13-2 所示。在高度为 h_x 的水平面上保护半径可按式（13-1）和式（13-2）计算，即

$$r_x = (h - h_x)P \quad (h_x \geqslant \frac{h}{2}) \qquad (13-1)$$

$$r_x = (1.5h - 2h_x)P \quad (h_x \leqslant \frac{h}{2}) \qquad (13-2)$$

式中 h——避雷针高度；

r_x——被保护物高度为 h_x 水平面上的保护半径；

P——考虑到当避雷针太高时保护半径不与针高成正比增大的校正系数。

当 $h \leqslant 30\text{m}$ 时，$P=1$；当 $30\text{m} \leqslant h \leqslant 120\text{m}$ 时，$P=5.5/\sqrt{h}$；$h > 120\text{m}$ 时按 120m 计算。

2）两支等高避雷针。两支避雷针联合使用，由于相互的屏蔽作用，使保护范围比两支单针保护范围大，如图 13-3 所示。其外侧保护范围可按单支避雷针的计算方法确定，

两针间的保护范围应按通过两针顶点及保护范围上部边缘最低点 O 的圆弧来确定。O 点高度 h_0 为

$$h_0 = h - \frac{D}{7P} \qquad (13-3)$$

式中　D——两避雷针间的距离。

　　为了保证两针联合保护的效果，两根避雷针之间的距离与针高之比 D/h 不宜大于 5。两针间 h_x 水平面上保护范围一侧的宽度 b_x 为

$$b_x = 1.5(h_0 - h_x) \qquad (13-4)$$

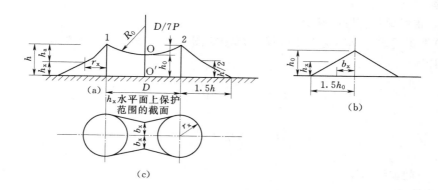

图 13-3　两等高避雷针的保护范围

（a）保护范围；（b）O—O′截面；（c）保护范围的截面

　　3）多支等高避雷针的保护范围。3 针联合保护范围如图 13-4（a）所示。3 针形成的三角形 1—2—3 的外侧保护范围分别按两支避雷针的方法确定；内侧保护范围，在被保护物最大高度的水平面 h_x 上，按求相邻两针间的保护单侧宽度 b_x 的数值决定，只要每两支避雷针的内侧 $b_x > 0$，则 3 针所覆盖的面积都得到保护。4 支及以上，可以划分为几个三角形分别核算，如图 13-4（b）所示。

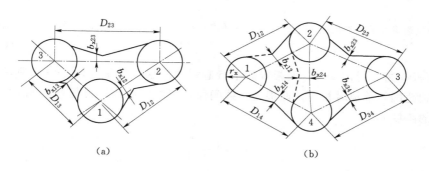

图 13-4　3 支和 4 支等高避雷针的保护范围

（a）3 支等高避雷针；（b）4 支等高避雷针

2. 避雷线

避雷线又称架空地线，主要用来保护线路，也可用来保护发电厂和变电站，其保护原理同避雷针。

（1）避雷线的组成及技术要求。避雷线由悬挂在空中的水平接地导线、接地引下线和接地体组成。

接地导线一般采用镀锌钢绞线，应具有足够的机械强度，截面积不小于 35mm^2。避雷线的布置，应尽量避免万一其断落时造成大面积停电事故。因而应尽量避免避雷线相互交叉的布置方式。当避雷线附近（侧面或下面）有电气设备、导线或 35kV 及以下构架时，应验算避雷线对上述设备的间隙距离。为降低雷击过电压，其接地电阻一般不宜超过 10Ω（工频）。

（2）避雷线保护范围的确定。

1）单根避雷线。单根避雷线的保护范围如图 13-5 所示，并可按式（13-5）和式（13-6）计算

$$r_x = 0.47(h - h_x)P \quad (h_x \geqslant \frac{h}{2}) \tag{13-5}$$

$$r_x = (h - 1.53h_x)P \quad (h_x \leqslant \frac{h}{2}) \tag{13-6}$$

式中　h——避雷线高度；

其他符号意义同式（13-2）、式（13-3）。

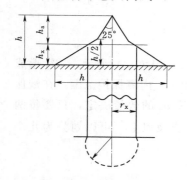 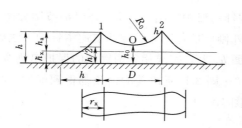 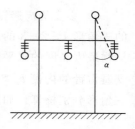

图 13-5　单根避雷线的保护范围　　图 13-6　两等高平行避雷线的保护范围　　图 13-7　避雷线对导线的保护角

2）两根等高平行避雷线。两根等高平行避雷线的保护范围如图 13-6 所示。避雷线外侧的保护范围与单根时相同。两根避雷线间保护范围上部边缘最低点 O 和线 1、2 点确定。O 点的高度 h_0 为

$$h_0 = h - \frac{D}{4P} \tag{13-7}$$

式中　D——两根避雷线间的距离。

工程实际中常用保护角表示避雷线对输电线的保护程度。保护角指避雷线与外侧导线

之间的夹角，如图 13-7 中的 α 角。α 角越小，导线就越处在保护范围之内，保护也就越可靠。得到可靠保护。在设计输电线的杆塔时，一般取 $\alpha=20°\sim30°$，即认为导线已得到可靠保护。

认知 3　避雷器的类型、原理及使用

一、避雷器的类型

避雷器的类型可分为保护间隙、管形避雷器、阀型避雷器和氧化锌避雷器。目前应用最多的是氧化锌避雷器，少部分采用阀型避雷器。这里仅介绍这两种避雷器。

二、对避雷器的基本要求

避雷器实质上是一种放电器，并联接在被保护设备的附近，如图 13-8 所示。对避雷器的基本要求如下：

（1）当过电压超过一定值时，避雷器发生放电（动作），将导线经接地电阻接地，以限制过电压。

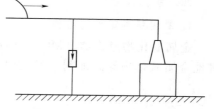

图 13-8　避雷器保护作用示意图

（2）在过电压作用过去后，能迅速地截断在工频电压作用下的电弧，使电力系统恢复正常运行，以免供电中断。

由于避雷器放电接地，就形成了系统对地短路，因为冲击电流放电时间极短，一般不会造成继电器动作。但当避雷器放电时，由于工作过电压的作用，当冲击过电压消失后，仍然有工频电弧电流流过避雷器，称为工频续流。如果工频续流持续时间过长，将造成工频短路，使继电器动作，造成停电事故。要求冲击电压过后，工频续流在第一次过零时即应切断。

三、阀型避雷器

1. 阀型避雷器的结构

阀型避雷器的基本元件为火花间隙和非线性电阻。间隙元件由多个统一规格的单个放电间隙串联而成。非线性电阻元件由多个非线性阀片电阻串联而成。间隙与阀片电阻也相互串联，如图 13-9 所示，组装在瓷套中。阀片电阻由碳化硅（SIC，亦称金刚砂）与粘合剂烧结成圆饼状。

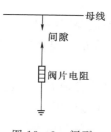

图 13-9　阀型避雷器接线

2. 阀型避雷器的工作原理

在系统正常工作时，间隙将阀片电阻与工作母线隔离。当系统中出现雷闪过电压且幅值超过间隙的放电电压时，间隙先被击穿，雷电流通过阀片流入大地。由于阀片的非线性特性，其电阻在流过大的雷电流时变得很小，故雷电流在阀片上产生的压降（称为残压）较小，即限制了被保护设备的过电压值，不至于危及其绝缘。当过电压消失后，间隙中由工作电压产生的工频续流仍将流过避雷器，此时阀片电阻值变得很大，从而限制了工频续流，使间隙能在工频续流第一次过零时将电弧熄灭，使电网恢复正常运行。

3. 阀型避雷器分类及使用

阀型避雷器主要分为普通型避雷器和磁吹型避雷器两类。磁吹型与普通型主要不同之处是间隙上附有磁吹线圈，使间隙绝缘恢复快、灭弧能力强、残压更低。

普通型有 FS 和 FZ 两种系列。FS 系列是配电网阀型避雷器，可用来保护小容量的配电装置，FZ 系列是电站阀型避雷器，用来保护变电站中的电气设备。

磁吹型避雷器有 FCD 和 FCZ 两种系列。FCD 系列用于保护旋转电机，FCZ 系列用于保护变电站的高压电气设备。

四、氧化锌避雷器

1. 氧化锌避雷器的结构

金属氧化物避雷器（MOA）的阀片电阻是以氧化锌（ZnO）为主要材料，掺以少量其他金属氧化物等添加剂，经高温烧结制成的具有良好非线性特性的压敏电阻，又称压敏避雷器。氧化锌阀片具有很理想的伏安特性，图 13-10 所示是氧化锌阀片与碳化硅阀片的伏安特性曲线，也可用式（13-8）表示，即

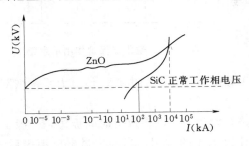

图 13-10　ZnO、SiC 阀片伏安特性比较

$$u = Ci^{\alpha} \qquad (13-8)$$

式中　C——常数，与阀片的材料有关；

　　　α——非线性系数。

阀型避雷器低温阀片 $\alpha \approx 0.2$；氧化锌避雷器 $\alpha \approx 0.01 \sim 0.04$。假定 ZnO、SiC 电阻阀片在 10^4 A 电流下的残压相同，而在正常工作相电压作用下流过 SiC 阀片的电流约为 100A，如果不串联间隙，将烧坏阀片，而流过 ZnO 阀片的电流在 10^{-5} A 以下，如此小的电流使 ZnO 阀片相当于一个绝缘体，由它构成的避雷器完全可以无间隙地安全运行。

2. 氧化锌避雷器的优点

（1）保护性能优越，被保护电气设备所受过电压可以降低。它不需要间隙动作，电压稍微升高，即可迅速吸收高电压的能量，提高了保护效果，由于 ZnO 的优良的非线性伏安特性，使被保护设备上的电压降低。

（2）通流容量大。氧化锌避雷器的通流能力，仅与阀片本身的通流性能有关，比碳化硅阀片单位面积的通流能力大 4～4.5 倍。可以限制雷电过电压和操作过电压。

（3）无续流、动作负载轻、耐重复动作能力强。氧化锌避雷器的续流为微安级，实际上可视为无续流。所以在雷电或操作冲击电压下，只需吸收过电压能量，不需吸收续流能量，因而动作负载轻；再加上它的通流容量大，所以具有耐受多重雷击和重复发生的操作过电压的能力。

（4）适于大批量生产，造价低。

3. 氧化锌避雷器的适用场合

目前氧化锌避雷器广泛用于各电压等级的变电站和气体绝缘变电站 GIS 中。

任务三　发电厂、变电站的防雷保护措施

认知1　发电厂、变电站的直击雷保护

发电厂、变电站一旦遭受雷击将造成供电的中断，因此必须有可靠的防雷保护措施。发电厂、变电站雷害主要来自两个方面：一是雷直击于发电厂、变电站；二是雷击输电线后向发电厂、变电站入侵的雷电波。

一、变配电所的直击雷保护满足的要求

发电厂、变电站的直击雷保护通常采用装设避雷针或避雷线进行保护。其得到保护的要求如下：

（1）所有被保护设备（电气设备、配电装置、建筑物、组合导线、母线廊道、制氢站、储气站等）均应处于避雷针、线的保护范围内。

（2）防止反击，被保护设施离避雷针有一定距离。当避雷针（线）遭受雷击时，雷电流通过避雷针入地，使避雷针对地电位升高，有可能对被保护设备放电造成"反击"。为此，要求避雷针（线）与被保护设备之间应有足够的绝缘距离。

图13-11所示是用独立避雷针进行直击雷保护的示例。为了防止避雷针与被保护设备或构架之间的空气间隙 S 不被击穿，要求一般情况下 S 不应小于5m；同样为防止避雷针接地装置和被保护设备接地装置在土壤中的间隙 S 被击穿，S 不应小于3m。

当避雷针落雷，雷电流流过避雷针和接地装置时电压要升高，如图13-11所示，若 S 距离较小，避雷针（或接地体）的高电位会对电气设备（或接地体）放电。简言之，避雷针落雷后高电位对周围设施放电，称为"反击"。

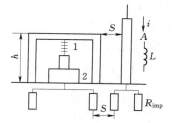

图13-11　独立避雷针
直击雷保护示意图
1—母线；2—变压器

二、变电站直击雷保护措施

（1）对于35kV及以下高压配电装置构架或房顶不宜装避雷针。因其绝缘水平较低，易造成反击。

35kV配电装置，土壤电阻率不大于500Ω·m的地区，允许将线路的避雷线连接在构架上，并装设集中接地装置。土壤电阻率大于500Ω·m的地区，避雷线应架设到线路终端杆塔为止。从线路终端杆塔到配电装置的一挡线路的保护，可采用独立避雷针，也可在线路终端杆塔上装设避雷针。

（2）对于110kV及以上的变电站，因绝缘水平较高，可以将避雷针直接装设在配电装置的构架上，而不会造成反击事故。在土壤电阻率大于1000Ω·m的地区，不宜装设构架避雷针，宜装设独立避雷针。

110kV及以上配电装置，可以将线路的避雷线引接门形构架上，在土壤电阻率大于1000Ω·m的地区，应装设集中接地装置。

（3）独立避雷针宜设独立的接地装置。在非高土壤地区，其接地电阻不宜超过 10Ω。当有困难时，该接地装置可与主接地网连接，但避雷针与主接地网的地下连接点至 35kV 及以下设备与主接地网的地下连接点之间，沿接地体的长度不得小于 15m，以防发生反击。

（4）发电厂的主厂房、主控制室和配电装置室一般不装设直击雷保护装置。为保护其他设备而装设的避雷针，不宜装在独立的主控室和 35kV 及以下变电站的屋顶上。但采用钢结构或钢筋混凝土结构等有屏蔽作用的建筑物的车间变电站可不受此限制。

（5）由于变压器的绝缘较弱，同时变压器又是变电站中最重要的设备，除特殊条件下，一般不应在变压器的门形构架上装设避雷针。

认知 2　变电站侵入波保护

一、发电厂、变电站的雷电侵入波防护措施

（1）靠近变电站 1～2km 的一段线路（叫进线段）必须加强防雷保护。

（2）在发电厂、变电站装设避雷器。

二、进线段保护

（1）进线段。对 35kV 及以上线路，在靠近变电站的一段进线上必须架设 1～2km 的避雷线，此段进线称为进线段。对未全线架设避雷线的 30～110kV 线路，在进线段内架设避雷线；对全线装有避雷线的线路，也将靠近变电站 1～2km 的线段列为进线段，如图 13-12 所示。

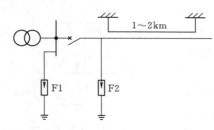

图 13-12　35kV 及以上变电站
进线保护接线

如果变电站进线的断路器或隔离开关在雷雨季节经常断开，而线路又带电，则必须在靠近开关处装设一组避雷器 F2，以防沿线有雷电波入侵时，在开关的断开点电压升高，而造成对地闪络。

（2）对进线段的要求。

1）进线段具有较高的绝缘耐雷水平（耐雷水平指雷击输电线路时，线路绝缘不发生闪落的最大雷电流幅值）。

2）输电线的保护角较小，不宜超过 20°，最大不应超过 30°，以减少绕击的机会。这样，在进线段内绕击率（雷绕过避雷线击于导线上的概率）或反击的机会非常小。最不利的情况是进线段首端落雷。

（3）进线段保护的作用。进线段的作用在于限制流经避雷器的雷电流和限制侵入波的陡度。

对于 35～110kV 无避雷线的线路，则雷击变电站附近线路的导线上时，流经避雷线的雷电流可能超过 5kA（因为 220kV 及以下的变电站中流过避雷器的雷电流按 5kA 考虑），而且来波的陡度 a 也可能超过允许值，故架设进线段可限制流经避雷器的雷电流和限制侵入波的陡度。

在进线段以外落雷时，则由于导线本身阻抗的作用使流经避雷器的雷电流受到限制，同时，由于在进线段首段落雷，由于导线上冲击电晕的影响将使侵入波的陡度和幅值下降。

三、变电站中避雷器与设备距离的要求

变电站中设备上所受冲击电压的最大值可用式（13-9）表示，即

$$U = U_{r.5} + 2a\frac{l}{v}k \qquad (13-9)$$

式中 $U_{r.5}$——避雷器 5kA 下的残压；

       a——来波陡度；

       l——避雷器与被保护设备间的距离；

       k——修正系数；

       v——来波速度。

由式（13-9）可见，来波陡度越小、避雷器与被保护设备间的距离越小，设备上的雷电压越低。设备上的雷电压应小于设备的绝缘水平，当设备的绝缘水平一定时，避雷器与被保护的电气设备之间存在最大电气距离。表 13-1 给出了金属氧化物避雷器至主变压器之间的最大电气距离，对其他电气设备可相应增加 35%。

表 13-1   **金属氧化物避雷器至主变压器之间的最大电气距离**   单位：m

系统标称电压（kV）	进线段长度（km）	进 线 路 数			
		1	2	3	4
110	1	50	85	105	115
	1.5	90	120	145	165
	2	120	170	205	230
220	2	125（90）	195（140）	235（170）	265（190）

注 1. 本表也适用于碳化硅磁吹避雷器。

     2. 表中括号内距离对应雷电冲击全波耐受电压为 850kV。

四、变电站防雷保护配置

（1）具有架空进线的 35kV 及以上发电厂、变电站敞开式高压配电装置中避雷器的配置。

1）每组母线上应装设避雷器。避雷器与主变压器及其他被保护设备的电气距离应满足要求。

2）架空进线采用双回路杆塔，有同时遭受雷击可能，确定避雷器与主变压器最大电气距离时应按一路考虑。

（2）有效接地系统中的中性点不接地的变压器，如中性点采用分级绝缘且未装设保护间隙，中性点宜选金属氧化物避雷器。中性点采用全绝缘，但变电站为单进线且未单台变压器运行，也应在中性点装设防雷保护装置。

接地、消弧线圈接地和高阻抗接地系统中的变压器中性点。一般不装设保护装置，但

多雷区单进线时，宜装设保护装置；中性点有消弧线圈的变压器，如有单进线运行可能，也应在中性点装设保护装置。

（3）自耦变压器必须在两个自耦的绕组出线上装设避雷器。

（4）与架空线路连接的三绕组变压器，当低压绕组有开路运行可能时，应在变压器低压侧绕组三相出线上装设避雷器，但该绕组连有 25m 及以上金属外皮电缆段，可不必装设避雷器。

（5）变电站 3～10kV 配电装置（包括电力变压器），应在每组母线和架空进线上装设避雷器，如图 13-13 所示。

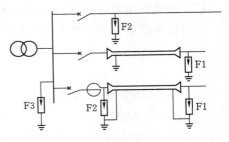

图 13-13 3～10kV 配电装置雷电侵入波的保护接线

（6）SF₆ 全封闭组合电器（GIS）变电站的雷电侵入波过电压保护。66kV 及以上进线无电缆段的 GIS 变电站，在 GIS 管道与架空线路的连接处，应装设避雷器，其接地端应与管道金属外壳连接。图 13-14 所示为三芯电缆进线的 GIS 变电站保护接线。

66kV 及以上进线有电缆段的 GIS 变电站，在电缆段与架空线路的连接处应装设避雷器，其接地端应与电缆的金属外皮连接。对连接电缆段的 2km 架空线路应架设避雷线。

（7）旋转电机的防雷保护。直接与架空线路相连的旋转电机（包括发动机、调相机、大型电动机等）称为直配电机。直馈线的电压等级都在 10kV 以下，绝缘水平较低。雷击线路或邻近线路的大地产生的直击雷或感应雷，都有可能沿线路入侵，危及直配电机的绝缘。一般采用避雷器与电容并联来限制雷电入侵波陡度，直配发动机防雷保护的接线如图 13-15 所示。

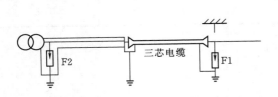

图 13-14 三芯电缆进线的 GIS 变电站保护接线

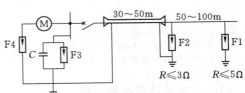

图 13-15 1500kW 及以下直配电机的保护接线

认知 3 发电厂、变电站防雷保护配置实例

发电厂、变电站的防雷设计主要包括以下内容：

（1）主要根据变电站配电装置的布置、配电装置的高度等条件来确定避雷针的个数、高度、位置，并绘制避雷针防雷保护图。

（2）完成主接线图的避雷器布置。

图 13-16 是某 110kV 变电站主接线图，图中画出了母线及变压器的防雷保护配置。

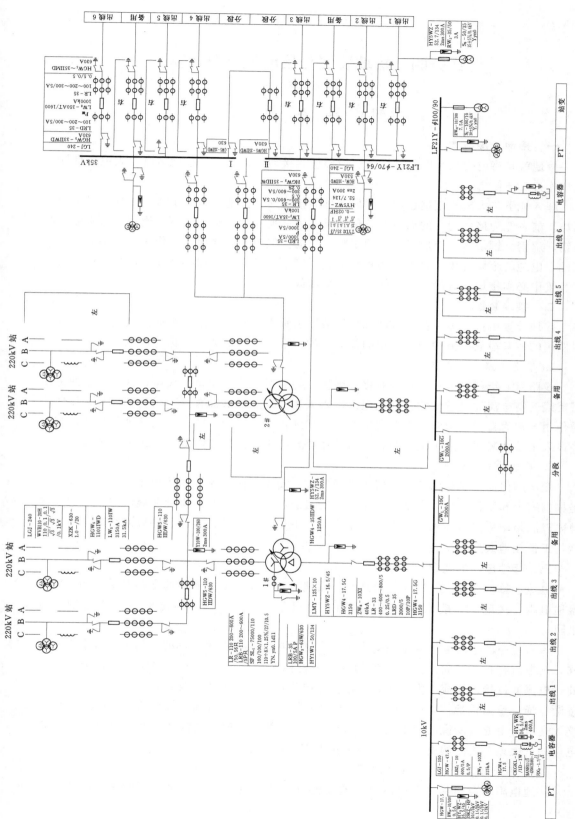

图 13-16 某 110kV 变电站主接线

任务四　接地装置与接地电阻的计算

认知1　基　本　概　念

一、接地、接地体

接地就是将电力系统中电气设备、设施应该接地的部分，经接地装置与大地作良好的电气连接。

埋入地下与大地直接接触的金属导体称为接地体。接地体有人工接地体和自然接地体两类。前者专为接地的目的而设置，包括垂直埋入地中的钢管、角钢、槽钢，水平敷设的圆钢、扁钢、铜带等。而后者主要用于别的目的，但也兼起接地体的作用，如钢筋混凝土基础、电缆的金属外皮、轨道、各种地下金属管道等都属于自然接地体。连接接地体与电气装置中必须接地部分的金属导体，称为接地线。

二、接地装置

接地装置由接地体和接地线两部分组成。由垂直和水平接地体组成的供发电厂、变电站使用的兼有泄放电流和均压作用的较大型的水平网状接地装置，称为接地网。

1. 架空线路的接地装置

线路每一级杆塔下一般都设有接地装置，并通过引线与避雷线相连，其目的是使击中避雷线的雷电流通过较低的接地电阻而进入大地。线路杆塔都有混凝土基础，起着接地体的作用，称为自然接地体。大多数情况下，单纯依靠自然接地体是不能满足要求的，需要装设人工接地装置。人工接地装置一般采用垂直与水平接地体组成的复式接地装置。

2. 变电站的接地装置

变电站内需要良好的接地装置以满足工作、安全和防雷保护的接地要求。一般的做法是根据安全和工作接地要求敷设一个统一的接地网，然后再在避雷针和避雷器下面增加接地体以满足防雷接地要求，或者是在防雷装置下敷设单独的接地体。一般避雷器的防雷接地与工作接地共用一个接地网。

三、接地电阻的概念

电流经接地体流入大地时，接地线、接地体和电流散流所遇到的全部电阻之和，称为接地电阻。接地线、接地体本身的电阻一般可忽略不计，因此接地电阻主要是指流散电阻。

流入地中的电流通过接地极向大地做半球形扩散时，如果土壤的电阻率在各个方向相同，则电流在各个方向的分布是均匀的，可近似认为电流沿一个半球体向大地散流。因此，电流通过接地体流入大地时，接地体的电位最高，随着离开接地体的距离增加，电位逐渐下降。至离接地体 $15\sim20\mathrm{m}$ 处，土壤电阻已小到可以忽略不计，该点电位降至零，这才是电工上通常所说的"地"。电气设备的接地部分，如接地的外壳和接地体等，与零电位的"大地"之间的电位差，就称为接地部分的对地电压。

1. 工频接地电阻、冲击接地电阻

接地电阻的数值等于接地体对大地零电位区域的电压与流经接地体的全部电流的比

值。按通过接地体流入地中的工频电流求得的电阻，称为工频接地电阻，通常简称接地电阻；按通过接地体流入地中的冲击电流求得的电阻，称为冲击接地电阻。工作接地、保护接地中的接地电阻都是指工频接地电阻。

2. 冲击系数

冲击接地电阻 R_i 和工频接地电阻 R_e 的比值称为冲击系数 α，即

$$\alpha = \frac{R_i}{R_e} \tag{13-10}$$

从物理过程看，防雷接地与另两种接地比较有两个显著特点：一是雷电流幅值大；二是雷电流的等值频率高。雷电流幅值大，就会使地中电流密度 δ 增大，因而提高了土壤中的电场强度，在接地体附近尤为显著。若此电场强度超过土壤击穿场强时会发生局部火花放电，使土壤中电导增大，结果使接地装置在冲击电流作用下的接地电阻小于工频电流下的数值。雷电流等值频率高，会使接地体本身呈现明显的电感作用，阻碍电流向接地体远方流动，对于长度较长的接地体这种影响更为显著，结果使接地体得不到充分利用，使接地装置流过冲击电流时的接地电阻值大于工频接地电阻值。

由于上述两种原因，同一接地装置在冲击电流和工频电流下，将具有不同的电阻值。一般情况下，由于火花放电效应大于电感作用效应，故 $\alpha < 1$；但在接地体很长时，也有可能 $\alpha > 1$。

四、接触电压和跨步电压

当变压器一相绝缘损坏形成导体碰壳时，则接地电流通过地中的接地体向四周散流，接地体周围大地表面的电位分布情况。

在地面上离设备水平距离 0.8m 处沿设备外壳离地面垂直距离 1.8m 处两点之间的点位差，称接触电势。如图 13-17 所示，人站在距设备 0.8m 处，人触及外壳，人手与脚之间的电压为接触电压 U_{tou}。在故障设备周围的地面上，水平距离 0.8m 的两点之间的点位差，称跨步电势。人在地面上行走，人两脚之间（一般 0.8m）所承受的电压，称跨步电压 U_{step}。

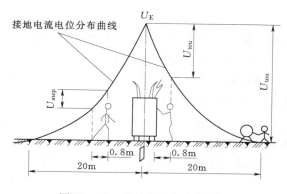

图 13-17 接触电压和跨步电压

人体所承受的接触电压和跨步电压，与所接触两点间的电位差值以及脚对地面接触电阻的大小有关。上述电压都可能达到很高数值，使通过人体的电流超过危险值，为了保证工作人员的安全，在接地装置设计和施工时，应使这两个电压在允许值以下。

认知 2 接地装置的分类

电力系统中电气装置、设施的某些可导电部分应接地。电气装置的接地按用途可分为工作接地、保护接地、防雷接地和防静电接地。

（1）工作接地。在正常或事故情况下，为了保证电气设备可靠运行而必须在电力系统中某一点进行接地，称为工作接地。这种接地有可直接接地或经特殊装置接地。

例如，中性点直接接地系统中，变压器和旋转电机的中性点接地、非直接接地系统中，经其他装置接地等都属于工作接地。

（2）保护接地。为防止因绝缘损坏而遭受触电的危险，将与电气设备带电部分相绝缘的金属外壳或构架同接地体之间做良好的连接，称为保护接地。

（3）防雷接地。为雷电保护装置向大地泄漏雷电流而设的接地，避雷针、避雷线和避雷器的接地就属于防雷接地。

（4）防静电接地。为防止静电对易燃油、天然气储罐等危险作用而设的接地。

发电厂、变电站内，不同用途和电压的电气装置、设施，应使用一个总的接地装置，接地电阻应符合其中最小值的要求。

认知3　发电厂和变电站接地电阻的一般要求

一、各类电气装置的接地电阻

（一）发电厂、变电站电气装置的接地电阻

1. 发电厂、变电站电气装置保护接地的接地电阻

（1）有效接地和低电阻接地系统中发电厂、变电站电气装置保护接地的接地电阻宜符合下列要求：

一般情况下，接地装置的接地电阻应符合

$$R_d \leqslant \frac{2000}{I} \qquad (13-11)$$

式中　R_d——考虑到季节变化的最大接地电阻，Ω；

　　　I——计算用的流经接地装置的入地短路电流，A。

当接地装置的接地电阻不符合式（13-11）的要求时，可通过技术经济比较增大接地电阻，但不得大于5Ω。

（2）不接地、经消弧线圈接地和高电阻接地系统中，发电厂、变电站电气装置保护接地的接地电阻应符合下列要求：

高压电气装置与发电厂、变电站电力生产用低压电气装置共用的接地装置应符合

$$R_d \leqslant \frac{120}{I} \qquad (13-12)$$

但不应大于10Ω。

高压电气的接地装置应符合式（13-13），即

$$R_d \leqslant \frac{250}{I} \qquad (13-13)$$

式中　R_d——考虑到季节变化和最大接地电阻，Ω；

　　　I——计算用的接地故障电流，A。

但不宜大于10Ω（变电站的接地电阻值，可包括引进线路的避雷线接地装置的流散作用）。

2. 发电厂、变电站电气装置雷电保护接地的接地电阻

（1）独立避雷针（含悬挂独立避雷线的构架）的接地电阻，在土壤电阻率不大于 $500\Omega \cdot m$ 的地区不应大于 10Ω；在高土壤电阻率地区接地电阻应符合《交流电气装置的过电压保护和绝缘配合》（DL/T 620—1997）的要求。

（2）变压器门形架上避雷针、避雷线的接地电阻应符合《交流电气装置的过电压保护和绝缘配合》（DL/T 620—1997）的要求。

（3）发电厂和变电站有爆炸危险且爆炸后可能波及发电厂和变电所内主设备或严重影响发、供电的建（构）筑物，防雷电感应的接地电阻不应大于 30Ω。

（4）发电厂的易燃油和天然气设施防静电接地的接地电阻不应大于 30Ω。

（二）配电装置的接地电阻

（1）工作于不接地、经消弧线圈接地的和高电阻接地系统、向建筑物电气装置供电的配电装置，其保护接地的接地电阻应符合下列要求：

1）与建筑物电气装置系统电源接地点共用的接地装置。

配电变压器安装在由其供电的建筑物外时，接地电阻应符合式（13-14）的要求，即

$$R_d \leqslant \frac{50}{I} \tag{13-14}$$

式中 R_d——考虑到季节变化接地装置最大接地电阻，Ω；

  I——计算用的单相接地故障电流；消弧线圈接地系统为故障点残余电流，但不应大于 4Ω，配电变压器安装在其供电的建筑物内时，不宜大于 4Ω。

2）非共用的接地装置 R_d 应小于 $250/I$，但不应大于 10Ω。

（2）低电阻接地系统的配电电气装置，其保护接地的接地电阻 R_d 应小于 $\frac{2000}{I}$。

（3）保护配电变压器的避雷器的接地应与变压器保护接地共用接地装置。

（4）保护配电柱上断路器、负荷开关和电容器组等的避雷器的接地线应与设备外壳相连，接地装置的接地电阻不应大于 10Ω。

二、防雷及防静电接地装置的接地电阻要求

根据防雷设备的类别及系统运行情况等因素而定。常用防雷设备接地电阻允许值如表 13-2 所示。

表 13-2   **防雷设备的接地电阻允许值**

防 雷 设 备 名 称	接地电阻（Ω）
在变电站屋外部分单独装设的避雷针	25
装设在变电站架空线路进线上的避雷针	25
装设在变电站与母线连接的架空进线上的管形避雷器，在电气设备上与旋转电机无联系者	10
装设在变电站与母线连接的架空进线上的管形避雷器，但在电气设备上与旋转电机在电气上有联系者	5
装设在 20kV 及以上架空线路交叉处跨距电杆上的管形避雷器	15

防 雷 设 备 名 称	接地电阻（Ω）
装设在 35～110kV 架空线路中以及在绝缘较弱处木质电杆上的管形避雷器	15
装设在 20kV 以下架空线路电杆上的放电间隙，以及装设在与 20kV 及以上架空线路相交叉的通信线电杆上的放电间隙	25

认知 4　电气装置中保护接地的范围

一、电气装置和设施下列金属部分均应接地

（1）电机、变压器和高压电器等的底座和外壳。

（2）电气设备传动装置。

（3）互感器的二次绕组。

（4）发电机中性点柜外壳、出线柜及封闭母线的金属外壳。

（5）配电、控制、保护用的屏（柜、箱）及操作台的金属框架。

（6）气体绝缘全封闭组合电器（GIS）的接地端子。

（7）屋内外配电装置的金属和钢筋混凝土构架、靠近带电部分的金属围栏和金属门。

（8）交直流电力电缆接线盒、终端盒的金属外壳，电缆的金属外皮、穿线的钢管和电缆桥架等。

（9）铠装控制电缆的金属外皮。

（10）装有避雷线的电力线路杆塔。

（11）在非沥青地面的居民区内，小接地短路电流系统中无避雷线的架空电力线路的金属杆塔和钢筋混凝土杆塔。

（12）装在配电线路杆塔上的开关设备、电容器等电气设备。

（13）箱式变电站的金属箱体。

（14）直接接地的变压器中性点。

（15）变压器、发电机、高压并联电抗器中性点所接消弧线圈、接地电抗器、电阻器或变压器等的接地端子。

（16）避雷器、避雷针、避雷线等的接地端子。

（17）主控室、配电室和 35kV 及以下变电站的屋顶上，如装设直击雷保护装置时，为金属屋顶或屋顶上有金属结构，则将金属部分接地；若屋顶为钢筋混凝土结构，则将其焊接成网状接地。

二、电气设备和电力生产设施金属部分可不接地

（1）安装在已接地的金属构架上的设备金属外壳。

（2）安装在配电屏和控制屏以及配电装置上的电气测量仪表、继电器和其他低压电器等的外壳，以及当发生绝缘损坏时在支持物上不会引起危险电压的绝缘子金属底座等。

（3）在木质、沥青等不良导电地面的干燥房间内，交流额定电压 380V 及以下、直流额定电压 220V 及以下的电气设备外壳，但当维护人员有可能同时触及电气设备外壳和接地物件时除外。

（4）额定电压 220V 及以下的蓄电池室内的金属支架。

（5）发电厂、变电站区域的铁路轨道。

（6）与已接地的机床底座之间有可靠电气接触的电动机和电器的外壳，但爆炸危险场所除外。

认知 5　典型接地体接地电阻的计算

工程实用的接地装置采用的接地体主要由扁钢、圆钢、角钢或钢管组成，分为水平接地体和垂直接地体两类。

一、单根垂直接地体

当 $L \gg d$ 时

$$R_e = \frac{\rho}{2\pi L}\left(\ln\frac{8L}{d} - 1\right) \quad \Omega \tag{13-15}$$

式中　ρ——土壤电阻率，$\Omega \cdot m$；

　　　L——接地体的长度，m；

　　　d——接地体的直径，m（当用其他形式钢材时，如为等边角钢：$d = 0.8b$，b 为每边宽度；如为扁钢：$d = 0.5b$，b 为扁钢宽度）。

二、多根垂直接地体

当单根垂直接地体的接地电阻不能满足要求时，可用多根垂直接地体并联的方法来解决，但 n 根并联后的接地电阻并不等于 R_e/n，而是要大一些，这是因为它们溢散的电流相互之间存在屏蔽效应的缘故。此时的接地电阻为

$$R'_e = \frac{R_e}{n\eta} \tag{13-16}$$

式中　η——利用系数，一般取 0.65～0.8。

三、水平接地体

$$R_e = \frac{\rho}{2\pi L}\left(\ln\frac{L^2}{hd} + A\right) \quad \Omega \tag{13-17}$$

式中　L——水平接地体的总长度，m；

　　　h——水平接地体的埋深，m；

　　　d——接地体的直径，m；

　　　A——形状系数，反映各水平接地体之间的屏蔽影响，其值可从表 13-3 查得。

表 13-3　　　　　　　　　　　　　接地体形状及其系数

序号	1	2	3	4	5	6	7	8
接地体形状	—	L	＜	○	×	□	✕	✳
形状系数	−0.6	−0.18	0	0.48	0.89	1	3.03	5.65

由表 13-3 中可见，总长 L 相同时，由于形状不同，A 值会有显著差别。如其中序号 7、8 两种形状，接地体利用很不充分，不宜采用。

四、以水平接地体为主且边缘闭合的复合接地体（接地网）

$$R_e = \frac{\sqrt{\pi}}{4} \cdot \frac{\rho}{\sqrt{S}} + \frac{\rho}{2\pi L} \ln \frac{L^2}{1.6hd \times 10^4} \quad \Omega \qquad (13-18)$$

式中　S——接地网总面积，m^2；

　　　L——接地体总长度，包括垂直接地体在内，m；

　　　d——水平接地体的直径或等效直径，m；

　　　h——水平接地体的埋深，m。

五、人工接地体工频接地电阻简易计算

典型接地体工频接地电阻的简易计算公式见表 13-4。

表 13-4　　　　　　　　　　　　人工接地体工频接地电阻估算式

接地体形式	估算公式	备　　注
垂直式	$R \approx 0.3\rho$	长度为 3m 左右的接地体
单根水平式	$R \approx 0.03\rho$	长度为 60m 左右的接地体
复合式接地网	$R \approx 0.5\rho/\sqrt{S}$ 或 $R \approx (\rho/4R) + (\rho/L)$	S 为大于 100m^2 的闭合接地网的总面积；L 为接地体总长；r 为与接地网面积 S 等值的圆的半径，即等效半径（m）

由上述公式计算出的是工频接地电阻值，若计算雷电流作用下的冲击接地电阻，只需乘以冲击系数 α 即可。α 的值可根据分析和试验得到。

认 知 6　接 地 装 置 的 敷 设

一、接地装置的布置

按接地装置的布置，接地体可分为外引式接地体和环路式接地体两种。接地线分为接地线和接地支线。接地装置的布置如图 13-18 所示。

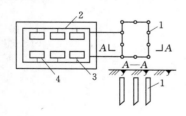

图 13-18　接地装置的布置
1—接地体；2—接地干线；3—接地支线；
4—电气设备

在设计和装设接地装置时，应首先充分利用自然接地体，以节约投资和钢材。如果经实地测量自然接地体已经能够满足接地要求时，一般可不再装设人工接地装置（大电流接地系统的发电厂和变电站除外），否则装设人工接地装置作为补充。

人工接地装置的布置，应使接地装置附近的电位分布尽可能地均匀，尽量降低接触电压和跨步电压，以保证人身安全。如接触电压和跨步电压超过规定值时，应采取措施保证人员安全。敷设接地体时，可以成排布置，也可以呈环形或放射形布置，如图 13-19 所示。

二、接地装置的敷设

1. 接地装置在敷设时的注意事项

（1）垂直接地体不宜少于两根。为减少相邻接地体的屏蔽作用，每根垂直接地体的长

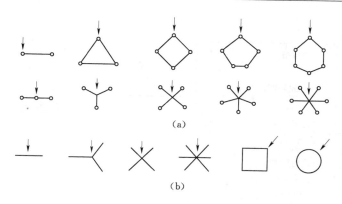

图 13-19　接地体布置方式

(a) 垂直接地体的布置；(b) 水平接地体的布置

度不宜小于 2.0m，间距不宜小于其长度的 2 倍；水平接地线相互间距不宜小于 5m，水平接地体的间距不宜小于 5m。接地体埋深不应小于 0.6m。

（2）接地体与建筑物之间的距离不应小于 3m，与独立避雷针的接地体之间的距离不应小于 5m。

（3）环形接地网之间的相互连接不应少于两根干线，接地干线至少应在两点与接地网相连接。对大电流接地系统的发电厂和变电站，各主要部分接地网之间宜多根连接。为了确保接地的可靠性，自然接地体至少应在两点与接地干线相连接。

（4）接地线沿建筑物墙壁水平敷设时，离地面宜保持 250～300mm 的距离。接地线与建筑物墙壁间应有 10～15mm 的间隙。

（5）接地线应防止发生机械损伤和化学腐蚀。钢制接地装置最好采用镀锌元件，焊接处涂沥青防腐。与公路、铁道或化学管道等交叉的地方，以及其他有可能发生机械损伤的地方，对接地线应采取保护措施。在接地线引进建筑物的入口处应设标志。

（6）接地网中均压带的间距应考虑设备布置的间隔尺寸，尽量减小埋设接地网的土建工程量及节省钢材。

2. 接地线连接的注意事项

（1）接地装置的地下部分应采用焊接。其搭接长度要求：扁钢为宽度的 2 倍，圆钢为直径的 6 倍；接地线与电气设备的连接应采用螺栓连接，接地线与接地体之间可采用焊接或螺栓连接，采用螺栓连接时，应加装防松垫片。

（2）直接接地或经消弧线圈接地的变压器、发电机的中性点与接地体或接地干线连接，应采用单独的接地线，其截面及连接宜适当加强。

（3）电气设备每个接地部分应以单独的接地线与接地干线相连接。

发电厂、变电站中重要设备及设备架构等宜有两根与主接地网在不同地点连接的接地下线，且每根接地引下线均应符合热稳定性的要求，连接引线应便于定期进行检查测试。如图 13-20 所示，在发电厂中采用水平闭合式接地网后，其地面电位分布较单接地体的情况均匀，如断面图中的实线所示。

205

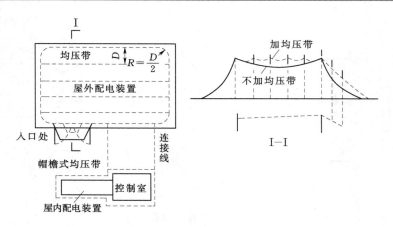

图 13-20 发电厂水平闭合式接地网及其电位分布

小 结

发电厂、变电站可能遭受雷害，雷害的主要来源：一是直击雷；二是侵入波。必须采取相应的防护措施。

电力系统要防止雷电过电压，必须装设防雷保护装置，主要包括避雷针、避雷线、避雷器和接地装置。

发电厂、变电站的直击雷保护通常采用装设避雷针或避雷线进行保护。其得到保护的要求是：①所有被保护设施均应处于避雷针、线的保护范围内；②防止反击，被保护设施离避雷针有一定距离，满足规程规定。

避雷器实质上是一种放电器，避雷器离被保护设备越近，设备上的过电压越低。同时靠近发电厂、变电站 1~2km 还需设置进线段。进线段的作用在于限制流经避雷器的雷电流和限制侵入波的陡度。要求进线段的耐雷水平要高，绕击率要低。避雷器的类型可分为保护间隙、管形避雷器、阀形避雷器和氧化锌避雷器。目前应用最多的是氧化锌避雷器。

将电气装置的必需接地部分与地有良好的连接称为接地，接地体和接地线统称为接地装置。接地电阻指电流经接地体流入大地时，接地线、接地体和电流散流所遇到的全部电阻之和，称接地电阻。按通过接地体流入地中的工频电流求得的电阻，称为工频接地电阻，通常简称接地电阻；按通过接地体流入地中的冲击电流求得的电阻，称为冲击接地电阻。在电流流散的区域要产生接触电压和跨步电压。

规程规定了电气装置必须接地和不接地的情况。接地装置要进行接地电阻的计算。

在发电厂和变电站中应敷设以水平接地为主的人工接地网。

思 考 练 习

1. 发电厂、变电站雷害来源是什么？采取什么防护措施？
2. 避雷器有几种？目前在发电厂、变电站中常用的是什么？
3. 避雷针的保护范围是如何确定的？

4. 某厂油罐直径 10m，高出地面 10m，现采用单根避雷针保护，避雷针距罐体不得小于 5m，试求该避雷针的高度应为多少米？

5. 什么是避雷线的保护角？

6. 氧化锌避雷器与阀型避雷器相比有何优点？

7. 阀型避雷器基本结构是什么，阀型避雷器的工作原理是什么？

8. 为什么要限制避雷器离电气设备的最大距离？

9. 变电站的直击雷保护需要考虑什么问题？什么是反击？为防反击应采取什么措施？

10. 什么是发电厂、变电站的进线段？它有何作用？对它有何要求？

11. 电气上的"地"是什么意义？什么是对地电压？

12. 什么是接地？接地的目的是什么？

13. 什么叫接地电阻？防雷接地有什么特点？分类是什么？

14. 什么叫工作接地、保护接地和防雷接地？

15. 什么叫接地装置？接地装置的组成是怎样的？

16. 什么叫接触电压和跨步电压？

17. 接地装置敷设时应注意什么？

18. 发电厂和变电站配电装置中的接地网一般是如何敷设的？均压带有什么作用？

项目十四　短路电流实用计算方法

能力目标

(1) 了解短路的基本概念、短路的类型及危害。

(2) 了解标幺值的概念、掌握标幺值的基准值选取方法和相互间的关系。

(3) 掌握无限大容量电源条件下短路电流的计算方法。

(4) 掌握三相短路电流的实用计算方法。

案例引入

图 14-1 所示为简单电力系统，F 点发生了短路。

图 14-1　简单电力系统

问题：什么是短路？短路有哪些类型？短路发生后有什么样的后果？当 F 点发生不同类型的短路故障时如何分析？计算短路电流的目的何在？短路电流如何计算？

知识要点

任务一　短路的基本概念

认知　短路类型及短路电流计算的目的

一、短路的原因

短路是指一切不正常的相与相之间或相与地（对于中性点接地的系统）发生通路的情况。短路的主要原因是设备原因、自然原因和人为原因。

二、短路类型及概率

在三相供电系统中，短路的类型有三相短路、两相短路、单相短路和两相接地短路。上述各种短路形式中，只有三相短路是对称短路，其余的短路均属不对称短路。工厂供电系统属于系统的末端，负荷较集中，容量比较大，同时受各方面因素影响和制约，在运行过程中单相短路、两相短路、三相短路发生的概率都比较大，发生概率最大的是单相接地，最严重的短路是三相短路。为使电气设备在最严重的短路状态下也能安全、可靠地工作，工程中通常在选择和校验电气设备用的短路计算中，以三相短路计算为主。

三、短路电流计算的目的

进行短路电流计算的目的是正确合理地选择电气设备，使所选设备具有足够的动稳定度和热稳定度，确保供电系统发生可能的最大三相短路电流时不致被损坏，从而保证供电系统安全稳定运行。其次，短路电流计算是为了继电保护的整定计算与校验以及接地系统的设计等需要。

任务二　标幺值算法及各元件电抗值的计算

认知 1　标 幺 值 算 法

一、标幺值的定义

短路电流计算中常采用标幺值。标幺值是某些电气量的实际有名值与所选定的同单位规定值之比，即

$$标幺值 = \frac{实际有名值（任意单位）}{基值（与实际值同单位）}$$

例如，某发电机的端电压用有名值表示为 $U_G = 10\text{kV}$，如果用标幺值表示，就必须先选定基准值。

若选基准值 $U_B = 10.5\text{kV}$，则 $U_{G*} = U_G/U_B = 1$。

若取基准值 $U_B = 10\text{kV}$，则 $U_{G*} = U_G/U_B = 1.05$。

可见标幺值是一个没有量纲的数值，对于同一个有名值，基准值选得不同，其标幺值也就不同。因此，说明一个量的标幺值时，必须同时说明它的基准值；否则，标幺值的意义不明确。标幺值的符号为各量符号加下角码"$*$"。

二、基准值的选取

1. 基准值选取原则

在三相系统的短路电流计算时常涉及 4 个电气量，即电压、电流、功率和电抗。各量的基准值之间应服从以下规定：

对于功率方程，有

$$S = \sqrt{3}UI$$

对于欧姆定律，有

$$U = \sqrt{3}XI$$

用标幺值计算时，首先要选取 4 个电气量的基准值。这 4 个电气量的基准值可以任意选取，一般是选取基准功率和基准电压 S_B，U_B，基准电流和基准电抗由公式求得，即

$$I_B = \frac{S_B}{\sqrt{3}U_B}, X_B = \frac{U_B^2}{S_B}$$

2. 基准值选取

基准值是可以任意选择的，在实用计算中，为了计算的方便一般取基准容量 $S_B =$

100MV·A，基准电压用各级线路或短路点所在线路的平均电压，即 $U_{\mathrm{B}}=U_{\mathrm{av}}$。我国电力系统中常用到的各电压级的平均标称电压对照值见表 14-1。一般在计算短路电流时，计算哪一级的短路电流就选取该级线路的平均电压作为基准电压。

表 14-1　　　　　　　　　　　线路额定电压和平均电压　　　　　　　　　　单位：kV

额定电压	0.22	0.38	0.66	1.14	3	6	10	35	60	110	154	220	330
平均电压	0.23	0.4	0.69	1.2	3.15	6.3	10.5	37	63	115	162	230	345

三、不同基准值的标幺值之间的换算

在工程实际中，通常电力系统中的发电机、变压器、电抗器等电气设备，在产品手册中给出的相对值是以额定值为基准值的相对值，即称为额定相对值。而各设备的额定值又往往不相同。基准值不同的标幺值是不能直接进行计算的，因此，在计算短路电流时，采用相对值法计算短路回路的电抗时，应把所有电气设备的电抗归算到统一选定的基准值下才能进行计算。

1. 换算原则

换算前后的物理量的有名值保持不变。

换算步骤如下：

（1）将以原有基准值计算出的标幺值还原成有名值。

（2）计算新基准值下的标幺值。

2. 举例

以电抗的标幺值为例，已知：S_{N}、U_{N} 及 $X_{\mathrm{N*}}$，求：S_{B}、U_{B} 下的 $X_{\mathrm{B*}}$。

则：（1）有名值：
$$X=X_{\mathrm{N*}} \cdot X_{\mathrm{N}}=X_{\mathrm{N*}} \cdot \frac{U_{\mathrm{N}}^2}{S_{\mathrm{N}}}$$

（2）标幺值：
$$X_{\mathrm{B*}}=\frac{X}{X_{\mathrm{B}}}=X_{\mathrm{N*}} \cdot \frac{U_{\mathrm{N}}^2}{S_{\mathrm{N}}} \cdot \frac{S_{\mathrm{B}}}{U_{\mathrm{B}}^2}$$

在短路电流的近似计算中，如果取 $U_{\mathrm{B}}=U_{\mathrm{av}}=U_{\mathrm{N}}$，上式可简化为

$$X_{\mathrm{B*}}=\frac{X}{X_{\mathrm{B}}}=X_{\mathrm{N*}} \cdot \frac{U_{\mathrm{N}}^2}{S_{\mathrm{N}}} \cdot \frac{S_{\mathrm{B}}}{U_{\mathrm{B}}^2}=X_{\mathrm{N*}} \frac{S_{\mathrm{B}}}{S_{\mathrm{N}}}$$

四、标幺值的特点

标幺值之所以在相当广泛的领域内取代有名值，是因为标幺值具有以下优点：

（1）在三相电路中，标幺值相量等于线量。

（2）三相功率和单相功率的标幺值相同。

（3）三相电路的标幺值欧姆定律为 $U_*=I_* \cdot X_*$，功率方程为 $S_*=U_* \cdot I_*$，与单相电路的相同。

（4）当电网的电源电压为额定值时（即 $U_*=1$），功率标幺值与电流标幺值相等，且等于电抗标幺值的倒数。

（5）两个标幺基准值相加或相乘，仍得同基准的标幺基准值。

由于上述特点，用标幺值计算短路电流可使计算简便，且结果明显，便于迅速、及时地判断计算结果的正确性。

认知 2　电力系统中各元件电抗值的计算

根据短路计算的基本假设，短路电流实用计算中，一般只考虑各主要元件的电抗，如发电机、电力变压器、电抗器、架空线路及电缆线路。对于母线、不长的连接导线、断路器和电流互感器等元件的阻抗，则不予考虑。

一、基准值的设定

实用计算中，基准容量取 $S_B = 100\ \text{MV} \cdot \text{A}$，基准电压用各级线路或短路点所在线路的平均电压，即 $U_B = U_{av}$。

二、各元件电抗计算方法

1. 电力系统

（1）可用电力系统变电站高压送电线路出口断路器的断流容量 S_K 来计算，有

$$X_{S*} = \frac{X_S}{X_B} = \frac{U_K^2}{S_K} \Big/ \frac{U_B^2}{S_B} = \frac{S_B}{S_K}$$

（2）可用电力系统短路容量 S_d（$\text{MV} \cdot \text{A}$）来计算，有

$$X_{S*} = \frac{X_S}{X_B} = \frac{U_K^2}{S_d} \Big/ \frac{U_B^2}{S_B} = \frac{S_B}{S_d}$$

式中　U_K——短路计算点的平均电压，kV；

$\quad\quad S_K$——出口断路器的断流容量，$\text{MV} \cdot \text{A}$，可查断路器铭牌；

$\quad\quad S_d$——电力系统短路容量，$\text{MV} \cdot \text{A}$。

2. 发电机

对于发电机，通常给出其额定容量 S_N（$\text{MV} \cdot \text{A}$）、额定电压 U_N（kV）和次暂态电抗百分数 X_d''，它是以发电机的额定阻抗为基准的标幺值，实际计算时需换算到所选定的基准值，换算公式为

$$X_*'' = X_d'' \times \frac{U_N^2}{S_N} \Big/ \left(\frac{U_{av}^2}{S_B}\right) = X_d'' \times \frac{U_N^2}{U_{av}^2} \frac{S_B}{S_N}$$

考虑到发电机总是在额定电压附近运行，可取 $U_N = U_{av}$，于是有 $X_*'' = X_d'' \dfrac{S_B}{S_N}$。

表 14-2 给出了发电机次暂态电抗百分数。

表 14-2　　　　　　　　　　　　发电机次暂态电抗百分数

发电机类型	次暂态电抗 x_g''（%）	发电机类型	次暂态电抗 x_g''（%）
中容量汽轮发电机	12.5	无阻尼绕组的水轮发电机	27
有阻尼绕组的水轮发电机	20	同步调相机	16

3. 变压器

（1）双绕组变压器。变压器出厂时，生产厂家就在铭牌上给出变压器的额定容量 S_N（$\text{MV} \cdot \text{A}$）、额定电压 U_N（kV）和短路电压（阻抗电压）百分数 U_K%，它是变压器的相对额定阻抗。以变压器额定参数为基准值的电抗标幺值为

$$X_{T*(N)} = \frac{U_s\%}{100}$$

实际计算时需换算到所选定的基准值，换算公式为

$$X_{T*(B)} = \frac{U_K\%}{100}\frac{S_B}{S_N}$$

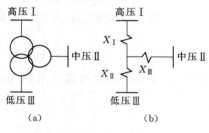

图 14-2 三绕组变压器及等值电路

（2）三绕组变压器和自耦变压器。三绕组变压器和自耦变压器的等值电路如图 14-2 所示。各绕组间的短路电压百分数分别用 $U_{KI-II}\%$、$U_{KII-III}\%$、$U_{KI-III}\%$ 表示，下标 Ⅰ、Ⅱ、Ⅲ 分别表示高压、中压、低压。这些也是对应变压器额定参数下的百分值并且是绕组间的。

等值电路中各绕组的电抗，以变压器额定参数为基准值的标幺值电抗为

$$X_{I*(N)} = \frac{1}{200}(U_{KI-II}\% + U_{KI-III}\% - U_{KII-III}\%)$$

$$X_{II*(N)} = \frac{1}{200}(U_{KI-II}\% + U_{KII-III}\% - U_{KI-III}\%)$$

$$X_{III*(N)} = \frac{1}{200}(U_{KI-III}\% + U_{KII-III}\% - U_{KI-II}\%)$$

实际计算时需换算到所选定的基准值，换算公式为

$$X_{I*(B)} = X_{I*(N)}\frac{S_B}{S_N}$$

$$X_{II*(B)} = X_{II*(N)}\frac{S_B}{S_N}$$

$$X_{III*(B)} = X_{III*(N)}\frac{S_B}{S_N}$$

4. 电抗器

通常给出电抗器的额定电流 I_N（kA）、额定电压 U_N（kV）和电抗百分数 $X_L\%$，由于电抗器的额定电压可以与运行时的额定电压不同，如额定电压为 10kV 的电抗器可以使用在 6kV 电压等级中，故 U_N 与 U_{av} 可能不相等。于是电抗器的电抗标幺值为

$$X_{L*} = \frac{X_L\%}{100}\frac{U_N}{I_N}\bigg/\left(\frac{U_B}{\sqrt{3}I_B}\right) = \frac{X_L}{100}\frac{U_N}{U_{av}}\frac{I_B}{I_N} = \frac{X_L\%}{100}\frac{U_N}{\sqrt{3}I_N}\frac{S_B}{U_{av}^2}$$

其中对电抗器的计算中，U_{av} 为电抗器所处电压等级的平均额定电压。

5. 输电线路

设输电线路单位长度的阻抗为 Z_1（Ω/km），则长度为 l（km）的输电线路的阻抗标幺值为

$$Z_{1*} = Z_1 l\frac{S_B}{U_{av}^2}$$

其中对输电线路的计算中，U_{av} 为输电线路所处电压等级的平均额定电压。

任务三　无限大容量电力系统供电的三相短路计算

认知 1　无限大容量电源系统的三相短路的基本概念

一、无限大容量电源系统

电力系统的容量即为其各发电厂运转发电机的容量之和。系统容量越大，则系统内阻抗就越小。无限大容量电源的概念，可以从以下两方面来理解：①电源容量足够大时，外电路发生短路引起的功率变化对电源来说是微不足道的，因而电源的频率（对应于同步电机的转速）保持恒定；②电源的容量足够大时，其等值的电源内电抗就很小，近似等于零，因而电源电压保持恒定，也就是电路理论上讲的恒压源。

对无限大容量电源，在等值电路图中表示为 $S=\infty$ 和 $X=0$。

二、有关短路的物理量

1. 短路电流周期分量

短路电流周期分量为

$$i_p = I_{km}\sin(\omega t - \varphi_k) \tag{14-1}$$

2. 短路电流非周期分量

短路电流非周期分量 i_{np} 是用以维持短路初瞬间的电流不致突变而由电感上引起的自感电动势所产生的一个反向电流。短路电流非周期分量为

$$i_{np} = (I_{km}\sin\varphi_k - I_m\sin\varphi)e^{-t/\tau} \tag{14-2}$$

i_{np} 是按指数规律衰减的，经历 $3\tau \sim 5\tau$ 即衰减至零，短路的暂态过程结束，短路进入稳态。暂态过程结束后的短路电流称为短路稳态电流，只含短路电流的周期分量。

3. 短路全电流

短路全电流 i_k 就是其周期分量 i_p 和非周期分量 i_{np} 之和，即

$$i_k = i_p + i_{np} \tag{14-3}$$

4. 短路冲击电流与冲击电流有效值

短路冲击电流为短路全电流中的最大瞬时值。短路冲击电流按式（14-4）计算，即

$$i_{sh} = i_{p(0.01)} + i_{np(0.01)} \approx \sqrt{2}I_K(1+e^{-0.01/\tau}) \approx K_{sh}\sqrt{2}I_K \tag{14-4}$$

式中　K_{sh}——短路电流冲击系数。

短路全电流 i_k 的最大有效值是短路后第一个周期的短路电流有效值，用 I_{sh} 表示，称为短路冲击电流有效值，按式（14-5）计算，即

$$I_{sh} \approx \sqrt{1+2(K_{sh}-1)^2}\,I'' \tag{14-5}$$

通常，高压供电系统有 $X_\Sigma \gg R_\Sigma$，取 $K_{sh}=1.8$，因此

$$i_{sh} = \sqrt{2}K_{sh}I'' = 2.55I'' = 2.55I_K$$
$$I_{sh} = 1.51I'' = 1.51I_K \tag{14-6}$$

在低压供电系统中，取 $K_{sh}=1.3$，因此

$$i_{sh} = \sqrt{2}K_{sh}I'' = 1.84I'' = 1.84I_K$$

$$I_{sh} = 1.09I'' = 1.09I_K \qquad (14-7)$$

5. 短路稳态电流

短路稳态电流是指短路电流非周期分量衰减完毕以后的短路全电流，其有效值用 I_∞ 表示。短路稳态电流只含短路电流的周期分量，所以 $I_\infty = I_K = I''$。

为了表明短路的类别，凡是三相短路电流，可在相应的三相短路电流符号右上角加注 (3)，如三相短路稳态电流写作 $I^{(3)}$。同样地，两相或单相短路电流，则在相应的短路电流符号右上角加注 (2) 或 (1)，而两相接地短路电流，则加注 (1, 1)。在不致引起混淆时，三相短路电流各量也可不加注 (3)。

认知 2　无限大电源供电的简单电力网三相短路电流计算步骤

对无限大电源容量系统短路电流常用的计算方法有欧姆法（又称有名单位制法）、标幺值法（又称相对单位制法）和短路容量法（又称兆伏安法）。

一、欧姆法计算短路电流步骤

(1) 绘制短路计算电路图。

(2) 绘制等值电路图。

(3) 计算短路回路中各元件的电阻和电抗，然后将不同电压等级元件电阻和电抗进行折算。

(4) 计算短路回路总阻抗。

(5) 计算短路电流。

对无限大电源容量系统发生三相短路时，其短路属对称短路，计算公式为

$$I_K^{(3)} = \frac{U_{av}}{\sqrt{3}Z_\Sigma}$$

式中　U_{av}——短路点所在处线路平均电压，kV；

　　　$I_K^{(3)}$——三相短路电流，kA。

二、标幺值法计算短路电流的步骤

(1) 取基准值 $S_B = 100MVA$，$U_B = U_{av}$。

(2) 画出标幺值表示的等值电路。

(3) 计算出从短路点到各电源点之间的等值阻抗 $X_{\Sigma *}$。

(4) 计算三相短路电流周期分量有效值的标幺值，即

$$I_{k*}^{(3)} = \frac{I_k^{(3)}}{I_d} = \frac{\dfrac{U_{av}}{\sqrt{3}X_\Sigma}}{\dfrac{S_d}{\sqrt{3}U_{av}}} = \frac{U_{av}^2}{S_d X_\Sigma} = \frac{1}{X_{\Sigma *}}$$

(5) 计算三相短路电流周期分量有效值，即

$$I_k^{(3)} = I_{k*}^{(3)} I_d = \frac{I_d}{X_{\Sigma *}}$$

(6) 求得 $I_k^{(3)}$ 后，就可利用前面的公式求出 $I''^{(3)}$、$I_\infty^{(3)}$、$i_{sh}^{(3)}$、$I_{sh}^{(3)}$ 等。

【例 14-1】　某电力系统如图 14-3（a）所示，已知电力系统的短路容量为

3000MVA，变压器容量为 15MVA。

（1）用有名值法计算变电所高压侧 K_1 点及低压侧 K_2 点的短路电流和短路容量。

（2）用标幺值法计算变电所低压侧 K_2 点的短路电流。

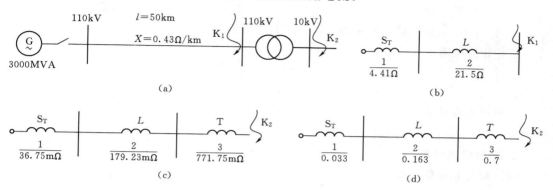

图 14-3 例 14-1 用图

（a）某电力系统；（b）K_1 点短路等值电路；（c）K_2 点短路等值电路；（d）K_2 点标幺值短路等值电路

1. 有名值法计算

（1）计算 K_1 点短路情况。

1）电力系统电抗

$$X_1 = \frac{U_K^2}{S_X} = \frac{115^2}{3000} = 4.41(\Omega)$$

2）计算架空线路电抗

$$X_2 = 0.43 \times 50 = 21.5(\Omega)$$

3）绘制 K_1 点短路等值电路如图 14-6（b）所示，并计算总电抗，即

$$X_{\Sigma K1} = X_1 + X_2 = 4.41 + 21.5 = 25.91(\Omega)$$

4）计算 K_1 点短路的三相短路电流和三相短路容量

三相短路电流为

$$I_{K1}^{(3)} = \frac{U_K}{\sqrt{3}X_{\Sigma K1}} = \frac{115}{\sqrt{3} \times 25.91} = 2.56(\text{kA})$$

三相短路容量为

$$S_{K1}^{(3)} = \sqrt{3}U_K I_{K1}^{(3)} = \sqrt{3} \times 115 \times 2.56 = 509.9(\text{MVA})$$

（2）计算 K_2 点短路情况。

1）电力系统电抗

$$X_1 = \frac{U_K^2}{S_X} = \frac{10.5^2}{3000} \times 10^3 = 36.75(\text{m}\Omega)$$

2）计算架空线路电抗

$$X_2 = 0.43 \times 50 \times \left(\frac{10.5}{115}\right)^2 \times 10^3 = 179.23(\text{m}\Omega)$$

3）计算变压器电抗，按 $U_K\% = 10.5\%$，得

$$X_3 = \frac{10 \times U_K \% \times U_K^2}{S_N} = \frac{10 \times 10.5 \times 10.5^2}{15} = 771.78(\text{m}\Omega)$$

4）绘制 K_2 点短路等值电路如图 14-3（c）所示，并计算总电抗

$$X_{\Sigma K2} = X_1 + X_2 + X_3 = 36.75 + 179.23 + 771.75 = 987.73(\text{m}\Omega)$$

5）计算 K_2 点短路的三相短路电流和三相短路容量

三相短路电流为

$$I_{K2}^{(3)} = \frac{U_K}{\sqrt{3} X_{\Sigma K2}} = \frac{10.5}{\sqrt{3} \times 987.73} \times 10^3 = 6.14(\text{kA})$$

三相短路容量为

$$S_{K2}^{(3)} = \sqrt{3} U_K I_{K2}^{(3)} = \sqrt{3} \times 10.5 \times 6.14 = 111.66(\text{MVA})$$

2. 标幺值法计算

（1）确定基准值。取

$$S_B = 100\text{MVA}, U_B = U_{av}$$

（2）计算各元件电抗标幺值。

1）电力系统电抗标幺值

$$X_{1*} = \frac{S_B}{S_X} = \frac{100}{3000} = 0.033$$

2）架空线路电抗标幺值

$$X_{2*} = XL \times \frac{S_B}{U_{av}^2} = 0.43 \times 50 \times \frac{100}{115^2} = 0.163$$

3）变压器电抗标幺值

$$X_{3*} = \frac{U_K \%}{100} \frac{S_B}{S_N} = \frac{10.5}{100} \times \frac{100}{15} = 0.7$$

（3）绘制 K_2 点标幺值短路等值电路如图 14-3（d）所示，并计算总电抗标幺值。

$$X_{K2\Sigma*} = X_{1*} + X_{2*} + X_{3*} = 0.033 + 0.163 + 0.7 = 0.896$$

（4）计算 K_2 点短路的三相短路电流，即

$$I_B = \frac{S_B}{\sqrt{3} U_B} = \frac{100}{\sqrt{3} \times 10.5} = 5.5(\text{kA})$$

$$I_{K2}^{(3)} = I_B \left(\frac{1}{X_{K2\Sigma*}} \right) = 5.5 \times \frac{1}{0.896} = 6.14(\text{kA})$$

可见，标幺值法计算结果与有名值法计算结果相同。在利用标幺值法计算时，短路电路中所有元件的电抗标幺值求出后，就可利用其等效电路进行电路化简，计算其总的电抗标幺值 $X_{\Sigma*}$。由于各元件电抗都采用相对值，与短路计算点的电压无关，因此无需进行换算，这也是标幺值法较欧姆法优越之处。

认知 3 短路容量的概念及用途

在选择电气设备时，为了校验开关的断开容量，要用到短路容量的概念。

一、短路容量的概念

某一点的短路容量等于该点短路时的短路电流乘以该点在短路前的电压。其数值表示

式为

$$S_f = \sqrt{3}U_N I_K \qquad (14-8)$$

式中　U_N——短路处正常时的额定电压；

I_K——短路处的短路电流有效值，在标幺值计算中，取基准功率 S_B、基准电压

$U_B = U_N$，则有 $I_K = \dfrac{I_{Km}}{\sqrt{2}}$。

$$S_{f*} = \frac{S_f}{S_B} = \frac{\sqrt{3}U_N I_K}{\sqrt{3}U_N I_B} = I_{K*} \qquad (14-9)$$

也即短路功率的标幺值与短路电流的标幺值相等。利用这一关系短路功率就很容易由短路电流求得。

二、短路容量的用途

从式（14-9）可见，短路容量的大小反映了该点短路时短路电流的大小，同时也反映了该点至恒定电压点（无限大电力系统出口母线处）总阻抗的大小。

某一点的 S_f 越大，表明电源的内阻抗越小，该点距电源的电气距离越近，该点与系统的电气联系越紧密。在工程问题中常用短路容量来作为电业部门提供的重要电源参数之一，同时作为设备选择和保护整定的依据之一。

【例 14-2】　在图 14-4 所示网络中，设 $S_B = 100\text{MVA}$；$U_B = U_{av}$；$K_M = 1.8$，求 K 点发生三相短路时的冲击电流和短路功率。

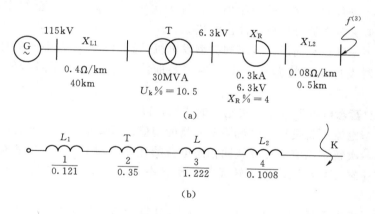

图 14-4　例 14-2 图
（a）网络图；（b）标幺值等值电路

解： 采用标幺值的近似计算法

（1）各元件电抗的标幺值

$$X_{L1*} = 40 \times 0.4 \times \frac{100}{115^2} = 0.121 \qquad X_{T*} = \frac{10.5}{100} \times \frac{100}{30} = 0.35$$

$$X_{R*} = \frac{4}{100} \times \frac{I_B}{I_N} = \frac{4}{100} \times \frac{100}{\sqrt{3} \times 6.3 \times 0.3} = 1.222$$

$$X_{L2*} = 0.5 \times 0.08 \times \frac{100}{6.3^2} = 0.1008$$

（2）绘制 K_2 点标幺值短路等值电路如图 14-4（b）所示，从短路点看进去的总电抗的标幺值为

$$X_{\Sigma*} = X_{L1*} + X_{T*} + X_{R*} + X_{L2*} = 1.7937$$

（3）短路点短路电流的标幺值，近似认为短路点的开路电压 U_f 为该段的平均额定电压 U_{av}。

$$I_{K*} = \frac{U_{f*}}{X_{\Sigma*}} = \frac{1}{X_{\Sigma*}} = 0.5575$$

（4）短路点短路电流的有名值。

$$I_K = I_{K*} \times I_B = 0.5575 \times \frac{100}{\sqrt{3} \times 6.3} = 5.113 \text{(kA)}$$

（5）冲击电流。

$$i_{sh} = 2.55 I_K = 2.55 \times 5.113 = 13.01 \text{(kA)}$$

（6）短路功率。

$$S_f = S_{f*} \times S_B = I_{K*} \times I_B = 0.5575 \times 100 = 55.75 \text{(MVA)}$$

任务四　由发电机供电的三相短路电流的实用计算

实际上，电力系统短路电流的工程计算在大多数情况下，只要求计算短路电流基频交流分量（以后略去基频二字）的初始值，也称为次暂态电流 I''。若已知交流分量的初始值，即可以近似决定直流分量以至冲击电流。

工程上还用一种运算曲线。按不同类型发电机，给出暂态过程中不同时刻短路电流交流分量有效值对发电机与短路点间电抗的关系曲线，近似计算短路后任意时刻的交流电流。

一、起始次暂态电流和短路冲击电流的实用计算

起始次暂态电流 I'' 就是短路电流周期分量的初值。只要把系统中所有的元件都用其次暂态参数表示，次暂态电流的计算就同稳态电流的计算一样了。系统中所有静止元件的次暂态参数与其稳态参数相同，但旋转元件的次暂态参数则不同于其稳态参数。计算步骤如下：

（1）系统元件参数计算。取 S_B、$U_B = U_{av}$，计算网络中各元件标幺值参数，网络中各元件参数均用次暂态参数。

（2）对电动势、电压、负荷化简。工程实用计算中，通常取各发电机次暂态电动势 $E_q'' = 1$，或取短路点正常运行电压 $U'' = 1$。略去非短路点的负荷，只计短路点大容量电动机的反馈电流。

（3）网络化简。作三相短路时的等值网络，并进行网络化简。

（4）短路点起始次暂态电流的计算

$$I'' = \frac{E''}{x_\Sigma''} = \frac{1}{x_\Sigma''}$$

【例 14-3】　电力系统接线如图 14-5（a）所示，A 系统的容量不详，只知断路器 B_1

218

的切断容量为 3500MVA，C 系统的容量为 100MVA，电抗 $X_C = 0.3$，各条线路单位长度电抗均为 $0.4\Omega/\text{km}$，其他参数标于图中。试计算当 f_1 点发生三相短路时短路点的起始次暂态电流 I''_{f1} 及冲击电流 i_{sh}（功率基准值和电压基准值取 $S_B = 100\text{MVA}$，$U_B = U_{\text{av}}$）。

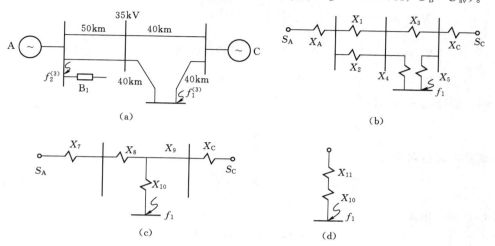

图 14-5 简单系统等值电路

（a）系统图；（b）、（c）、（d）等值电路简化

解： 采用电源电势 $\dot{E}''_{|0|} \approx 1$ 和忽略负荷的近似条件，系统的等值电路如图 14-5（b）所示。

（1）计算各元件电抗标幺值。

$$X_1 = X_2 = 0.4 \times 50 \times \frac{100}{37^2} = 1.461$$

$$X_3 = X_4 = X_5 = 0.4 \times 40 \times \frac{100}{37^2} = 1.169$$

$$X_C = 0.3$$

（2）计算 A 系统的电抗。若短路点发生在和 A 相连的母线上即 f_2 点时，则 A、C 系统的短路电流都要经过断路器 B_1，其中 C 系统供给的短路电流标幺值为

$$I''_{\text{Cf}_2} = \frac{1}{X_1//X_2 + X_3//(X_4 + X_5) + X_B} = \frac{1}{1.461//1.461 + 1.169//(1.169 + 1.169) + 0.3}$$

$$= \frac{1}{1.81} = 0.553$$

由式（14-9）知短路功率和短路电流的标幺值相等，所以 C 系统提供的短路功率为

$$S_{\text{Cf}_2} = I''_{\text{Cf}_2} S_B = 0.553 \times 100 = 55.3 \,(\text{MVA})$$

由 A 系统提供的短路功率为 $S_{\text{Af}_2} = 3500 - S_{\text{Cf}_2} = 3444.7 \,(\text{MVA})$

A 系统的电抗为：

$$X_A = \frac{1}{S_{A*}} = \frac{S_B}{S_A} = \frac{100}{3444.7} = 0.03$$

（3）网络化简

$$X_7 = X_A + X_1 // X_2 = 0.03 + \frac{1}{2} \times 1.461 = 0.76$$

$$X_8 = X_9 = X_{10} = \frac{1.169 \times 1.169}{3 \times 1.169} = 0.39$$

$$X_{11} = (X_7 + X_8) // (X_9 + X_B) = 1.149 // 0.69 = \frac{1.149 \times 0.69}{1.149 + 0.69} = 0.431$$

$$X_\Sigma = X_{11} + X_{10} = 0.431 + 0.39 = 0.821$$

（4）短路电流标幺值为

$$I''_{f1*} = \frac{1}{X_\Sigma} = 1.218$$

短路电流有名值为

$$I''_{f1} = I''_{f1*} I_B = 1.218 \times \frac{100}{\sqrt{3} \times 37} = 1.9 (kA)$$

（5）冲击电流

$$i_{sh} = 2.55 I'' = 4.85 (kA)$$

二、应用运算曲线求任意时刻的短路电流交流分量有效值

在电力系统的工程计算中，有时还需要计算某一时刻的短路电流，作为选择电气设备及设计、调整继电保护的依据。在工程实用计算中，一般采用运算曲线法计算任意时刻的短路电流交流分量。该方法略。

任务五　110/35/10kV 变电站短路电流计算举例

一、工程规模

1. 概况

某县市集镇地方工业、民营企业、农业、居民及村民用电负荷最大达到 30000kW，为提高电能质量，更好地满足该地方经济发展和人民生活水平提高的需要，拟新建 110kV 变电站一座，供电电压为 110/35/10kV。

2. 主变压器组及台数

变电站建设规模为 $2 \times 31500kVA$。变压器型号为 SFZ9 − 31500/110，额定容量为 31500kVA，额定电压为 110kV±8×1.25%/38.5kV±2×2.5%/10.5kV，短路阻挠电压为 $u_{k_{1-2}}\% = 10.5\%$、$u_{k_{1-3}}\% = 17.5\%$、$u_{k_{2-3}}\% = 6.5\%$。

3. 出线回路数

该变电站由两座 220kV 变电站的 110kV 出线（架空）供电。

4. 电气主接线

变电站 110kV 采用内桥接线方式。

35kV 采用单母线分段接线方式，共计有 13 台配电柜，其中出线 8 台、PT 与避雷器柜 2 台、次总柜 2 台、母联柜 1 台。

10kV 采用单母线分段接线方式，共计有 21 台配电柜，其中出线 12 台、PT 与避雷器柜 2 台、次总柜 2 台、母联柜 1 台、电容器柜 2 台、消弧线圈控制柜 2 台。

新建 110/35/10kV 变电站电气主接线如图 14-6 所示（出线数没全画出）。

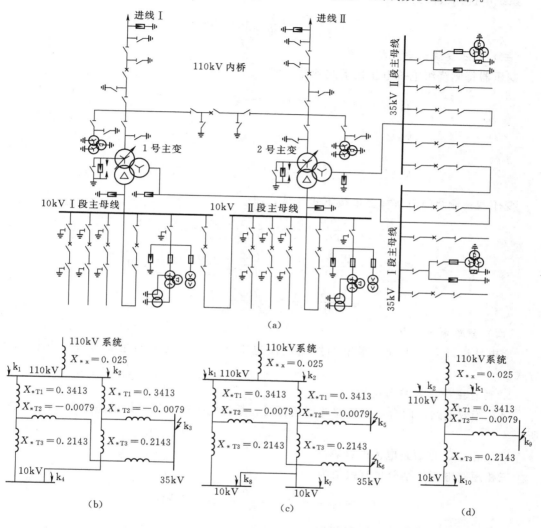

图 14-6　110kV/35kV/10kV 变电站短路电流计算举例

（a）110/35/10kV 变电站电气主接线；（b）两主变压器并列运行等效电路；（c）两主变压器中、
低压侧分列运行等效电路；（d）两变压器完全分裂运行等效电路

二、短路电流计算

（一）选择基准值

取基准电压 $U_{j1}=115$kV，$U_{j2}=37$kV，$U_{j3}=10.5$kV，基准容量 $S_j=100$MVA。则基准电流为 $I_{j1}=0.5$kA，$I_{j2}=1.56$kA，$I_{j3}=5.5$kA。

（二）系统电抗标幺值计算

根据《城市电力网规划设计导则》（Q/GDW 156—2006），110kV 电力系统母线短路电流取 $I_K=20$kA，则短路容量为

$$S_K = \sqrt{3}U_{j1}I_K = \sqrt{3} \times 115 \times 20 = 3979(\text{MVA})$$

系统电抗标幺值为

$$X_{*x} = \frac{S_j}{S_K} = \frac{100}{3979} = 0.025$$

（三）变压器绕组电抗标幺值

变压器每侧绕组电抗电压按下式计算，即

$$X_1\% = \frac{1}{2}(u_{K_{1-2}}\% + u_{K_{1-3}} - u_{K_{2-3}}\%) = 10.75\%$$

$$X_2\% = \frac{1}{2}(u_{K_{1-2}}\% + u_{K_{2-3}} - u_{K_{1-3}}\%) = -0.25\%$$

$$X_3\% = \frac{1}{2}(u_{K_{1-3}}\% + u_{K_{2-3}} - u_{K_{1-2}}\%) = 6.75\%$$

变压器三侧绕组电抗标幺值按下式计算，即

$$X_{*T_1} = \frac{X_1\%}{100} \times \frac{S_j}{S_N} = \frac{10.75 \times 100}{100 \times 31.5} = 0.3413$$

$$X_{*T_2} = \frac{X_2\%}{100} \times \frac{S_j}{S_N} = -\frac{0.25 \times 100}{100 \times 31.5} = -0.0079$$

$$X_{*T_3} = \frac{X_3\%}{100} \times \frac{S_j}{S_N} = \frac{6.75 \times 100}{100 \times 31.5} = 0.2143$$

（四）短路电流计算

变电站运行方式不同，系统的短路电流也不同。新建变电站主要有以下几种运行方式。

1. 两台主变压器并列运行

（1）等效电路。两台主变压器并列运行时，系统电抗标幺值等效电路如图 14 - 6 （b）所示。

（2）k_1、k_2 点短路电流的计算。

三相短路电流周期分量有效值为

$$I_{k_1}^{(3)} = I_{k_2}^{(3)} = \frac{I_{j1}}{\sum X_{*x}} = \frac{0.5}{0.025}\text{kA} = 20\text{kA}$$

三相短路电流周期分量稳态值为

$$I_{\infty k_1}^{(3)} = I_{\infty k_2}^{(3)} = I_{k_1}^{(3)} = 20\text{kA}$$

短路冲击电流最大值为

$$i_b = 2.55I_{k_1}^{(3)} = 2.55I_{k_2}^{(3)} = 2.55 \times 20\text{kA} = 51.00\text{kA}$$

短路冲击电流有效值为

$$I_b = 1.51I_{k_1}^{(3)} = 1.51I_{k_2}^{(3)} = 1.51 \times 20\text{kA} = 30.2\text{kA}$$

三相短路容量为

$$S_{k_1} = S_{k_2} = \sqrt{3}U_N I_{k_1}^{(3)} = \sqrt{3}U_N I_{k_2}^{(3)} = \sqrt{3} \times 110 \times 20\text{MVA} = 3806\text{MVA}$$

（3）k_3 点短路电流的计算。

k_3 点短路电抗总标幺值为

$$\sum X_{*k_3} = X_{*x} + \frac{1}{2}X_{*T1} + \frac{1}{2}X_{*T2} = 0.025 + \frac{1}{2} \times 0.3413 + \frac{1}{2} \times 0.0079$$

$$= 0.1917$$

$$I_{k_3}^{(3)} = \frac{I_{j2}}{\sum X_{*k_3}} = \frac{1.56}{0.1917}\text{kA} = 8.13\text{kA}$$

$$I_{\infty k_3}^{(3)} = I_{k_3}^{(3)} = 8.13\text{kA}$$

$$i_b = 2.55I_{k_3}^{(3)} = 2.55 \times 8.13\text{kA} = 20.73\text{kA}$$

$$I_b = 1.51I_{k_3}^{(3)} = 1.51 \times 8.13\text{kA} = 12.27\text{kA}$$

$$S_{k_3} = \sqrt{3}U_N I_{k_3}^{(3)} = \sqrt{3} \times 35 \times 8.13\text{MVA} = 492\text{MVA}$$

（4）k_4 点短路电流的计算。

k_4 点短路电抗总标幺值为

$$\sum X_{*k_4} = X_{*x} + \frac{1}{2}X_{*T1} + \frac{1}{2}X_{*T3}$$

$$= 0.025 + \frac{1}{2} \times 0.3413 + \frac{1}{2} \times 0.2143$$

$$= 0.3028$$

$$I_{k_4}^{(3)} = \frac{I_{j3}}{\sum X_{*k_4}} = \frac{5.5}{0.3028}\text{kA} = 18.16\text{kA}$$

$$I_{\infty k_4}^{(3)} = I_{k_4}^{(3)} = 18.16\text{kA}$$

$$i_b = 2.55I_{k_4}^{(3)} = 2.55 \times 18.16\text{kA} = 46.3\text{kA}$$

$$I_b = 1.51I_{k_4}^{(3)} = 1.51 \times 18.16\text{kA} = 27.42\text{kA}$$

$$S_{k_4} = \sqrt{3}U_N I_{k_4}^{(3)} = \sqrt{3} \times 10 \times 18.16\text{MVA} = 314.5\text{MVA}$$

2. 两台主变压器中、低压侧分裂运行

（1）等效电路。两台主变压器中、低压侧分裂运行时，系统电抗标幺值等效电路如图 14-6（c）所示。

（2）k_1、k_2 点短路电流的计算。k_1、k_2 点短路电流的计算结果同两主变压器并列运行方式。

（3）k_5、k_6 点短路电流的计算。

k_5、k_6 点短路电抗总标幺值为

$$\sum X_{*k_{5,6}} = X_{*x} + X_{*T1} + X_{*T2}$$

$$= 0.025 + 0.3413 - 0.0079$$

$$= 0.3584$$

$$I_{k_{5,6}}^{(3)} = \frac{I_{j2}}{\sum X_{*k_{5,6}}} = \frac{1.56}{0.3584}\text{kA} = 4.35\text{kA}$$

$$I_{\infty k_{5,6}}^{(3)} = I_{k_{5,6}}^{(3)} = 4.35\text{kA}$$

$$i_b = 2.55I_{k_{5,6}}^{(3)} = 2.55 \times 4.35\text{kA} = 11.1\text{kA}$$

$$I_b = 1.51I_{k_{5,6}}^{(3)} = 1.51 \times 4.35\text{kA} = 6.55\text{kA}$$

$$S_{k_{5,6}} = \sqrt{3}U_N I_{k_{5,6}}^{(3)} = \sqrt{3} \times 35 \times 4.35\text{MVA} = 263.7\text{MVA}$$

（4）k_7、k_8 点短路电流的计算。

$k_{7、8}$点短路电抗总标幺值为

$$\sum X_{*k_{7、8}} = X_{*x} + X_{*T1} + X_{*T3} = 0.025 + 0.3413 + 0.2143 = 0.5806$$

$$I_{k_{7、8}}^{(3)} = \frac{I_{j3}}{\sum X_{*k_{7、8}}} = \frac{5.5}{0.5806}\text{kA} = 9.47\text{kA}$$

$$I_{\infty k_{7、8}}^{(3)} = I_{k_{7、8}}^{(3)} = 9.47\text{kA}$$

$$i_b = 2.55 I_{k_{7、8}}^{(3)} = 2.55 \times 9.47\text{kA} = 24.15\text{kA}$$

$$I_b = 1.51 I_{k_{7、8}}^{(3)} = 1.51 \times 9.47\text{kA} = 14.30\text{kA}$$

$$S_{k_4} = \sqrt{3} U_N I_{k_{7、8}}^{(3)} = \sqrt{3} \times 10 \times 9.47\text{MVA} = 164.02\text{MVA}$$

3. 两台主变压器完全分裂运行

两台主变压器完全分裂运行时，系统电抗标幺值等效电路如图 14-6（d）所示。

110kA 变电站主变压器三侧三相短路电流计算值见表 14-3。

表 14-3　　　　　110/35/10kV 31500kVA 变压器三相短路电流计算值

短路点编号	短路点额定电压	短路点平均电压	短路电流周期分量		短路冲击电流		短路容量
			有效值	稳态值	有效值	最大值	
	U_N(kV)	U_{av}(kV)	$I_k^{(3)}$(kA)	I_∞(kA)	I_b(kA)	i_b(kA)	S_k(MVA)
k_1、k_2	110	115	20	20	30.20	51.00	3806
k_3	35	37	8.13	8.13	12.27	20.73	492
k_4	10	10.5	18.16	18.16	27.42	46.3	314.5
$k_{5、6}$	35	37	4.35	4.35	6.55	11.1	263.7
$k_{7、8}$	10	10.5	9.47	9.47	14.3	24.15	164.02
k_9	35	37	4.35	4.35	6.55	11.1	263.7
k_{10}	10	10.5	9.47	9.47	14.3	24.15	164.02

小　结

无限大容量电源系统中短路时，通过分析短路电流波形的变化，得出了短路电流周期分量、非周期分量、冲击电流的计算公式。短路电流周期分量或称稳态分量，影响短路电流的热效应，冲击短路电流影响短路电流的电动力效应。

短路电流计算方法有欧姆法（又称有名单位制法）、标幺值法（又称相对单位制法）和短路容量法（又称兆伏安法）。欧姆法属最基本的短路电流计算法，如计算低压系统的短路电流，常采用有名单位制；但计算高压系统的短路电流，由于有多个电压等级，存在着阻抗换算问题，为使计算简化，常采用标幺值。短路容量法和标幺值法类似，只是将各元件电抗改为短路容量来计算。有名值和标幺值两种方法，计算步骤基本相同，即首先绘制计算电路图；然后将各元件依次编号，并计算各元件电抗；再根据短路电流点绘制出等效电路，将电路化简；最后求出等效总阻抗及短路电流。

在电力系统中，除了三相短路外，还有不对称短路，如单相接地、两相接地、两相短路接地等，发生不对称短路的概率比对称短路要多得多，因此需要掌握不对称短路的分析方法。

思　考　练　习

1. 什么是电力系统短路？有哪几种类型？计算短路电流的目的和任务是什么？

2. 发生短路故障的原因有哪些？短路对电力系统的运行和电气设备有何危害？

3. 什么是无限大电源容量系统？它有何特征？

4. 解释和说明下列术语的物理含义：短路全电流、短路电流的周期分量、非周期分量、短路冲击电流、短路稳态电流和短路容量。

5. 什么叫标幺值？如何选取基准值？

6. 对称分量法分量有几种？画出各分量的相量图，并写出其表达式。

7. 一个无限大电力系统通过一条 70km 的 110kV 输电线路向某变电所供电，接线如图 14 - 7 所示。试分别用有名值和标幺值计算输电线路末端和变电所出线上发生三相短路时的短路电流周期分量有效值和冲击短路电流。

$$S_N = 15000kVA$$
$$U_K\% = 10.5$$

8. 某降压变压器由无限大电力系统供电，试求该变压器二次侧出线端发生三相短路时，短路电流周期分量和冲击短路电流值。该变压器的参数为：

$$S_N = 10000kVA；U_{1N}/U_{2N} = 35/10.5kV；U_K\% = 7.5。$$

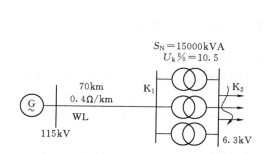

图 14 - 7　习题 14 - 8 附图

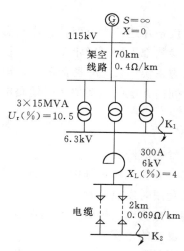

图 14 - 8　习题 14 - 9 附图

9. 如图 14 - 8 所示的电力系统图，试计算：

(1) 当 K_1 点三相短路时，短路电流周期分量和冲击短路电流值。

(2) 当 K_2 通过架空线路的短路电流周期分量和通过电抗器的冲击短路电流值。

项目十五　高压电气设备的选择

能力目标

（1）熟悉短路电流电动力和热力效应的概念和计算方法，能够正确选择电气设备。

（2）掌握高压电气设备选择的一般要求、技术条件、选择与校验方法。

案例引入

问题：图 14-6 中变压器、断路器、隔离开关、互感器等电气设备是如何选择的？

知识要点

任务一　载流导体的发热和电动力

电气设备在运行中有两种工作状态，即正常工作状态和短路工作状态。正常工作状态是指运行参数都不超过额定值，电气设备能够长期而经济地运行的工作状态。短路工作状态是指电力系统中发生短路故障时，电气设备要流过很大的短路电流，在短路故障被切除前的短时间内，电气设备要承受短路电流产生的发热和电动力的作用。

认 知 1　短 路 电 流 的 热 效 应

一、发热的概念

电气设备在工作过程中，因自身的有功功率损耗而引起电气设备发热。导体发热分为长期发热和短时发热两种。

长期发热指电气设备正常工作电流引起的发热。短时发热指由短路电流引起的发热。

二、发热的危害

发热不仅消耗能量，而且导致电气设备的温度升高，从而产生不良的影响。主要表现为：机械强度下降；接触电阻增加。发热使导体及其弹性元件的接触压力下降，导致接触电阻增加，并引起发热的进一步加剧，同时温度升高加剧接触面的氧化，使接触电阻和发热均增大；绝缘性能下降。

三、发热的计算

1. 短路时最高发热温度计算

实用计算中，导体短路时最高温度可根据 $\theta = f(A)$ 关系曲线进行计算。如图 15-1 所示，图中横坐标 A 值是与发热有关的热状态值，纵坐标为 θ 值。当导体材料温度 θ 值确定后，从图 15-1 中可查到所对应的 A 值；反之，已知 A 值时也可从曲线中找到对应的

θ 值。

用图 15-1 所示曲线计算导体短路时的最高温度 θ_k 的步骤如下：

首先根据运行温度 θ_i 从曲线中查出 A_i 的值，然后将 A_i 与 Q_k 值代入式（15-1），计算出 A_k，从图 15-1 曲线中查出 θ_k 的值。

$$A_k = \frac{1}{S^2}Q_k + A_i \quad \text{J/}\Omega \cdot \text{m}^4 \qquad (15-1)$$

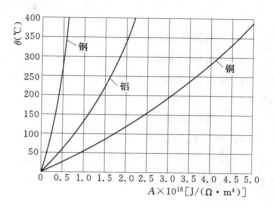

图 15-1　导体 $\theta = f(A)$ 曲线

式中　S——导体截面积，m^2；

$\quad\quad A_k$——短路时的热状态值，$\text{J/}\Omega \cdot \text{m}^4$；

$\quad\quad A_i$——初始温度为 θ_i 所对应的热状态值，$\text{J/}\Omega \cdot \text{m}^4$。

式（15-1）中的 Q_k 称为短路电流的热效应，它与短路电流产生的热量成正比，即

$$Q_k = \int_0^t I_k^2 \mathrm{d}t \quad \text{A}^2 \cdot \text{s} \qquad (15-2)$$

2. 短路电流的热效应 Q_k 计算

短路电流由周期分量和非周期分量两部分组成。根据电力系统短路故障分析的有关知识，某一瞬时 t 的短路电流满足下列关系式，即

$$I_k^2 = I_p^2 + I_{np}^2 \qquad (15-3)$$

式中　I_k——短路电流有效值；

$\quad\quad I_p$——短路电流周期分量有效值；

$\quad\quad I_{np}$——短路电流非周期分量有效值。

故有

$$Q_k = \int_0^{t_k} I_k^2 \mathrm{d}t = \int_0^{t_k} I_p^2 \mathrm{d}t + \int_0^{t_k} I_{np}^2 \mathrm{d}t = Q_p + Q_{np} \qquad (15-4)$$

式中　Q_p——短路电流周期分量热效应值，$\text{A}^2 \cdot \text{s}$；

$\quad\quad Q_{np}$——短路电流非周期分量热效应值，$\text{A}^2 \cdot \text{s}$。

在工程上，通常用等值时间法求短路全电流的热效应，即

$$Q_k = Q_p + Q_{np} = I_\infty^2 t_k = I_\infty^2 (t_p + t_{np}) \qquad (15-5)$$

式中　t_k——短路电流发热的等值时间，s；

$\quad\quad t_p$——短路电流周期分量发热的等值时间，s；

$\quad\quad t_{np}$——短路电流非周期分量发热的等值时间，s；

$\quad\quad I_\infty$——短路电流的稳态值，A。

当短路全电流持续时间大于 1s 时，非周期分量的热效应值所占比例很小，可以忽略不计，即

$$Q_k \approx Q_p \approx I_\infty^2 t_p \qquad (15-6)$$

认知 2　短路电流的电动力效应

一、电动力概念

电动力是指载流导体在相邻载流导体产生的磁场中所受电磁力。载流导体之间电动力大小，取决于通过导体电流的数值、导体几何尺寸、形状及各相安装相对位置等多种因素。

二、导体间最大电动力

1. 两平行导体间最大电动力

当两个平行导体通过电流时，由于磁场相互作用而产生电动力，电动力的方向与所通过电流的方向有关。根据电工学中的比奥—沙瓦定律，导体间的电动力为

$$F = 2K_x i_1 i_2 \frac{l}{a} \times 10^{-7} \quad \text{N} \tag{15-7}$$

式中　i_1、i_2——通过两平行导体的电流，A；

l——该段导体的长度，m；

a——两根导体轴线间的距离，m；

K_x——形状系数（参见《电力工程电气设计手册》水利电力部西北电力设计院）。

实际工程中，三相母线采用圆截面导体时，当两相导体间的距离足够大时，形状系数 K_x 取 1；对于矩形导体而言，当两导体之间净距大于矩形母线周长时，形状系数 K_x 可取 1。

2. 两相短路时平行导体间的最大电动力

发生两相短路时，平行导体之间的最大电动力 $F^{(2)}$ 可采用的计算式为

$$F^{(2)} = 2 i_k^{(2)^2} \frac{l}{a} \times 10^{-7} \tag{15-8}$$

式中　$i_k^{(2)^2}$——两相短路冲击电流，A。

3. 三相短路时平行导体之间的最大电动力

发生三相短路时，每相导体所承受的电动力等于该相导体与其他两相之间电动力的矢量和。三相导体水平布置时，由于各相导体所通过的电流不同，故边缘相与中间相所承受的电动力也不同。

边缘 A 或 C 相与中间 B 相所承受的最大电动力 $F_{A或C}^{(3)}$、$F_B^{(3)}$ 分别为

$$\left.\begin{aligned}
F_{A或C} &= 1.61 i_k^{(3)^2} \frac{l}{a} \times 10^{-7} \quad \text{N} \\
F_B &= 1.73 i_k^{(3)^2} \frac{l}{a} \times 10^{-7} \quad \text{N}
\end{aligned}\right\} \tag{15-9}$$

式中　$i_k^{(3)}$——三相短路冲击电流，A。

当发生三相短路时，母线为三相水平布置时中间相导体所承受的电动力最大。因此，计算三相短路的最大电动力时，应按中间相导体所承受的电动力计算。

任务二　高压电气设备选择的原则与条件

认知 1　高压电气设备选择的原则

电气设备选择时，一般按下列原则进行：

（1）应满足正常运行、检修、短路和过电压情况下的要求，并考虑远景发展。

（2）应按当地环境条件校核。

（3）应力求技术先进、经济合理。

（4）与整个工程的建设标准应协调一致。

（5）同类设备尽量减少品牌。

（6）选用的新产品均应具有可靠的实验数据，并经证实鉴定合格。

（7）选择的电气设备应满足各项电气技术要求。

（8）结构简单、体积小、质量轻，便于安装和检修。

认知 2　电气设备选择的条件

选择的高压电气设备，应能在长期工作条件和发生过电压、过电流的情况下保持正常运行。各种高压电气设备的一般技术条件如表 15-1 所示。

表 15-1　　　　　　　　　选择高压电气设备的一般技术条件

电气设备名称	额定电压（kV）	额定电流（A）	额定容量（kVA）	机械荷载（N）	绝缘水平	额定开断电流（kA）	短路电流校验	
							动稳定	热稳定
断路器	√	√		√	√	√	√	√
负荷开关	√	√		√	√		√	√
隔离开关	√	√		√	√		√	√
敞开式组合电器	√	√		√	√		√	√
熔断器	√	√		√	√	√		
电流互感器	√	√		√	√		√	√
电压互感器	√			√	√			
限流电抗器	√	√		√	√		√	√
消弧线圈	√	√	√	√	√			
避雷器	√				√			
封闭电器	√	√		√	√	√	√	√
穿墙套管	√	√		√	√		√	√
绝缘子	√			√	√			√①

① 悬式绝缘子不校验动稳定。

一、长期工作条件

1. 按额定电压选择

所选电气设备的额定电压应不小于我国采用的标称额定电压等级。

$$U_N \geqslant U_{N_S}$$

$$(15-10)$$

2. 按最高工作电压选择

所选电气设备的最高工作电压 U_{max} 不小于该回路电网的最高运行电压 U_g，即

$$U_{max} \geqslant U_g \tag{15-11}$$

3. 按额定电流选择

所选电气设备的额定电流 I_e 不小于该回路在规定的环境温度下各种可能运行方式的最大持续工作电流 I_g，即

$$I_e \geqslant I_g \tag{15-12}$$

计算时有以下几个应注意的问题：

（1）由于发电机、调相机和变压器在电压降低 5% 时出力保持不变，故其相应回路的 I_{max} 为发电机、调相机或变压器的额定电流的 1.5 倍。

（2）若变压器有过负荷运行可能时，I_{max} 应按过负荷确定（1.3～2 倍变压器额定电流）。

（3）母联断路器回路一般可取母线上最大一台发电机或变压器的 I_{max}。

（4）出线回路的 I_{max} 除考虑正常负荷电流（包括线路损耗）外，还应考虑事故时由其他回路转移过来的负荷。

4. 按机械荷载选择

所选电气设备端子的允许荷载，应大于设备引线在正常运行和短路时的最大作用力。

二、短路稳定条件

1. 校验的一般条件

（1）电气设备在选定后应按可能通过的最大断路电流进行动、热稳定校验，校验的短路电流一般取三相短路时短路电流，若发电机出口的两相短路，或中性点直接接地系统及自耦变压器等回路中的单相、两相接地短路较三相短路严重时，则应按严重情况校验。

（2）用熔断器保护的电气设备可不验算热稳定。当熔断器有限流作用时，可不验算动稳定。用熔断器保护的电压互感器回路，可不验算动、热稳定。

2. 短路的热稳定条件。 该条件为

$$I_t^2\, t \geqslant I_\infty^2\, t_k \tag{15-13}$$

$$I_t^2\, t \geqslant Q_k \tag{15-14}$$

式中 I_t——t 秒内电气设备允许通过短路热稳定电流有效值，kA，查阅设备样本；

$\quad\ I_\infty$——系统短路热稳定电流，kA；

$\quad\ t_k$——短路的等效持续时间，s；

$\quad\ Q_k$——计算时间 t_k 内短路电流的热效应，kA² · s。

校验短路热稳定所用时间 t_k 按式（15-15）计算，即

$$t_k = t_b + t_d \tag{15-15}$$

式中 t_b——保护装置后备保护动作时间，s；

$\quad\ t_d$——断路器全分闸时间，s。

采用无延时保护时，t_k 可取表 15-2 中的数据。该数据为继电保护装置的起动和执行机构的动作时间，断路器的固有分闸时间以及断路器触点电弧持续时间的总和。当继电保护装置有延时时，则应按表 15-2 中数据加上相应的整定时间。

表 15 - 2	校验热效应的计算时间	单位：s
断路器开断速度	断路器的全分闸时间 t_d	计算时间 t_k
高速断路器	<0.08	0.1
中速断路器	0.08～0.12	0.15
低速断路器	>0.12	0.2

3. 短路动稳定条件

选择电气设备允许通过动稳定电流峰值，应不小于该电气设备所在回路三相短路冲击电流，即

$$i_{sh} \leqslant i_k \ \text{或} \ I_{sh} \leqslant I_k \tag{15-16}$$

式中 i_{sh}、I_{sh}——短路冲击电流峰值及有效值，kA；

i_k、I_k——电气设备允许通过的三相短路电流的峰值及有效值，kA。

电气设备选择时除必须考虑长期工作条件和短路稳定条件外，还要考虑温度、湿度、海拔、污秽等级、最大风速和地震烈度等自然条件。

任务三 高压电气设备的选择方法

认知 1 高压断路器的选择

高压断路器选择及校验条件除额定电压、额定电流、热稳定、动稳定校验（参见本项目的任务二）外，还应注意以下几点：

1. 断路器种类和型式的选择

高压断路器应根据断路器安装地点、环境和使用条件等要求选择其种类和形式。现代电力系统中除 10kV 和 35kV 配电装置中部分采用真空断路器外，其他电压等级配电装置中均采用 SF_6 断路器。操动机构的形式可根据安装调试方便和运行可靠性进行选择。

2. 额定开断电流选择

在选择高压断路器时，在额定电压下所选断路器能够可靠地断开三相短路电流周期分量的有效值，即

$$I_k^{(3)} \leqslant I_{Ns} \tag{15-17}$$

当 I_{Ns} 较系统短路电流大很多时，为了简化计算，也可用次暂态电流 I'' 进行选择，即

$$I'' \leqslant I_{Ns} \tag{15-18}$$

3. 额定关合电流选择

为了在关合短路时安全，断路器关合电流峰值应大于系统短路冲击电流峰值，即

$$i_k \leqslant i_{Ns} \tag{15-19}$$

认知 2 隔离开关的选择

隔离开关选择及校验条件除额定电压、额定电流、热稳定、动稳定校验（以上参见本

231

项目的任务二）外，还应注意其种类和形式的选择，尤其屋外式隔离开关的形式较多，对配电装置的布置和占地面积影响很大，因此其形式应根据配电装置特点和要求以及技术经济条件来确定。表 15 - 3 所示为隔离开关选型参考表。

表 15 - 3   **隔离开关选型参考表**

使用场合		特点	参考型号
	屋内配电装置 成套高压开关柜	三级，10kV 以下	GN2，GN6，GN8，GN19
屋内	发电机回路，大电流回路	单极，大电流 3000～13000A	GN10
		三级，15kV，200～600A	GN11
		三级，10kV，大电流 2000～3000A	GN18，GN22，GN2
		单极，插入式结构，带封闭罩 20kV，大电流 10000～13000A	GN14
屋外	220kV 及以下各型配电装置	双柱式，220kV 及以下	GW4
	高型，硬母线布置	V 形，35～110kV	GW5
	硬母线布置	单柱式，220～500kV	GW6
	20kV 及以上中型配电装置	三柱式，220～500 kV	GW7

认 知 3 　互 感 器 的 选 择

一、电流互感器的选择

1. 一次侧额定电压和电流的选择

选择的电流互感器一次回路允许最高工作电压和最大电流应不小于该回路最高运行电压和回路电流，即

$$U_{Ns} \geqslant U_g \text{ 和 } I_{Ns} \geqslant I_{max} \tag{15-20}$$

式中 U_g——电流互感器所在电力网的额定电压，kV；

U_{Ns}、I_{Ns}——电流互感器的一次侧额定电压和电流；

    I_{max}——电流互感器一次回路最大工作电流，A。

2. 电流互感器额定二次负荷的选择

电流互感器二次负荷（S_e）可按式（15-21）计算，即

$$S_{N2} = I_{N2}^2 Z_{2L} \tag{15-21}$$

因为电流互感器的二次电流（I_{N2}）已经标准化为 5A 或 1A，所以，二次负荷主要取决于外接阻抗 Z_{2L}，可按式（15-22）测量计算，应满足选用的电流互感器额定负荷的要求，即

$$Z_{2L} = r_1 + r_2 + r_3 + r_4 \tag{15-22}$$

式中 r_1、r_2——测量仪表和继电器的电流线圈电阻，Ω；

    r_3——连接导线电阻，Ω；

    r_4——接触电阻，通常取 0.5Ω。

实践表明，变电站应用截面不低于 1.5mm² 的铜芯控制电缆，以满足机械强度要求。

3. 准确级的选择

0.2 级一般用于精密测量，0.5 级用于电能计量，1 级用于盘式指示仪表，3 级用于过电流保护，10 级用于非精密测量及继电保护，D 级用于差动保护。电流互感器准确级不得低于所供测量仪表准确级。当所供仪表要求不同准确级时，应按最高等级来确定互感器准确级。

4. 热稳定校验

电流互感器热稳定能力常以 1s 允许通过一次额定电流 I_{N1} 的倍数 K_t 来表示，即

$$(K_t I_{N1})^2 \geqslant I_\infty^2 t_k (或 \geqslant Q_k) \tag{15-23}$$

式中　I_∞——短路电流稳态值；

　　　t_k——短路计算时间。

5. 动稳定校验

电流互感器常以允许通过一次额定电流最大值（$\sqrt{2} I_{N1}$）的倍数 K_{es}（动稳定电流倍数）表示其内部动稳定能力，所以内部动稳定校验式为

$$\sqrt{2} I_{N1} K_{es} \geqslant i_k \tag{15-24}$$

短路电流不仅在电流互感器内部产生作用，而且由于相与相之间电流的作用使绝缘子瓷帽上承受外力作用，因此，对于绝缘型电流互感器应校验瓷套管的机械强度。瓷套管上的作用力可由一般电动力公式计算，所以外部动稳定应满足

$$F_{al} \geqslant 0.5 \times 1.73 \times 10^{-7} i_k^2 l / a \quad (N) \tag{15-25}$$

式中　F_{al}——作用于电流互感器瓷帽端部分的允许应力；

　　　l——电流互感器出线端至最近一个母线支柱绝缘子之间的跨距；

　　0.5——系数，表示互感器瓷套管端部承受的电动力为该跨上电动力的一半。

对于瓷绝缘的母线型电流互感器（如 LMC 型），其端部作用力可用式（15-26）计算，即

$$F_{al} \geqslant 1.73 \times 10^{-7} i_k^2 l / a \quad (N) \tag{15-26}$$

6. 电流互感器形式选择

（1）10kV 电流等级互感器形式选择。10kV 屋内配电装置或成套开关柜中，母线一般选用 LMZ 型系列的电流互感器，配电柜一般选用 LA 型、LQJ 型、LZJ 型 LZZBJ9—12 型电流互感器。在具体选用电流互感器时，应根据开关柜的结构形式选择，一般都选用环氧树脂浇注的全封闭式电流互感器或电子式互感器。

（2）35kV 电流等级互感器型式选择。35kV 户外型电流互感器一般选用油浸瓷箱式绝缘结构的独立式电流互感器，常用 LB 系列、LABN 系列。户内型电流互感器一般选用 LCZ 系列环氧树脂浇注半封闭支柱式电流互感器，或 LZZB 系列环氧树脂浇注全封闭支柱式电流互感器或电子式互感器。

（3）110～220kV 电流等级互感器型式选择。110kV、220kV 的电流互感器，一般可选用 LB7 型油纸绝缘电容型且带金属膨胀器的全密封结构的户外型电流互感器，或选用

LB6 型油箱瓷套管式电容型结构的户外型电流互感器，或选用 LVQB – 110W_2 型、LVQB -220 W_2 型 SF_6 气体绝缘电流互感器或电子式互感器。

二、电压互感器的选择

1. 电压互感器一次回路额定电压选择

为了确保电压互感器安全和在规定的准确级下运行，电压互感器一次绕组所接电力网电压应在（1.2～0.85）U_{N1} 范围内变动，即

$$1.2U_{N1} > U_{Ns} > 0.85U_{N1} \tag{15-27}$$

式中　U_{N1}——电压互感器一次侧额定电压，选择时应满足 $U_{N1} = U_{Ns}$。

2. 电压互感器二次回路额定电压选择

电压互感器二次侧电压必须与所接仪表或继电保护的要求相适应。根据电压互感器接线方式的不同，二次侧电压各不相同，电压互感器额定电压选择如表 15-4 所示。

表 15-4　　　　　　　　　　　电压互感器额定电压选择

形式	一次电压（V）		二次电压（V）	第三绕组电压（V）	
单相	接于一次线电压上（如 V/V 接线）	U_{Ns}	100	—	—
	接于一次相电压上	$U_{Ns}/\sqrt{3}$	$100/\sqrt{3}$	中性点非直接接地系统	$100/3$、$100/\sqrt{3}$
				中性点直接接地系统	100
三相	U_{Ns}		100	$100/\sqrt{3}$	

3. 电压互感器容量和准确级选择

首先根据仪表和继电器接线要求选择电压互感器接线方式，并尽可能将负荷均匀分布在各相上，然后计算各相负荷大小，按照所接仪表的准确级和容量选择互感器的准确级额定容量。有关电压互感器准确级的选择原则，可参照电流互感器准确级选择。

电压互感器的额定二次容量（对应于所要求的准确级）S_{N2} 应不小于电压互感器的二次负荷 S_2，即

$$S_{N2} \geqslant S_2 \tag{15-28}$$

$$S_2 = \sqrt{(\sum S_0\cos\varphi)^2 + (\sum S_0\sin\varphi)^2} = \sqrt{(\sum P_0)^2 + (\sum Q_0)^2} \tag{15-29}$$

式中　S_0，P_0，Q_0——各仪表的视在功率、有功功率和无功功率；

　　　　$\cos\varphi$——各仪表的功率因数。

因电压互感器三相负荷常不相等，为了满足准确级要求，常以最大相负荷进行比较。

计算电压互感器各相的负荷时，必须注意互感器和负荷的接线方式。表 15-5 列出电压互感器和负荷接线方式不一致时每相负荷的计算公式。

表 15－5　电压互感器二次绕组负荷计算公式

接线及相量	图			
A	$P_A = [S_{ab}\cos(\varphi_{ab}-30°)]/\sqrt{3}$ $Q_A = [S_{ab}\sin(\varphi_{ab}-30°)]/\sqrt{3}$		AB	$P_{AB} = \sqrt{3}S\cos(\varphi+30°)$ $Q_{AB} = \sqrt{3}S\sin(\varphi+30°)$
B	$P_B = [S_{ab}\cos(\varphi_{ab}+30°)+S_{bc}\cos(\varphi_{bc}-30°)]/\sqrt{3}$ $Q_B = [S_{ab}\sin(\varphi_{ab}+30°)+S_{bc}\sin(\varphi_{bc}-30°)]/\sqrt{3}$		BC	$P_{BC} = \sqrt{3}S\cos(\varphi-30°)$ $Q_{BC} = \sqrt{3}S\sin(\varphi-30°)$
C	$P_C = [S_{bc}\cos(\varphi_{bc}+30°)]/\sqrt{3}$ $Q_c = [S_{bc}\sin(\varphi_{bc}+30°)]/\sqrt{3}$			

　　电压互感器用于主变压器计量时应选用 0.2 级，用于一般电能计量选用 0.5 级，用于测量控制选用 0.5 级，用于电压侧计量时不应低于 1 级，用于继电保护不应低于 3P。

　　由于 220kV 变电设备要求配双套保护，并考虑到设备保护、自动装置和测量仪表的要求，电压互感器一般应具有 3 个二次绕组，即两个主二次绕组、一个辅助二次绕组。其中一个主二次绕组的准确级应不低于 0.5 级。

　　4. 电压互感器型式选择

　　电压互感器的种类和型式应根据装设地点和使用条件进行选择。

　　（1）10～35kV 电压等级互感器型式选择。10～35kV 配电装置一般采用树脂浇注绝缘结构的电压互感器。

　　（2）110kV 电压等级互感器型式选择。110kV 户外配电装置一般采用油浸式电磁式或电容式电压互感器。新建智能变电站中逐步推广使用电子式互感器。

　　（3）220kV 及以上电压等级互感器型式选择。220kV 及以上配电装置中，当容量和准确级满足要求时，一般采用电容式电压互感器或采用 GIS 电子式互感器。

认知 4　高压熔断器的选择

一、高压熔断器按额定电压、额定电流来选择

　　1. 额定电压选择

　　对于一般的高压熔断器，其额定电压 U_{Ns} 必须不小于电网的额定电压 U_N，即

$$U_{Ns} \geqslant U_N \tag{15-30}$$

　　但是对于有限流作用的熔断器，则不宜使用在低于熔断器额定电压的电网中，这是因为限流式熔断器灭弧能力很强，在短路电流达到最大值之前就将电流截断，致使熔体熔断时因截流而产生过电压，其过电压倍数与电路参数及熔体长度有关。一般在 $U_{Ns}=U_N$ 的电网中，过电压倍数为 2～2.5 倍，不会超过电网中电气设备的绝缘水平，但如在 $U_{Ns}>U_N$ 的电网中，因熔体较长，过电压值可达 3.5～4 倍相电压，可能损害电网中的电气设备。

2. 额定电流选择

熔断器的额定电流选择，包括熔管额定电流和熔体额定电流的选择。

（1）熔管额定电流的选择。为了保证熔断器载流及接触部分不致过热和损坏，高压熔断器熔管的额定电流 I_{Nft} 应不小于熔体的额定电流 I_{Nf}，即

$$I_{Nft} \geqslant I_{Nf} \qquad (15-31)$$

（2）熔体额定电流的选择。为了防止熔体在通过变压器励磁涌流和保护范围以外的短路及电动机自启动等冲击电流时误动作，保护 35kV 及以下电力变压器的高压熔断器，其熔体的额定电流可按式（15-32）选择，即

$$I_{Nft} = KI_{max} \qquad (15-32)$$

式中 K——可靠系数（不计电动机自启动时 $K=1.1\sim1.3$，考虑电动机自启动时 $K=1.5\sim2.0$）；

$\quad\quad I_{max}$——电力变压器回路最大工作电流。

用于保护电力电容器的高压熔断器的熔体，当系统电压升高或波形畸变引起回路电流增大或运行过程中产生涌流时不应误熔断，其熔体按式（15-33）选择，即

$$I_{Nft} = KI_{NC} \qquad (15-33)$$

式中 K——可靠系数（对限流式高压熔断器，当一台电力电容器时 $K=1.5\sim2.0$，一组电力电容器时 $K=1.3\sim1.8$）；

$\quad\quad I_{NC}$——电力电容器回路的额定电流。

二、熔断器的校验

熔断器选择时按开断电流和选择性来校验。

1. 熔断器开断电流校验

$$I_{Nbr} \geqslant I_{K}（或 I''） \qquad (15-34)$$

对于没有限流作用的熔断器，选择时用冲击电流的有效值 I_{K} 进行校验；对于有限流作用的熔断器，在电流达最大值之前已截断，故可不计非周期分量影响，而采用 I'' 进行校验。

2. 熔断器选择性校验

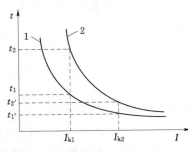

图 15-2 熔体的安—秒（保护）
特性曲线
1—熔体 1 的特性曲线；2—熔体 2
的特性曲线

为了保证前后两级熔断器之间或熔断器与电源（或负荷）保护装置之间动作的选择性，应进行熔体选择性校验。各种型号熔断器的熔体熔断时间可由制造厂提供的安—秒特性曲线查出。图 15-2 所示为两个不同熔体的安—秒特性曲线，同一电流同时通过此两熔体时熔体 1 先熔断。所以，为了保证动作的选择性，前一级熔体应采用熔体 1，后一级熔体应采用熔体 2。

对于保护电压互感器用的高压熔断器，只需按额定电压及断流容量两项来选择。

认知 5　避雷器的选择

一、按额定电压选择

选择的避雷器额定电压不得小于所在保护回路的标称额定电压，如式（15-35），即

$$U_{bN} \geqslant U_{sN}$$

（15-35）

式中　U_{bN}——避雷器的额定电压，kV；

　　　U_{sN}——系统标称额定电压，kV。

氧化锌避雷器的额定电压应不小于避雷器的工频过电压，如式（15-36）所示，即

$$U_{bN} \geqslant U_g$$

（15-36）

式中　U_g——氧化锌避雷器工频参考电压，kV。

中性点有效接地系统，避雷器的额定电压一般与避雷器的直流 1mA 参考电压接近或相等。而中性点非有效接地时，选择氧化锌避雷器的直流 1mA 参考电压为额定电压的 1.2～1.4 倍。

无间隙金属氧化物避雷器持续运行电压和额定电压见表 15-6。

表 15-6　　　　　　　无间隙金属氧化物避雷器持续运行电压和额定电压

系统接地方式		持续运行电压（kV）		额定电压（kV）	
		相地	中性点	相地	中性点
有效接地	110kV	$U_m/\sqrt{3}$	$0.45U_m$	$0.75U_m$	$0.57U_m$
	220kV	$U_m/\sqrt{3}$	$0.13U_m$（$0.45U_m$）	$0.75U_m$	$0.17U_m$（$0.57U_m$）
不接地	3～20kV	$1.1U_m$	$0.64U_m$	$1.38U_m$	$0.8U_m$
	35kV、66kV	U_m	$U_m/\sqrt{3}$	$1.25U_m$	$0.72U_m$
消弧线圈		U_m	$U_m/\sqrt{3}$	$1.25U_m$	$0.72U_m$
低电阻		$0.8U_m$		U_m	
高电阻		$1.1U_m$	$1.1U_m/\sqrt{3}$	$1.38U_m$	$0.8U_m$

注　220kV 括号外、内数据分别对应变压器中性点接地电抗器接地和不接地。

二、按持续运行电压选择

为保证选择的避雷器具有一定的使用寿命，长期施加于避雷器上的运行电压不得超过避雷器的持续运行电压，如式（15-37），即

$$U_{by} \geqslant U_{xg}$$

（15-37）

式中　U_{by}——金属氧化物避雷器的持续运行电压有效值，kV；

　　　U_{xg}——氧化锌避雷器工频参考电压，kV。

对于电容器组的电压应为电容器组的额定电压，因为电容器组回路中串联有电抗器，它使得电容器的端电压高于系统的最高相电压。

三、按雷电冲击残压选择

避雷器的额定电压 U_{bN} 选定后，避雷器在流过标称放电电流而引起的雷电冲击残压 U_{ble} 便是一个确定的数值。它与设备绝缘的全波雷电冲击耐压水平（BIL）比较，应满足

绝缘的配合要求，如式（15－38），即

$$U_{ble} \leqslant \frac{BIL}{K_c}$$

(15－38)

式中　U_{ble}——避雷器额定雷电冲击电流下残压峰值，kV；

　　　BIL——各类设备绝缘全波雷电冲击耐压水平，kV，具体数值查阅《高压输变电设备的绝缘配合》（GB 311.1—1997）；

　　　K_c——雷电冲击绝缘配合因数，根据《高压输变电设备的绝缘配合》（GB 311.1—1997），K_c取 1.4。

四、按标称放电电流选择

10kV 配电设备过电压保护选用的氧化锌避雷器标称放电电流一般选择 5kA；35kV 的一般选用 5kA、10kA；110kV 的一般选用 5kA、10kA；220kV 的一般选用 10kA。35 级变压器中性点过电压保护选用的氧化锌避雷器标称放电电流选择 1.5kA、5kA；110kV 的选择 1kA、1.5kA；220kV 的选择 1.5kA。

五、校核陡波冲击电流下的残压

避雷器应满足截断雷电流冲击耐受峰值电压的配合，如式（15－39），即

$$U'_{ble} \leqslant \frac{BIL'}{K_c} = \frac{1.15BIL}{K_c}$$

(15－39)

式中　U'_{ble}——避雷器陡波冲击电流下残压（峰值），kV，该值由有关避雷器电气特性中查取；

　　　BIL'——变压器类设备内绝缘截断雷电冲击耐受电压（峰值），kV，具体数值查阅《高压输变电设备的绝缘配合》（GB 311.1—1997）。

六、按操作冲击残压选择

220kV 及以下氧化锌避雷器操作冲击残压按式（15－40）计算，即

$$U_s \leqslant \frac{SIL}{K_c} = \frac{1.35U_{gs}}{K_c}$$

(15－40)

式中　U_s——避雷器操作冲击电流下残压（峰值），kV，该值由有关避雷器电气特性中查取；

　　　SIL——变压器线端操作波试验电压，kV，具体数值查阅《电力预防性试验规程》（DL/T 596—1996）；

　　　U_{gs}——各类电气设备短时（1min）工频试验电压，kV，具体数值查阅《高压输变电设备的绝缘配合》（GB 311.1—1997）。

认知 6　支持绝缘子和穿墙套管的选择

绝缘子应按额定电压和类型选择，并进行短路时动稳定校验。穿墙套管应按照额定电压、额定电流和类型选择，按短路条件进行动、热稳定校验。

一、按额定电压选择支柱绝缘子和穿墙套管

支柱绝缘子和穿墙套管的选择和校验如表 15－7 所示。

表 15-7　　　　　　　　　　　　支柱绝缘子和穿墙套管的选择和校验

项目	额定电压	额定电流	热稳定	动稳定
支柱绝缘子	式（15-10）			式（15-41）
穿墙套管		式（15-12）	式（15-13）	

二、支柱绝缘子和穿墙套管的动稳定校验

支柱绝缘子和穿墙套管的动稳定校验应满足支柱绝缘子或穿墙套管的允许荷载 F_{al} 不小于加于支柱绝缘子或穿墙套管上的最大计算力 F_{ca}，即

$$F_{al} \geqslant F_{ca} \tag{15-41}$$

F_{al} 可按照生产厂家给出的破坏荷载 F_{ca} 的 60％ 考虑，即最严重短路情况下作用于支柱绝缘子或穿墙套管上的最大电动力，由于母线电动力是作用在母线截面中心上，而支柱绝缘子的抗弯破坏荷载是按作用在绝缘子帽上给出的，如图 15-3 所示，二者力臂不等，短路时作用于绝缘子帽上的最大计算力为

$$F_{ca} = \frac{H}{H_1} F_{max} \tag{15-42}$$

式中　F_{max}——最严重短路情况下作用于母线上的最大电动力，N；

　　　　H_1——支柱绝缘子高度，mm；

　　　　H——从绝缘子底部至母线水平中心线的高度，mm。

图 15-3 中，b 为母线支持片的厚度，一般竖放矩形母线 $b=18\text{mm}$，平放矩形母线 $b=12\text{mm}$。

布置在同一水平面内的三相母线（图 15-4），在发生短路时，支柱绝缘子所受的力为

$$F_{max} = 1.73 \times 10^{-7} i_{ch}^2 L_{ca}/a \tag{15-43}$$

式中　a——母线间距，mm；

　　　　L_{ca}——计算跨距，mm，对母线中间的支柱绝缘子，L_{ca} 取相邻跨距之和的一半，对母线端头的支柱绝缘子，L_{ca} 取相邻跨距的一半，对穿墙套管，则取套管长度与相邻跨距之和的一半。

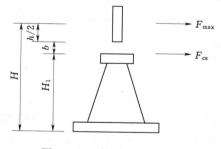

图 15-3　支柱绝缘子受力

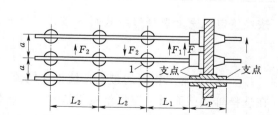

图 15-4　绝缘子和穿墙套管所受电动力

认知 7　母线和电缆的选择

一、母线的选择与校验

1. 母线材料、类型和布置方式

母线分为软母线和硬母线，一般采用铝或铝合金材料作为导体材料。

软母线有钢芯铝绞线、组合导线、分裂导线和扩径导线等。

硬母线分为矩形、槽形和管形 3 种。矩形母线一般用于 35kV 及以下、电流在 4000A 及以下的配电装置中。槽形母线一般用在 4000～8000A 的配电装置中。管形母线用于 8000A 以上的大电流系统中，或用于 110kV 及以上的配电装置中。

导体的散热和机械强度与导体布置方式有关。导体的布置方式应根据载流量的大小、短路电流水平和配电装置的具体情况而定。

2. 导体截面选择

导体截面可按长期发热允许电流或经济电流密度选择。除配电装置的汇流母线及较短导体按最大长期工作电流选择截面外，其余导体截面一般按经济电流密度来选择。

(1) 按最大长期工作电流选择。母线长期发热的允许电流 I_{a1}，应不小于所在回路的最大长期工作电流 I_{max}，即

$$KI_{a1} \geqslant I_{max} \tag{15-44}$$

式中　I_{a1}——相对于母线允许温度和标准环境条件下导体长期允许电流；

　　　K——与环境温度和海拔有关的综合修正系数。

(2) 按经济电流密度选择。按经济电流密度选择母线截面可使年综合费用最低。对于不同的导体种类和不同的最大负荷利用小时数 T_{max}，将有一个年计算费用最低的电流密度，称为经济电流密度 J。表 15-8 所示为我国目前仍然沿用的经济电流密度值。

表 15-8　　　　　　　　　　　　　经济电流密度值

导体材料	最大负荷利用小时数 T_{max}（h）		
	3000 以下	3000～5000	5000 以上
裸铜导线和母线	3.0	2.25	1.75
裸铝导线和母线（钢芯）	1.65	1.15	0.9
钢芯电缆	2.5	2.25	2.0
铝芯电缆	1.92	1.73	1.54
钢线	0.45	0.4	0.35

按经济电流密度选择母线截面 S 按式（15-45）计算，即

$$S = \frac{I_{max}}{J} \tag{15-45}$$

式中　I_{max}——正常工作时的最大持续工作电流。

在选择母线截面时，应尽量接近按式（15-45）计算所得到的截面。当无合适规格的导体时，为节约投资，允许选择小于经济截面的导体，但要求同时满足式（15-44）的要求。

3. 母线热稳定校验

按正常电流及经济电流密度选出母线截面后，还应按热稳定校验。按热稳定要求的导体最小截面为

$$S_{min} = \frac{I_\infty}{C} \sqrt{t_{dz}K_s} \tag{15-46}$$

式中　I_∞——短路电流稳态值，A；

　　　K_s——集肤效应系数，对于矩形母线截面在 100mm² 以下，$K_s=1$；

　　　t_{dz}——热稳定计算时间，s；

　　　C——热稳定系数。

热稳定系数 C 值与材料及发热温度有关。母线的 C 值查阅有关手册。

4. 母线的动稳定校验

各种形状的母线通常都安装在支持绝缘子上，当冲击电流通过母线时，电动力将使母线产生弯曲应力，因此必须校验母线的动稳定性。

安装在同一平面内的三相母线，其中间相受力最大，即

$$F_{max}=1.73\times10^{-7}K_f i_{ch}^2 l/a \tag{15-47}$$

式中　K_f——母线形状系数，当母线相间距离远大于母线截面周长时，$K_f=1$，其他情况可由有关手册查得；

　　　l——母线跨距，m；

　　　a——母线相间距，m。

母线通常每隔一定距离由绝缘瓷瓶自由支撑着。因此当母线受到电动力作用时，可以将母线看成一个多跨距载荷均匀分布的梁，当跨距段在两段以上时，其最大弯曲力矩为

$$M=\frac{F_{max}l}{10} \tag{15-48}$$

若只有两段跨距时，则

$$M=\frac{F_{max}l}{8} \tag{15-49}$$

式中　F_{max}——一个跨距长度母线所受的电动力，N。

母线材料在弯曲时最大相间计算应力为

$$\sigma_{ca}=\frac{M}{W} \tag{15-50}$$

式中　W——母线对垂直于作用力方向轴的截面系数，又称抗弯矩，m³，其值与母线截面形状及布置方式有关，对常遇到的几种情况的计算式列于图 15-5 中。

要想保证母线不致弯曲变形而遭到破坏，必须使母线的计算应力不超过母线的允许应力，即母线的动稳定性校验条件为

$$\sigma_{ca}\leqslant\sigma_{al} \tag{15-51}$$

式中　σ_{al}——母线材料的允许应力，对硬铝母线 $\sigma_{al}=69$MPa；对硬铜母线 $\sigma_{al}=137$MPa。

如果在校验时 $\sigma_{ca}\leqslant\sigma_{al}$，则必须采取措施减小母线的计算应力。具体措施有：将母线由竖放改为平放；增大母线截面，但会使投资增加；限制短路电流值能使 σ_{ca} 大大减小，但需增设电抗器；增大相间距离 a；减小母线跨距 l 的尺寸，此时可以根据母线材料最大允许应力来确定绝缘瓷瓶之间最大允许跨距，即

$$l_{max}=\sqrt{\frac{10\sigma_{al}W}{F_1}} \tag{15-52}$$

式中　F_1——单位长度母线上所受的电动力，N/m。

当矩形母线水平放置时，为避免导体因自重而过分弯曲，所选取跨距一般不超过

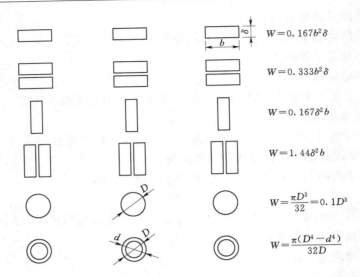

$$W=0.167b^2\delta$$

$$W=0.333b^2\delta$$

$$W=0.167\delta^2b$$

$$W=1.44\delta^2b$$

$$W=\frac{\pi D^3}{32}=0.1D^3$$

$$W=\frac{\pi(D^4-d^4)}{32D}$$

图 15-5　母线抗弯矩 W 计算表

1.5~2m。考虑到绝缘子支座及引下线安装方便，常取绝缘子跨距等于配电装置间隔宽度。

二、电缆的选择与校验

电力电缆是根据其结构类型、电压等级和经济电流密度来选择，并需以其最大长期工作电流、正常运行情况下的电压损失以及短路时的热稳定进行校验。

1. 电缆型号的选择

根据电缆的用途、电缆敷设的方法和使用场所，选择电缆的芯数、芯线的材料、绝缘的种类、保护层的结构以及电缆的其他特征，最后确定电缆的型号。现代电力系统中一般均采用交联聚氯乙烯电缆、聚氯乙烯电缆或橡皮绝缘电缆等。

2. 按额定电压选择

电缆的额定电压 U_{Ns} 不低于敷设地点电网额定电压 U_N，即

$$U_{Ns} \geqslant U_N \tag{15-53}$$

3. 电缆截面的选择

一般根据最大长期工作电流选择电缆，但电缆的最大负荷利用小时数超过 5000h，且长度超过 20m 时，应按经济电流密度来选择。电缆截面选择方法与裸导体基本相同，可按式（15-44）和式（15-45）计算。需要注意的是，式（15-44）用于电缆选择时，其修正系数 K 与敷设方式和环境温度有关，可由有关手册查得。

4. 热稳定校验

电缆截面热稳定的校验方法与母线热稳定校验方法相同。满足热稳定要求的最小截面可按式（15-54）求得，即

$$S_{min} = \frac{I_\infty}{C}\sqrt{t_{dz}} \tag{15-54}$$

式中　C——与电缆材料及允许发热有关的系数。

验算电缆热稳定的短路点按下列情况确定：

（1）单根无接头电缆，选电缆末端短路；长度小于 200m 电缆，可选电缆首端短路。

（2）有接头电缆，短路点选择在第一个中间接头处。

（3）无接头的并列连接电缆，短路点选在并列点后。

5. 电压损失校验

对供电距离较远、容量较大电缆线路，电缆电压损失应不大于额定电压的 5％，即

$$\Delta U\% = \frac{\sqrt{3} I_{max} \rho L}{U_{Ns} S} \times 100\% \leqslant 5\% \tag{15-55}$$

式中　S——电缆截面；

　　　　L——电缆长度；

　　　　ρ——电缆内导体的电阻率，铝芯 $\rho = 0.035 \Omega mm^2/m$（50℃）；铜芯 $\rho = 0.0206 \Omega mm^2/m$（50℃）。

认知 8　主变压器的选择

一、主变压器容量的选择

（1）按电网发展规划选择主变压器容量。主变压器容量一般按变电站建成后 5～10 年的发展规划负荷选择，并适当考虑到远期 10～20 年的负荷发展。对于城市郊区变电所，选择的主变压器容量与城市发展规划相符合。

（2）按电压等级选择主变压器容量。变电站主变压器容量选择的一般原则为电压等级高、变电站密度低，主变压器的容量就要选择大些；电压等级低、变电站密度高，一般变压器的容量可选择小些。

（3）根据变电站所带负荷的性质和电网结构来选择主变压器的容量。对于重要负荷的变电站，应考虑当一台主变压器停运时，其余变压器容量在计及过负荷能力时，在允许时间内应保证用户的一级和二级负荷；对于一般变电站，当一台主变压器停运时，其余变压器容量应能保证全部负荷的 70％～80％。

（4）同级电压的单台变压器容量的级别。同级电压的单台变压器容量的级别不宜太多，应从全网出发，推行主变压器容量的系列化、标准化。一个地区的电网中，同一级电压的主变压器单台容量不宜超过 3 种。一般在同一变电站中同一电压等级的主变压器宜采用相同容量规格。

（5）按容载比确定主变压器的容量。容载比是指电网变电站主变压器容量（kVA）在满足供电可靠性基础上与对应的网供最大负荷（kW）的比值。变电站容载比的大小与负荷分散系数、平均功率因数、变压器运行率及变压器储备系数有关。《城市电力网规划设计导则》中规定，电网变电容载比一般为：

220kV 电网　1.6～1.9。

35～110kV 电网　1.8～2.1。

（6）按负荷密度选择变电站主变压器的容量。供电负荷密度高度地区一般选择大、中型变电站，电压等级为 110kV 或 220 kV。变电站主变压器容量可按照式（15-56）计算，即

$$S = \frac{P_d S_j}{\cos \varphi} \tag{15-56}$$

式中　S——主变压器容量，kVA；

　　P_d——负荷密度，kW/km^2；

　　S_j——经济开发应用电面积，km^2。

二、主变压器台数的选择

变电站主变压器台数可按照以下原则确定：

（1）对于只供给二类、三类负荷的变电站，原则上只装一台变压器。

（2）对于供电负荷较大的城市变电站或有一类负荷的重要变电站，应选用两台容量相同的变压器。

（3）对城市郊区的一次变电站，在中、低压侧已构成环网的情况下，变电站以装设两台主变压器为宜；对地区性孤立的一次变电站或大型工业专用变电站，可考虑装设 3 台主变压器；对不重要的较低电压等级的变电所，可以只装设一台主变压器。

三、相数的选择

在 330kV 及以下电力系统中，一般都选用三相变压器。若受到限制时，可考虑选用单相变压器组。

四、绕组数的确定

变压器按其绕组数可分为双绕组普通式、三绕组式、自耦式及低压绕组分裂式等形式。如果两种升高电压级向用户供电或与系统连接时，可采用两台双绕组变压器或三绕组变压器，也可用自耦变压器。110kV 及以上电压等级的变电站中，通常使用三绕组变压器。

五、调压方式的确定

通过切换变压器的分接头开关，改变变压器高压绕组的匝数，从而改变其变比，实现电压调整。切换方式有两种：一种是不带电压切换，称为无励磁调压，调整范围通常在 $\pm 2 \times 2.5\%$ 以内；另一种是带负荷切换，称为有载调压，调整范围可达 30%，其结构复杂，价格较贵。现代电力系统中 35kV 及以上电压的无人值班变电站都宜选用有载调压变压器。

六、绕组接线组别的确定

变压器三相绕组的连接组别必须和系统电压相位一致，否则不能并列运行。电力系统采用的绕组连接方式只有星形"D（d）"和三角形"D（d）"两种。对于三相双绕组变压器的高压侧电压在 110kV 及以上时，三相绕组都采用"YN"连接；35kV 及以下电压等级的均采用"Y"连接。对于三相双绕组变压器的低压侧都采用"d"连接；弱低压侧电压为 380/220V，则三相绕组采用"yn0"连接。

在变电站中，为了限制 3 次谐波，主变压器接线组别一般都选用 Ynd11 常规连接。近年来，国内也有采用全星形连接组别的变压器。全星形变压器是指其连接组别为 YNyn0y0（YNyn0yn0）或 YNy0（YNyn0）的三绕组变压器或自耦变压器。它不仅与 35kV 电网并列时，由于相位一致，连接比较方便，而且零序阻抗较大，有利于限制短路电流。同时也便于在中性点处连接消弧线圈。但是，由于全星形变压器 3 次谐波无通道，引起正弦波电压畸变，并对通信设备产生干扰，同时对继电保护整定的准确度和灵敏度均有影响。

七、冷却方式的选择

变压器的冷却方式主要有干式自冷式、干式风冷式、油浸自冷式、油浸风冷式、强油风冷式、强油水冷式、强油导向风冷或会冷式等。依据变压器容量选择冷却方式。

任务四　110/35/10kV 变电站电气设备选择实例

算例：本工程规模及短路电流计算参见项目十四中的任务五。电气主接线见图15-6。

试完成图 15-6 中的变压器、断路器、隔离开关、避雷器、电流互感器、电压互感器的选择，并将选择结果标注在主接线图上。

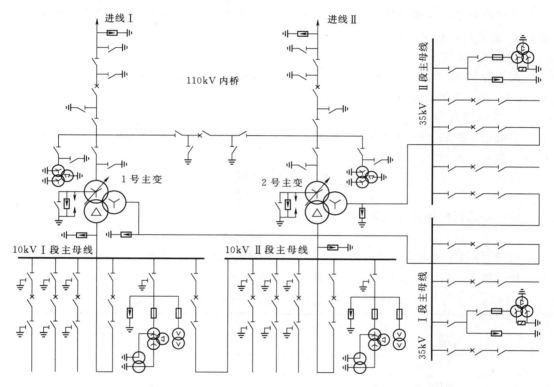

图 15-6　110/35/10kV 变电站电气主接线

一、主变压器的选择

该主变电站根据当地用电负荷情况，选用 SFZ9-31500/110 型三相双绕组油浸风冷、有载调压、低损耗、中性点半绝缘的变压器。变压器分接头选用 $110kV \pm 8 \times 1.25\%/38.5kV \pm 2 \times 2.5\%/10kV$，连接组标号为 YN yn0d11，阻抗电压为 $u_{K_{1-2}}\% = 10.5\%$，$u_{K_{1-3}}\% = 17.5\%$，$u_{K_{2-3}}\% = 6.5\%$。

二、断路器的选择

（一）110kV 断路器的选择

1. 型号的选择

变电站 110kV 侧选用 3AP1-FG-145kV/3150A-40kA 型杭州西门子（SIEMENS）

245

高压开关有限公司的产品。该断路器的主要技术参数为额定电压 145kV，额定电流 3150A，额定短路开断电流 40kA，短时（3s）热稳定耐受电流 40kA，额定动稳定电流 $i_{max}=100kA$，分闸时间 $t_0=0.03s$。

2. 按额定电压选择

选择断路器的额定电压 145kV 大于系统额定电压 110kV。

3. 按额定电流选择

变电所按两台 31500kVA 主变压器运行时，则 110kV 侧额定负荷电流为 331A，选择断路器的额定电流为 3150A，故满足要求。

4. 按额定开断电流选择

选择断路器的额定开断电流 $I_N=40kA$，大于系统三相短路电流周期分量有效值 $I_{k_1}^{(3)}=20kA$，满足开断电流的要求。

5. 动稳定校验

选择断路器的额定动稳定电流 $i_{max}=100kA > i_b=51.00kA$，$I_{max}=60kA > I_b=30.2kA$，满足动稳定要求。

6. 热稳定校验

取继电保护装置后备保护动作时间 $t_{dz}=0.6s$，断路器分闸时间 $t_0=0.03s$，则热稳定校验校验时间 $t_{dz}=0.63s$。

按式（15-13），110kV 侧短路电流稳定热效应为

$$I_\infty^2 t_{dz} = 20^2 \times 0.63 = 252(kA^2 \cdot s)$$

所选断路器的短路电流 3s 热稳定效应为

$$I_t^2 t_t = 40^2 \times 3 = 4800(kA^2 \cdot s)$$

所选断路器 3s 热稳定效应远大于 110kV 侧短路电流热稳定效应，故选择的断路器满足热稳定要求。将计算数据及其额定数据列于表 15-9 中。

表 15-9　　　　　选用 3AP1-FG-145kV/3150A-40kA 型断路器数据表

计　算　数　据	3AP1-FG-145kV/3150A-40kA
额定电压　110kV	145kV
额定电流　331A	3150A
短路电流　20kA	40kA
短路冲击电流　51kA	100kA
热稳定计算值　252kA² · s	4800kA² · s

（二）35kV 断路器的选择

1. 型号选择

35kV 配电装置选用 JGN2B-35 型固定式开关柜，选用 ZN72-40.5 型真空断路器。该断路器的主要技术参数为额定电压 40.5kV，额定电流为 1250A，额定短路开断电流为 25kA，额定峰值耐受电流为 63kA，4s 额定短路耐受电流为 25kA。

2. 按额定电压选择

选择断路器的额定电压 40.5kV 大于系统额定电压 35kV。

3. 按额定电流选择

变压器 35kV 侧额定电流为 520A，按 1.3 倍选择主变压器 35kV 侧的工作电流为 676A，选择断路器的额定电流为 1250A，满足负荷电流。

4. 按额定开断电流选择

选择断路器的额定开断电流为 25kA，大于 35kV 侧短路冲击电流周期分量有效值 8.13kA，满足要求。

5. 动稳定校验

选择断路器的额定峰值耐受电流 $i_{max}=63kA>i_b=20.73kA$，$I_{max}=37kA>I_b=12.27kA$，满足动稳定要求。

6. 热稳定校验

35kV 继电保护动作时间取 $t_{dz}=0.6s$，断路器分闸时间 $t_0=0.03s$，则热稳定校验校验时间 $t_{dz}=0.63s$。

按式（15-13），35kV 侧短路电流稳定热效应为

$$I_\infty^2 t_{dz}=8.13^2\times0.63=41.64(kA^2 \cdot s)$$

所选断路器的短路电流 4s 热稳定效应为

$$I_t^2 t_t=25^2\times4=2500(kA^2 \cdot s)$$

所选断路器 4s 热稳定效应远大于 35kV 侧短路电流热稳定效应，故选择的断路器满足热稳定要求。将计算数据及其额定数据列于表 15-10 中。

表 15-10　　　　　　　　选用 ZN72-40.5 型断路器数据表

计　算　数　据	ZN72-40.5
额定电压 35kV	40.5kV
额定电流 520A	1250A
短路电流 8.13kA	25kA
短路冲击电流 20.73kA	63kA
热稳定计算值 41.64kA² · s	2500kA² · s

（三）10kV 断路器的选择

10kV 配电装置选用 GG-1A（F₁）-10 型固定式开关柜，选择 ZN28A-10/3150-40 型、ZN28A-10/2000-31.5 型、ZN28A-10/1250-20 型真空断路器。

主变压器 10kV 侧额定电流为 1820A，故满足主变压器 10kV 出线、母联及线路出线电流的要求。该断路器额定电压 10kV，最高工作电压为 11.5kV，满足 10kV 工作电压的要求。断路器额定开断电流分别为 40kA、31.5kA、20kA，大于 10kV 系统短路电流有效值 9.47kA。选择断路器额定动稳定电流分别为 100kA、80kA、50kA，大于系统短路冲击电流 24.15kA。选择断路器动稳定耐受电流分别为 40kA、31.5kA、20kA，大于 10kV 系统稳态短路电流 9.47kA，故选择的 ZN28-10 型真空断路器满足要求。

10kV 定时限保护装置动作时间取 $t_{dz}=1.0s$，断路器分闸时间 $t_0=0.06s$，则热稳定校验时间 $t_{dz}=1.06s$。

上述 3 种型号断路器按最小额定开端电流 20kA 进行校验计算。

按式（15-13），10kV 侧短路电流稳定热效应为

$$I_\infty^2 t_{dz} = 18.16^2 \times 1.06 = 350(\text{kA}^2 \cdot \text{s})$$

所选断路器的短路电流 4s 热稳定效应为

$$I_t^2 t_t = 20^2 \times 4 = 1600(\text{kA}^2 \cdot \text{s})$$

所选断路器 4s 热稳定效应远大于 10kV 侧短路电流热稳定效应，故选择的断路器满足热稳定要求。将计算数据及其额定数据列于表 15-11 中。

表 15-11　　　　　　　　选用 ZN28A-10 系列断路器数据表

计算数据	ZN28A-10/3150-40	ZN28A-10/2000-31.5	ZN28A-10/1250-20
额定电压 10kV	10kV	10kV	10kV
额定电流 1820A	3150A	2000A	1250A
短路电流 18.16kA	40kA	31.5kA	20kA
短路冲击电流 46.3kA	100kA	80kA	50kA
热稳定计算值 350kA² · s	6400kA² · s	3969kA² · s	1600kA² · s

三、隔离开关的选择

（一）110kV 侧隔离开关的选择

110kV 侧隔离开关选择 GW4-110D/630 型和 GW4-110ⅡD/630 型。其主要技术参数为：额定电压 110kV，额定电流 630A，额定峰值耐受电流 50kA，额定短时（4s）耐受电流 125kA。将计算数据及其额定数据列于表 15-12 中。

表 15-12　　　　　　　　选用 GW4-110/630 型隔离开关数据表

计算数据	GW4-110D/630	GW4-110ⅡD/630
额定电压 110kV	110kV	110kV
额定电流 331A	3150A	3150A
短路冲击电流 51kA	100kA	100kA
热稳定计算值 252kA² · s	4800kA² · s	4800kA² · s

（二）35kV 侧隔离开关的选择

35kV 侧隔离开关选择 GN27-35（D）型。其主要技术参数为：额定电压 35kV，最高工作电压 40.5kV，额定电流 630A，额定峰值耐受电流 50kA，额定短时（4s）耐受电流 20kA。将计算数据及其额定数据列于表 15-13 中。

表 15-13　　　　　　　　选用 GW4-110/630 型隔离开关数据表

计　算　数　据	GN27-35（D）
额定电压 35kV	35kV
额定电流 520A	630A
短路冲击电流 20.73kA	50kA
热稳定计算值 41.64kA² · s	1600kA² · s

（三）10kV 侧隔离开关的选择

10kV 次总隔离开关选择 GN22 - 10/3150 - 50 型。其主要参数为：额定电压 10kV，最高工作电压 11.5kV，额定电流 3150A，2s 热稳定电流 50kA，动稳定电流 125kA。

10kV 母线分段隔离开关选择 GN22 - 10/2000 - 40 型。其主要参数为：额定电压 10kV，最高工作电压 11.5kV，额定电流 2000A，2s 热稳定电流 40kA，动稳定电流 100kA。

10kV 出线隔离开关选择 GN19 - 10C$_1$/1000 - 31.5 和 GN19 - 10/1000 - 31.5 型。其主要参数为：额定电压 10kV，最高工作电压 11.5kV，额定电流 1000A，4s 热稳定电流 31.5kA，峰值动稳定电流 80kV。将计算数据及其额定数据列于表 15 - 14 中。

表 15 - 14　　　　选用 GN22 - 10 和 GN19 - 10 系列型隔离开关数据表

计算数据	GN22 - 10/3150 - 50	GN22 - 10/2000 - 40	GN19 - 10/1000 - 31.5
额定电压 10kV	10kV	10kV	10kV
额定电流 1820A	3150A	2000A	1000A
短路冲击电流 46.3kA	100kA	80kA	50kA
热稳定计算值 350kA^2·s	10000kA^2·s	6400kA^2·s	3969kA^2·s

四、电流互感器的选择

（一）110kV 电流互感器选择

1. 110kV 进线电流互感器选择

110kV 进线电流互感器选择 LB7 - 110（GYW2）型。其主要参数为：额定电流 2×600/5A，级次组合为 10P15/10P15/0.5/0.2 级，短时（3s）热稳定电流 45kA，额定动稳定电流 115kA。

2. 110kV 母联电流互感器选择

110kV 母联电流互感器选择 LB7 - 110（GYW2）型。其主要参数为：额定电流 2×600/5A，级次组合为 10P15/10P15/10P15/0.5 级，短时（3s）热稳定电流 45kA，额定动稳定电流 115kA。

3. 主变压器进线电流互感器选择

主变压器进线电流互感器选用 LRB - 110 - 200～600/5A 和 LR - 110 - 200～600/5A 型。其主要参数为：额定电流 200～600/5A，级次组合为 10P10/10P10/0.5 级，短时（3s）耐受电流 45kA，额定动稳定电流 115kA。

（二）35kV 电流互感器选择

35kV 侧主变压器进线、母联、出线均选用 LCZ - 35（Q）型户内电流互感器，额定电流分别选择 1200A、600A、300A、200A，级次组合分别为 10P20/10P20，0.5/10P20，短时（1s）耐受电流 48kA、48kA、24kA、18kA。额定动稳定电流 120kA、120kA、60kA、45kA。

（三）10kV 侧电流互感器选择

1. 主变压器 10kV 出线电流互感器选择

主变压器 10kV 出线电流互感器选择 LMZB6 - 10 - 3000/5A 型，额定电流 3000/5A，

级次组合 10P10/10P10/0.5/0.2，动稳定峰值电流 90kA，短时热稳定电流 150kA。

2.10kV 母联电流互感器选择

10kV 母联电流互感器选择 LMZB6－10－2000/5A 型，额定电流 2000/5A，级次组合 10P20/10P20/0.5/0.2，动稳定峰值电流 90kA，短时热稳定电流 100kA。

3.10kV 出线电流互感器选择

10kV 出线电流互感器选择 LQZBJ8－10 型，额定电流根据出线负荷选择 600A、200A 等。级次组合 10P10/10P10/0.5/0.2，短时热稳定电流 20kA，额定动稳定电流 55kA。

以上所选各等级电流互感器的额定电压、额定电流、短时（1s）热稳定电流和额定动稳定电流等参数均满足正常运行及继电保护的要求。

五、电压互感器的选择

（一）110kV 电压互感器选择

110kV 电压互感器选用 WVB110－20（H）型电容式，系统最高电压 126kV，额定绝缘水平 200/480kV，额定一次、二次电压为 $110/\sqrt{3}/0.1/\sqrt{3}/0.1/\sqrt{3}/0.1kV$，额定负载 150VA/150VA/100VA，准确级 0.2/0.5/3P。

（二）35kV 电压互感器选择

35kV 电压互感器选用 JDZXF9－35 型电容式，额定电压 $35/\sqrt{3}/0.1/\sqrt{3}/0.1/\sqrt{3}/0.1/\sqrt{3}kV$，额定负载 100VA/150VA/300VA，准确级 0.2/0.5/6P。

（三）10kV 电压互感器选择

10kV 电压互感器选用 JDZX11－12 型，电压比 10/0.1kV；JDZX11－12 型，电压比 0.2/0.2；JDZX11－12 型，电压比 $\dfrac{10}{\sqrt{3}}/\dfrac{0.1}{\sqrt{3}}/\dfrac{0.1}{\sqrt{3}}$，0.5/6P。

六、避雷器的选择

（一）110kV 避雷器的选择

1.110kV 线路避雷器的选择

（1）按额定电压选择。110kV 系统最高电压为 126kV，相对地最高电压为 $126/\sqrt{3}=72.8$（kV），选择氧化锌避雷器的额定电压为 $0.75U_{max}=0.75\times126kV=94.5kV$，取氧化锌避雷器的额定电压为 100kV。

（2）按持续运行电压选择。110kV 系统相对地最高电压为 73kV，故选择氧化锌避雷器持续运行电压为 73kV。

（3）标称放电电流的选择。110kV 氧化锌避雷器标称放电电流选 10kA。

（4）雷电冲击残压的选择。110kV 变压器额定雷电冲击外绝缘耐受峰值电压为 450kV，内绝缘耐受峰值电压为 480kV，按下式计算避雷器标称放电引起的雷电冲击残压为

$$U_{ble}\leqslant\frac{BIL}{K_c}=\frac{450}{1.4}kV=321kV$$

选择氧化锌避雷器雷电冲击电流下残压（峰值）不大于 260kV。

（5）校核陡波冲击电流下的残压。变压器 110kV 侧内绝缘截断雷电冲击耐受雷电压

为 530kV，按下式计算陡波冲击电流下的残压为

$$U'_{\text{ble}} \leqslant \frac{\text{BIL}'}{K_c} = \frac{530}{1.4} \text{kV} = 378 \text{kV}$$

选择氧化锌避雷器陡波冲击电流下残压（峰值）不大于 291kV。

（6）操作冲击电流下残压的选择。110kV 级变压器线端操作波试验电压值为 SIL = 375kV，按下式计算操作冲击电流下残压为

$$U_{\text{s}} \leqslant \frac{\text{SIL}}{K_0} = \frac{375}{1.15} \text{kV} = 326 \text{kV}$$

取氧化锌避雷器操作冲击电流下残压（峰值）不大于 221kV。

（7）设备选择。根据上述计算与校验，选择 Y10W5 - 100/260 型氧化锌避雷器满足变压器 110kV 侧过电压保护的要求。

2. 变压器 110kV 侧中性点避雷器的选择

（1）按额定电压选择。主变压器 110kV 侧中性点为不固定接地，变压器中性点额定电压为 $0.57U_{\text{max}} = 0.57 \times 126 \text{kV} = 71.82 \text{kV}$，取避雷器额定电压为 72kV。

（2）按持续运行电压选择。变压器 110kV 对地电压为 72.8kV，故选择氧化锌避雷器持续运行电压为 73kV。

（3）标称放电电流的选择。变压器 110kV 侧中性点氧化锌避雷器标称放电电流选择 1.5kA。

（4）雷电冲击残压的选择。变压器 110kV 中性点雷电冲击全波或截波耐受峰值电压为 250kV，选择 110kV 氧化锌避雷器雷电冲击电流下残压 186kV，满足雷电冲击的要求。

（5）操作冲击电流下残压的选择。110kV 变压器线端操作波试验电压为 375kV，按下式计算中性点受到的操作电流下的残压为

$$U_{\text{s}} \leqslant \frac{\text{SIL}}{K_0} = \frac{375}{1.15} \text{kV} = 326 \text{kV}$$

选择氧化锌避雷器陡波冲击电流下峰值残压为 165kV，满足要求。

（6）设备选择。根据上述避雷器的选择计算与校检，选择 Y1.5W - 72/186 型氧化锌避雷器能满足变压器 110kV 侧中性点过电压保护。

（二）35kV 避雷器的选择

1. 35kV 线路避雷器的选择

（1）按额定电压选择。35kV 系统最高运行电压为 40.5kV，相对地电压为 $40.5/\sqrt{3} = 23.4 \text{kV}$，选择氧化锌避雷器的额定电压为 $1.25U_{\text{max}} = 1.25 \times 40.5 \text{kV} = 50.6 \text{kV}$，取氧化锌避雷器的额定电压为 53kV。

（2）按持续运行电压选择。35kV 系统相电压为 $40.5/\sqrt{3} = 23.4 \text{kV}$，选择氧化锌避雷器持续运行电压为 40.5kV，此值大于 23.4kV。

（3）标称放电电流的选择。35kV 氧化锌避雷器标称放电电流选择 5kA。

（4）雷电冲击残压的选择。35kV 变压器额定雷电冲击外绝缘耐受峰值电压为 185kV，内绝缘耐受峰值电压为 200kV，按下式计算避雷器标称放电引起的雷电冲击残压为

$$U_{ble} \leqslant \frac{BIL}{K_c} = \frac{185}{1.4} kV = 132 kV$$

$$U_{ble} \leqslant \frac{BIL}{K_c} = \frac{200}{1.4} kV = 142 kV$$

选择氧化锌避雷器雷电冲击电流下残压（峰值）不大于 134kV。

（5）校核陡波冲击电流下的残压。变压器 35kV 侧内绝缘截断雷电冲击耐受雷电压（峰值）为 220kV，按下式计算陡波冲击电流下的残压为

$$U'_{ble} \leqslant \frac{BIL'}{K_c} = \frac{220}{1.4} kV = 157 kV$$

选择氧化锌避雷器陡波冲击电流下残压（峰值）不大于 154kV。

（6）操作冲击电流下残压的选择。35kV 级变压器线端操作波试验电压值为 SIL＝170kV，按下式计算操作冲击电流下残压为

$$U_s \leqslant \frac{SIL}{K_0} = \frac{170}{1.15} kV = 147 kV$$

取氧化锌避雷器操作冲击电流下残压（峰值）不大于 114kV。

（7）设备选择。根据上述计算与校验，选择 Y5W5－53/134 型氧化锌避雷器满足变压器 35kV 侧过电压保护的要求。

2. 变压器 35kV 侧中性点避雷器的选择

（1）按额定电压选择。变电站选用三绕组变压器，35kV 侧中性点安装消弧线圈接地，变压器中性点额定电压为 $0.72U_{max} = 0.72 \times 40.5 kV = 29.16 kV$，选择氧化锌避雷器额定电压为 53kV。

（2）按持续运行电压选择。变压器 35kV 对地电压为 $40.5/\sqrt{3} = 23.4 kV$，中性点额定电压为 29.16kV，故选择氧化锌避雷器持续运行电压为 40.5kV。

（3）标称放电电流的选择。35kV 侧中性点氧化锌避雷器标称放电电流选 5kA。

（4）雷电冲击残压的选择。变压器 35kV 中性点雷电冲击全波或截波耐受峰值电压为 185kV，选择 35kV 氧化锌避雷器雷电冲击电流下残压 134kV，满足雷电冲击的要求。

（5）校核陡波冲击电流下的残压。变压器 35kV 侧内绝缘截断雷电冲击耐受雷电压（峰值）为 220kV，按下式计算陡波冲击电流下的残压为

$$U'_{ble} \leqslant \frac{BIL'}{K_c} = \frac{220}{1.4} kV = 157 kV$$

选择氧化锌避雷器陡波冲击电流下残压（峰值）不大于 154kV。

（6）操作冲击电流下残压的选择。35kV 级变压器线端操作波试验电压值为 SIL＝170kV，按下式计算操作冲击电流下残压为

$$U_s \leqslant \frac{SIL}{K_0} = \frac{170}{1.15} kV = 147 kV$$

取氧化锌避雷器操作冲击电流下残压（峰值）不大于 114kV。

（7）设备选择。根据上述避雷器的选择与校验，选择 Y5WZ－53/134 型氧化锌避雷器能满足变压器 35kV 侧中性点过电压保护。

（三）10kV 避雷器的选择

1. 按额定电压选择

10kV 系统最高电压为 11.5kV，相对地最高电压为 $U_m/\sqrt{3}=11.5/\sqrt{3}=6.6$kV，根据表 15-14 选择氧化锌避雷器的额定电压为 $1.38U_m=1.38\times11.5$kV$=15.87$kV，故选择 10kV 氧化锌避雷器的额定电压 17kV，满足要求。

2. 按持续运行电压选择

10kV 系统相对地最高电压为 6.6kV，故选择氧化锌避雷器的持续运行额定电压 8.6kV，满足避雷器持续运行电压的要求。

3. 标称放电电流的选择

10kV 氧化锌避雷器标称放电电流选择 5kA。

4. 雷电冲击残压的选择

变压器 10kV 侧额定雷电冲击外绝缘耐受峰值电压为 75kV，按下式计算避雷器标称放电引起的雷电冲击残压为

$$U'_{ble}=\frac{BIL'}{K_c}=\frac{75}{1.4}kV=53kV$$

10kV 氧化锌避雷器雷电冲击电流下残压选择 45kV，满足要求。

5. 校核陡波冲击电流下的残压

变压器 10kV 侧设备的内绝缘截断雷电冲击耐受峰值电压为 85kV，按下式计算陡波冲击电流下的残压为

$$U'_{ble}=\frac{BIL'}{K_c}=\frac{85}{1.4}kV=60.7kV$$

选择 10kV 氧化锌避雷器陡波冲击电流下残压 57.5kV，故选择的氧化锌避雷器满足陡波冲击电流的要求。

6. 操作冲击电流下残压的选择

变压器 10kV 侧线端操作波试验电压为 60kV，按下式计算变压器 10kV 侧操作冲击电流下残压为

$$U_s=\frac{SIL}{K_c}=\frac{60}{1.15}kV=52.17kV$$

10kV 氧化锌避雷器操作冲击电流下残压选择 42.5kV，故满足要求。

7. 设备选择

根据上述计算与校核，选择 HY5WZ2-17/45 型氧化锌避雷器能满足主变压器 10kV 侧的过电压保护要求。

七、电气主接线图

110kV 变电站电气主接线图（标注设备型号）如图 15-7 所示。

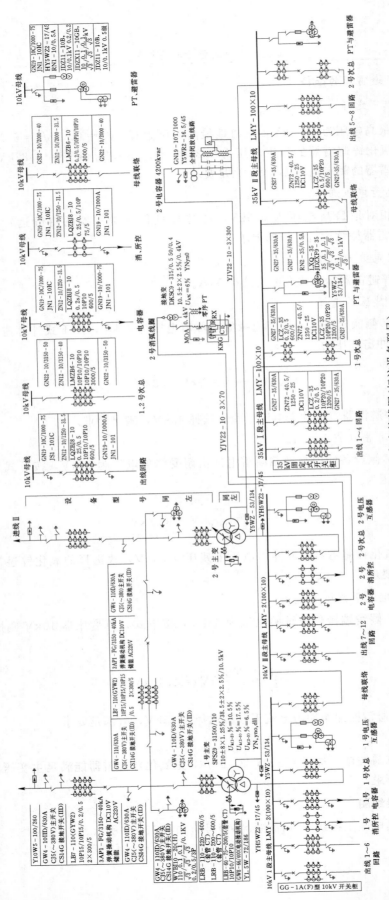

图 15 - 7 110kV 变电站电气主接线图(标注设备型号)

小　　结

当系统发生短路时，会出现短路电流的热力效应和电动力效应，导体的发热计算分为长期发热计算和短期发热计算，短路电流的热效应属于短时发热计算。

选择电器时必须遵守设备选择的一般要求，在满足环境条件的基础上，对设备进行长期工作条件分析和短路稳定校验。电器要可靠工作，就必须按照正常工作条件进行选择，并按照短路条件进行动稳定和热稳定校验。

高压断路器、隔离开关、负荷开关、互感器等设备的选择要严格按照相关技术参数选择，并进行动稳定和热稳定校验。中性点设备的选择也要进行相关的校验。

导体受力计算一般应包括最大电动力计算、硬导体的机械应力计算和导体共振校验等几个方面。母线一般按照导体材料、类型、敷设方式、导体截面积、电晕、热稳定、动稳定和共振频率等项来选择。软导体不校验动稳定和共振频率。电力电缆的选择要注意流量的温度校正。绝缘子和套管的选择要注意跨距，并校验最大受力在设备可承受范围之内。

变压器的选择要考虑变压器容量、变压器相数、变压器绕组数、变压器绕组连接组别、变压器调压方式和变压器冷却方式等因素。

思　考　练　习

1. 高压电气设备的一般选择条件及校验条件有哪些？

2. 各种高压电气设备具体按哪些条件选择？按哪些条件校验？

3. 怎样选择母线及电缆？

4. 短路电流热效应和电动力效应有哪些危害？

5. 某降压变电所的变压器容量为 10000kVA，电压变比为 35/10kV，变压器所配置的定时限过电流保护装置的动作时间为 1.5s，10kV 母线上最大短路电流为 $I'' = I_\infty = 7$kA，环境温度 $\theta_0 = 35$℃，负荷的年最大负荷利用小时数为 4500h，试选择变压器 10kV 出线的高压断路器。

6. 某降压变电站有 20MVA 主变压器两台，电压为 110/38.5/10.5kV，如何选择主变压器高压侧断路器、隔离开关及主变压器低压侧引线（采用硬导线）？

模块四 电气设备运行维护

项目十六 电气运行基础知识

能力目标

（1）了解电气运行的组织机构和调度原则。

（2）熟悉电气运行的管理制保护。

（3）熟悉电气设备巡视的内容和要求。

（4）熟悉倒闸操作的规定和基本原则。

（5）掌握工作票和操作票的填写和使用。

案例引入

发电厂、变电站有大量的电气设备，其运行维护直接关系到电力系统的安全。电气运行主要包括设备巡视、倒闸操作及事故处理。

问题： 电气运行有哪些管理制度？主要内容是什么？主要设备巡视的要求是什么？倒闸操作的基本要求是什么？哪些项目列入操作票？

知识要点

任务一 电气运行的基本要求、组织机构和调度原则

认知 1 电气运行的基本要求

一、电气运行

电气运行就是电气运行值班人员对电能的生产、输送、分配和使用过程中的电气设备与输配线路所进行的监视、控制、操作与调节。从事电气运行工作的电业人员，常称为电气运行工作者或运行值班人员。

电气设备的正常运行巡视、倒闸操作和事故处理是运行工作的主要内容。

二、电气运行的基本要求

1. 电气运行的安全性

电气运行的安全性是从设备安全和人身安全两个角度考虑的。电力系统存在着大量的

电气设备，只有电气设备健康、可靠才能保证电力系统正常运行。运行的设备可能出现各种冲击和事故。电气运行人员此时必须判断清楚，准确、快速地做出反应，并采取相应措施。在操作中保证人身安全。

2. 电气运行的经济性

电气运行的经济性是指电力系统在生产、传输和使用电能过程中，必须尽量降低其生产成本、流通损耗，做到节约用电。

认知 2　电气运行组织机构和调度原则

一、电气运行组织机构

1. 调度指挥系统

电网调度指挥系统由发电厂、变电站运行值班单位（含变电站控制中心）、电网各级调度机构等组成。

调度机构的调度员在其值班时间内，是系统运行工作技术上的领导人，负责系统内的运行操作和事故处理，直接对下属调度机构的调度员、发电厂的值长、变电站的值班长发布调度命令。

发电厂的值长在其值班时间内，是全厂运行工作技术上的领导人，负责接受上级调度的命令，指挥全厂的运行操作、事故处理和调度技术管理，直接对下属值班长、机长发布调度命令。

变电站的值班长在其值班时间内，负责接受上级的调度命令，指挥全变电站的正常运行和事故处理。

2. 发电厂、变电站运行值班单位

发电厂、变电站运行值班的每一个值（或变电站集中控制中心的每一个值）称为运行值班单位。变电站的运行值班单位由值班长、主值班员、副值班员、值班助手等组成。变电站的控制中心监视、控制多个无人值班变电站，控制中心每值设置值班人员 2 ～ 3 人。

3. 电网调度机构

目前，我国的电网调度机构是 5 级调度管理模式，即国调、网调、省调、地调和县调。

（1）国调。国调是国家电力调度通信中心的简称，它调度管理各跨省电网和各省级独立电网，并对跨大区域联络线及相应变电站和起联网作用的大型发电厂实施运行和操作管理。

（2）网调。网调是跨省电网电力集团公司设立的调度局的简称，它负责区域性电网内各省间电网的联络线及大容量水、火电骨干电厂的直接调度管理。

（3）省调。省调是各省、自治区电力公司设立的电网中心调度所的简称，它负责本省电网的运行管理，直接调度并入省网的大、中型水、火电厂和 220kV 及以上的电网。

（4）地调。地调是省辖市级供电公司设立的调度所的简称，它负责供电公司供电范围内的电网和大、中城市主要供电负荷的管理，兼管地方电厂及企业自备电厂的并网运行。

（5）县调。县调负责本县城乡供配电网及负荷的调度管理。

二、电气运行调度原则

电力系统的发电、供电和用电是一个不可分割的整体。为了保障电力系统的安全、经济运行，必须实行集中管理、统一调度。执行《电网调度管理规程》。

（1）调度规程中，对各级调度机构中的值班调度员，及发电厂和变电站的值长、班长、值班员的权限、职责都有明确的规定。

1）各级调度机构的值班调度员按照批准的调度范围行使指挥权。

2）下级调度机构、发电厂、变电站的值班人员（值班调度员、值长、电气值班长、值班员）接受上级调度机构值班调度员的调度命令后，应复诵命令，核对无误，立即执行。

3）发、供电单位领导人发布的命令，如涉及值班调度员的权限，必须经值班调度员的许可才能执行，但在现场事故处理规程内已有规定者除外。

4）下级值班调度员、发电厂、变电站值班人员，在接班后应迅速向上级值班调度员汇报主要运行状况，上级值班调度员应将系统的有关情况及工作向上述值班人员说明。

5）当发电厂或电网发生异常运行情况时，下级调度机构、发电厂、变电站的值班人员应立即报告上级值班调度员，以便在系统上及时采取防范措施，预防事故扩大。

6）属于调度机构调度管理的设备，未经相应调度机构值班调度员的命令，发电厂、变电站或下级调度机构的值班人员不得自行操作或自行命令操作。

7）不属于上级调度机构调度管理范围内的设备，但其操作影响系统正常运行方式、通信、远动或限制设备功率时，则只有得到上级调度机构的许可后才能进行操作。

8）在系统事故或紧急情况下，上级值班调度员有权直接下令给厂、站值班员操作属于厂、站或下级调度管理的设备，厂站值班员应立即执行，事后向有关主管部门报告。

9）严禁未经调度许可就在自己不能控制电源的设备上工作，即使知道这些设备不带电也不得进行工作。

10）值班调度员应由有相当业务知识和现场实际经验的人员担任。值班调度员在独立值班前，需经培训和实习并经考试合格，经批准后方可正式值班。

（2）值班人员必须正确对待调度操作命令。

1）对于调度下达的操作命令，值班人员应认真执行。

2）如对操作命令有疑问或发现与现场情况不符时，应向发令人提出。

3）发现所下的操作命令将直接威胁人身或设备安全时，则应拒绝执行。同时将拒绝执行命令的理由以及改正命令的建议向发令人及本单位的领导报告，并记入住班记录中。

（3）允许不经调度许可的操作。紧急情况下，为了迅速处理事故，允许值班人员不经调度许可执行下列操作，但事后应尽快向调度报告，并说明操作的经过及原因。

1）直接对人员生命有威胁的设备停电或将机组停止运行。

2）将已损坏的设备隔离。

3）恢复厂用、站用电源或按规定执行《紧急情况下保证厂用电、站用电措施》。

4）母线已无电压，拉开该母线上的断路器。

5）将解列的发电机并列（指非内部故障跳机）。

6）按现场运行规程的规定执行：① 强送或试送已跳闸的断路器；② 将有故障的电气设备紧急与电网解列或停止运行；③ 继电保护或自动装置已发生或可能发生误动作，将其停用；④ 失去同期或发生振荡的发电机，在规定时间内不能恢复同期，将其解列等。

认知 3 电 气 运 行 规 程

电气运行规程包括发电机、变压器、电动机、配电装置、继电保护、自动装置等电气设备的运行规程。这些规程是电气设备安全运行的科学总结，它们反映了电气设备运行的客观规律，是保证发电厂安全生产的技术措施，是运行值班人员对设备的运行操作、运行维护及事故处理的依据。各岗位运行人员必须掌握规程的规定条文，严格按照规程的规定进行运行调整、系统倒换、参数控制和故障处理。

电气设备的正常运行巡视、倒闸操作和事故处理是运行工作的主要内容。发电厂和变电站的运行规程不论采用什么编写形式，都必须突出这 3 个方面的内容。

任务二 电气运行管理制度

电气运行管理制度最基本的内容是人们常说的"两票三制"，即工作票制度、操作票制度、交接班制度、巡回检查制度和设备定期试验与切换制度。

认知 1 工 作 票 制 度

一、工作票及工作票制度

工作票是指将需要检修、试验的设备、工作内容、工作人员、安全措施等填写在具有固定格式的书面上，这种固定格式的票据称为工作票。它是现场工作的文本依据。

工作票制度是指在电气设备上进行任何电气作业，都必须填写工作票，并依据工作票布置安全措施和办理开工、终结手续的制度。

二、工作票的种类及使用范围

根据工作性质的不同，在电气设备上工作时的工作票可分为 3 种。

1. 第一种工作票的使用范围

（1）高压设备上工作需全部停电或部分停电者。

（2）二次系统和照明等回路上工作，需要将高压设备停电或采取安全措施者。

（3）其他工作需要将高压设备停电或要采取安全措施者。

2. 第二种工作票的使用范围

（1）控制盘、低压配电盘、配电箱、电源干线上的工作。

（2）二次系统和照明等回路上的工作，无需将高压设备停电者或采取安全措施者。

（3）转动中的发电机、同期调相机的励磁回路或高压电动机转子电阻回路上工作。

（4）非运行人员用绝缘棒、核相器和电压互感器定相或用钳形电流表测量高压回路的电。

（5）高压电力电缆不停电的工作。

（6）大于设备不停电时的安全距离的相关场所和带电设备外壳上的工作以及无可能触及带电设备导电部分的工作。

（7）直流保护控制系统的工作，无需将高压直流系统停电者。

（8）换流变压器、直流场设备及阀厅设备上工作，无需将直流单、双极或直流滤波器停用者。

（9）换流阀水冷系统、阀厅空调系统、火灾报警系统及图像监视系统等工作，无需将高压直流系统停用者。

3. 填写带电作业工作票的行为

带电作业或邻近带电设备距离小于《电力安全工作规程》中规定的工作。

4. 填写事故抢修单的行为

事故应急抢修可不用工作票，但应使用事故抢修单。事故应急抢修工作指电气设备发生故障被迫紧急停止运行，需要短时间内恢复的抢修和排除故障的工作。非连续进行的事故修复工作应使用工作票。

三、工作票的填写与签发

（1）工作票应使用黑色或蓝色的钢（水）笔或圆珠笔填写与签发，一式两份，内容正确，填写清楚，不得任意涂改。如有错、漏字需修改，应使用规定的符号，字迹应清楚。

计算机生成或打印的工作票应使用统一的票面格式，由工作签发人审核无误，手工或电子签名后方可执行。

（2）一张工作票中，工作票签发人、工作负责人和工作许可人不得互相兼任。

（3）工作票由工作负责人填写，也可由工作票签发人填写。

（4）工作票由设备运行单位签发，也可由经设备运行单位审核合格且经批准的基建单位签发。

（5）承发包工程中，工作票可实行"双签发"形式。

（6）第一种工作票所列工作地点超过两个，或有两个及以上不同的工作单位在一起工作时，可采用总工作票和分工作票。

（7）供电单位或施工单位到用户变电站内施工时，工作票应由有权签发工作票的供电单位或施工单位或用户单位签发。

四、工作票的使用

（1）一个工作负责人不能同时执行多张工作票，工作票上所列的工作地点，以一个电气连接部分为限。

1）一个电气连接部分是指电气装置中，可以用隔离开关同其他电气装置分开的部分。

2）直流双极停用，换流变压器及所有高压直流设备均可视为一个电气连接部分。

3）直流单极运行，停用极的换流变压器、阀厅、直流场设备、水冷系统可视为一个电气连接部分。双极公共区域为运行设备。

（2）一张工作票上所列的检修设备应同时停、送电，开工前工作票内的全部安全措施应一次完成。若至预定时间一部分工作尚未完成，需继续工作而不妨碍送电者，在送电前应按照送电后现场设备带电情况，办理新的工作票，布置安全措施后方可继续工作。

（3）若以下设备同时停、送电，可使用同一张工作票：

1）属于同一电压、位于同一平面场所，工作中不会触及带电导体的几个电气连接部分。

2）一台变压器停电检修，其断路器也配合检修。

3）全站停电。

（4）同一变电站内在几个电气连接部分上依次进行不停电的同一类型的工作，可以使用一张第二种工作票。

（5）在同一变电站内，依次进行的同一类型的带电作业可以使用一张带电作业工作票。

（6）持线路或电缆工作票进入变电站或发电厂升压站进行架空线路、电缆等工作，应增填工作票份数，由变电站或发电厂工作许可人许可，并留存。

上述单位的工作票签发人和工作负责人名单应事先送有关运行单位备案。

（7）需要变更工作班成员时，应经工作负责人同意。非特殊情况不得变更工作负责人，如确需变更工作负责人应由工作票签发人同意并通知工作许可人，工作许可人将变动情况记录在工作票上。工作负责人允许变更一次。变更后应对工作任务和安全措施进行交接。

（8）在原工作票的停电及安全措施范围内增加工作任务时，应由工作负责人征得工作票签发人和工作许可人同意，并在工作票上增填工作项目。若需变更或增设安全措施者应填用新的工作票，并重新履行签发许可手续。

（9）变更工作负责人或增加工作任务，如工作票签发人无法当面办理，应通过电话联系，并在工作票登记簿和工作票上注明。

（10）第一种工作票应在工作前一日送达运行人员，可直接送达或通过传真、局域网传送，但传真传送的工作票许可应待正式工作票到达后履行。临时工作可在工作开始前直接交给工作许可人。

第二种工作票和带电作业工作票可在进行工作的当天预先交给工作许可人。

（11）工作票有破损不能继续使用时，应补填新的工作票，并重新履行签发许可手续。

五、工作票的有效期和延期

（1）第一、二种工作票和带电作业工作票的有效时间，以批准的检修期为限。

（2）第一、二种工作票需办理延期手续，应在工期尚未结束以前由工作负责人向运行值班负责人提出申请（属于调度管辖、许可的检修设备，还应通过值班调度员批准），由运行值班负责人通知工作许可人给予办理。第一、二种工作票只能延期一次。带电作业工作票不准延期。

六、工作票所列人员的基本条件

（1）工作票的签发人应是熟悉人员技术水平、熟悉设备情况、熟悉本规程，并具有相关工作经验的生产领导人、技术人员或经本单位分管生产领导批准的人员。工作票签发人员名单应书面公布。

（2）工作负责人（监护人）应是具有相关工作经验，熟悉设备情况和本规程，经工区（所、公司）生产领导书面批准的人员。工作负责人还应熟悉工作班成员的工作能力。

（3）工作许可人应是经工区（所、公司）生产领导书面批准的有一定工作经验的运行人员或检修操作人员（进行该工作任务操作及采取安全措施的人员），用户变、配电站的工作许可人应是持有效证书的高压电气工作人员。

（4）专责监护人应是具有相关工作经验，熟悉设备情况和本规程的人员。

七、工作票的执行程序

工作票流程如下：填写工作票→签发工作票→接收工作票→布置安全措施→工作许可

→工作开工→工作监护→工作间断→工作终结→工作票终结。

（1）签发工作票。在电气设备上工作，使用工作票必须由工作票签发人根据所要进行的工作性质，依据停电申请，填写工作票中有关内容，并签名以示对所填写内容负责。

（2）已填写并签发的工作票应及时送交现场。第一种工作票应在工作前一日交给值班员，临时工作的工作票可在工作开始以前直接交给值班员。第二种工作票应在进行工作的当天预先交给值班员。若距离较远或因故更换工作票，不能在工作前一日将工作票送到现场时，工作票签发人可根据自己填好的工作票用电话全文传达给值班员，传达必须清楚。值班员根据传达做好记录，并复诵校对。

（3）审核把关已送交变电值班员的工作票，应由变电值班员审核，检查各项内容，审核人签名。

（4）布置安全措施。变电值班员应根据审核合格的工作票中所提要求，填写安全措施操作票，并在得到调度许可将停电设备转入检修状态的命令后执行。

（5）许可工作变电值班人员在完成了工作现场的安全措施以后，并与工作负责人在工作票上分别签字以明确责任。完成上述手续后，工作人员方可开始工作。

（6）开工前会。工作负责人在与工作许可人办理完许可手续后，即向全体检修工作人员逐条宣读工作票，明确工作地点、现场布置的安全措施。

（7）收工后会。收工后会就是工作一个阶段的小结。工作负责人向参加检修人员了解工作进展情况，其主要内容为工作进度、检修工作中发现的缺陷及处理情况，还遗留哪些问题，有无出现不安全情况以及下一步工作如何进行等。

（8）工作终结。全部工作完毕后，工作负责人应做周密的检查，撤离全体工作人员，并详细填写检修记录。验收后，双方在工作票上签字即表示工作终结。

（9）工作票终结值班员拆除工作地点的全部接地线（由调度管辖的由调度发令拆除）和临时安全措施，并经盖章后工作票方告终结。

认知 2 操 作 票 制 度

发电厂、变电站的电气设备有运行、热备用、冷备用和检修 4 种不同的状态。倒闸操作将电气设备由一种状态转变到另一种状态，或改变电气一次系统运行方式所进行的一系列操作。因此，填写操作票、执行操作票制度是防止误操作的主要组织措施之一。

倒闸操作的详细内容见本项目任务四。

认知 3 交 接 班 制 度

一、交接班条件及注意事项

（1）运行人员应根据轮值表进行值班，未经领导同意不得擅自改变。不允许连续值两个班。

（2）交班前，值班负责人应组织全体运行人员进行本班工作小结，提前检查各项记录是否及时登记，并将交接班事项填写在运行日志上。

（3）若接班人员因故未到，交班人员应坚守岗位，并向班长汇报，待接班人员或分场指派人员前来接班并正式办好交接手续后方可离岗。

（4）在重大操作、异常运行及事故时，不得进行交接班。接班人员可在交班值长、班长的统一领导下，协助上班进行工作，待重大操作或事故处理告一段落后，由双方值长决定交接班。

（5）交班人员发现接班人员精神异常或酗酒时，不应交班，并将情况汇报有关领导。

二、交接班的具体内容及要求

（1）交班前各值班人员应对本岗位所辖设备全面检查一次，并将各运行参数控制在规定的范围内。

（2）交班人员应将值班期间发现及消除缺陷的情况记录并交待清楚。

（3）交班前公用工具、钥匙、材料等清点齐全，各种记录本、台账应完整无损，现场卫生应打扫干净。

（4）交班人员应详细交待本班次内的系统运行方式、异常运行的操作情况及上级指示和注意事项。接班人员也应主动向交班人员详细了解上述情况，并核对模拟图及有关报表、表计。

（5）交接班应做到"口头清、书面清、现场清"。

（6）接班人员提前20min进入现场，并做好以下工作：①详细阅读交接班记录簿及有关台账，了解上值本岗位设备运行情况；②听取交班人员对运行情况的陈述，核对有关记录；③按照各岗位的接班检查要求巡视现场，检查并核对设备缺陷及检修情况，清点有关台账和材料；④巡检中发现的问题应及时向交班人员提出，并汇报给班长，由双方做好有关记录和说明。

（7）接班前5min由班长召开班前会，听取各岗位检查情况汇报，布置本班主要工作、事故预想及注意事项。

（8）必须整点交接班，集控室内由值长统一发令，其余外围专业由班长发令，外围岗位按规定交接。

（9）双方交接清楚后，应在交接班本上签名。接班人员签名后，运行工作的全部责任由接班人员负责。

（10）各外围岗位接班后10min内向班长汇报，班长接班后15min内向值长汇报，值长30min内向调度汇报，并逐级布置本值内的主要工作、事故预想及注意事项。

（11）正式交班后，交班班长应根据情况召开班后会，小结当班工作。

认知4 设备巡回检查与运行分析制度

一、运行巡回检查制度运行

运行巡回检查是保证电气设备安全运行、及时发现和处理电气设备缺陷及隐患的有效手段，每个运行值班人员应按各自的岗位职责，认真、按时执行巡回检查制度。巡回检查分为交接班检查、经常监视检查和定期巡回检查。

1. 巡回检查的要求

（1）值班人员必须认真按时地巡视设备。

（2）值班人员必须按规定的设备巡视路线巡视本岗位所分工负责的设备，以防漏巡设备。

（3）巡回检查时应带好必要的工具，如手套、手电、电笔、防尘口罩、套鞋、听音器等。

（4）巡回检查时必须遵守有关安全规定，不要触及带电、高温、高压、转动等危险部位，防止危及人身和设备安全。

（5）检查中若发现异常情况，应及时处理、汇报，若不能处理时，应填写缺陷单，并及时通知有关部门处理。

（6）检查中若发生事故，应立即返回自己的岗位处理事故。

（7）巡回检查前后，均应向班长汇报，并做好有关记录。

2. 巡回检查的有关规定

（1）每班值班期间，对全部设备检查应不少于 3 次，即交、接班各一次，班间相对高峰负荷时一次。

（2）对于天气突变、设备存在缺陷及运行设备失去备用等各种特殊情况，应临时安排特殊检查或增加巡视次数，并做好事故预想。

（3）检修后的设备以及新投入运行的设备，应加强巡视。

（4）事故处理后应对设备、系统进行全面巡视。

3. 巡视检查设备的基本方法

（1）以运行人员的眼观、耳听、鼻嗅、手触等感觉为主要检查手段，判断运行中设备的缺陷及隐患。

1）目测检查法。目测检查法就是用眼睛来检查看得见的设备部位，通过设备外观的变化来发现异常情况。通过目测可以发现的异常现象综合如下：①破裂、断股断线；②变形（膨胀、收缩、弯曲、位移）；③松动；④漏油、漏水、漏气、渗油；⑤腐蚀污秽；⑥闪络痕迹；⑦磨损；⑧变色（烧焦、硅胶变色、油变黑）；⑨冒烟，接头发热（示温蜡片熔化）；⑩产生火花；⑪有杂质、异物搭挂；⑫不正常的动作等。

目测法是巡视检查中最常用的方法之一。

2）耳听判断法。通过它的高低节奏、音量的变化、音量的强弱及是否伴有杂音等，来判断设备是否运行正常。

3）鼻嗅判断法。电气设备的绝缘材料一旦过热会产生一种异味，这种异味对正常巡查人员来说是可以嗅别出来的。

4）手触试检查法。用手触试检查是判断设备部分缺陷和故障的一种必需的方法，但用手触试检查带电设备是绝对禁止的。运行中的变压器、消弧线圈的中性点接地装置，必须视为带电设备，在没有可靠的安全措施时，禁止用手触试。对外壳不带电且外壳接地很好的设备及其附件等，检查其温度或温差需要用手触试时，应保持安全距离。对于二次设备（如断电器等）发热、振动等，也可用手触试检查。

（2）用仪器检测的方法。使用工具和仪表，进一步探明故障的性质。用仪器进行检测的优点是灵敏、准确、可靠。目前在发电厂、变电站中使用较多的是用仪器对电气设备的温度进行检测。常用的测温方法有以下几个：

1）在设备易发热部位贴上示温蜡片，黄、绿、红 3 种示温蜡片的熔点分别为 60℃、70℃、80℃。

2）设备上涂示温漆或涂料。

3）红外线测温仪。

二、运行分析制度

运行分析的内容包括岗位分析、专业分析、专题分析和异常运行及事故分析。

（1）岗位分析。运行人员在值班期间对仪表活动、设备参数变化、设备异常和缺陷、操作异常等情况进行的分析。

（2）专业分析。专业技术人员将运行记录整理后，进行定期的系统性分析。

（3）专题分析。根据总结经验的要求，进行某些专题分析，如机组启停过程分析、大修前设备运行状况和改进的分析、大修后设备运行工况的对比分析等。

（4）异常运行及事故分析。发生事故后，应对事故处理和有关操作认真进行分析评价，总结经验教训，以不断提高运行水平。

认知5　设备定期试验与切换制度

为了保证备用设备的完好性，确保运行设备故障时备用设备能正确投入工作，提高运行可靠性，必须对设备定期进行试验与切换。设备定期试验与切换的要求如下：

（1）运行各班、各岗位应按规定的时间、内容和要求，认真做好设备的定期试验、切换、加油、测绝缘等工作。班长在接班前应查阅设备定期工作项目，在班前会上进行布置，并督促实施。

（2）如遇机组起停或事故处理等特殊情况，不能按时完成有关定期工作时，应向值长或值班负责人申明理由并获同意后，在交接班记录簿内记录说明，以便下一班补做。

（3）经试验、切换发现缺陷时，应及时通知有关检修人员处理，并填写缺陷通知单。若一时不能解决的，经生产副厂长或总工程师同意，可作为事故或紧急备用。

（4）电气测量备用辅助电动机绝缘不合格时，应及时通知检修人员处理。

（5）各种试验、切换操作均应按岗位职责做好操作和监护，试验前应做好相应的安全措施和事故预想。

（6）定期试验与切换中发生异常或事故时，应按运行规程进行处理。

（7）运行人员应将本班定期工作的执行情况、发现问题及未执行原因及时登记在《定期试验切换记录簿》内，并做好交接班记录。

电气设备的定期试验与切换应按现场规定执行。此外，电气运行管理制度还有设备缺陷管理制度、运行管理制度和运行维护制度。

设备缺陷管理制度是为了及时消除影响安全运行或威胁安全生产的设备缺陷，提高设备的完好率，保证安全生产的一项重要制度。

任务三　电气设备巡视规定及内容要求

认知1　电气设备巡视规定

一、电气设备巡视规定

（1）设备的巡视检查工作应根据规定的要求按时进行，在巡视过程中应随时掌握设备的运行情况，做到正常运行按时查，高峰、高温重点查，天气突变及时查，重点设备重点查，薄弱设备过细查。

（2）巡视中应做好巡视记录（主要反映在"运行记录"中），对于巡视中发现的设备异常和变动情况，应及时向当值值长汇报，若问题严重危及系统正常运行时，还应立即向相应的当值调度员汇报，以采取相应的措施，确保系统安全运行。

（3）对于巡视中发现的问题，应做好设备缺陷记录，上报队长、有关部门，并及时通知维修人员进行处理。

（4）巡视中不得兼做其他工作，单人巡视，不得擅自触动运行设备、进入固定遮拦等，如遇雷雨天气，巡视时应按《运行规程》有关规定执行。

（5）正常巡视。运行人员每 2～3d 对设备巡视一次，每半月进行一次晚间闭灯巡视。

（6）全面巡视。每月应对全厂、站标准化作业巡视一次，主要内容是对设备进行全面的外部检查，对缺陷有无发展做出鉴定，检查设备薄弱环节，检查防火、防小动物、防误闭锁等有无漏洞，检查接地网及引线是否完好等。

（7）特殊巡视。它是指运行人员根据设备的运行情况、外部环境的变化和系统的运行状况有针对性的重点巡视。

二、应进行特殊巡视的情况

（1）设备过负荷或负荷有明显增加时。

（2）设备经过检修、改造或长期停用后重新投入系统运行及新安装设备投入系统运行时。

（3）设备异常运行或运行中有可疑的现象时。

（4）恶劣气候或气候突变时。

（5）事故跳闸时。

（6）设备存在缺陷未消除前。

（7）法定节假日或上级通知有重要供电任务期间。

（8）其他特殊情况。

三、对气候变化或突变等情况对设备进行检查的要求

（1）气候暴热时，应检查各种设备温度和油位的变化是否过高、冷却设备运行是否正常、油压和气压变化是否正常。

（2）气候骤冷时，应重点检查充油充气设备的油位变化情况，如检查油压和气压变化是否正常、加热设备是否起动、运行是否正常等情况。

（3）大风天气时，应注意临时设备牢固情况、导线舞动情况及有无杂物刮到设备上，室外设备箱门是否已关闭好。

（4）降雨、雪天气时，应注意室外设备接点触点等处及导线是否有发热和冒气现象。

（5）大雾潮湿天气时，应注意套管及绝缘部分是否有污闪和放电现象，端子箱、机构箱内是否有凝露现象。

（6）雷雨天气后，应注意检查设备有无放电痕迹，避雷器放电记录器是否动作。

认知 2 电气设备巡视内容

电气设备巡视的内容主要有以下几方面：

（1）设备运行情况。

（2）充油设备有无漏油、渗油现象，油位、油压指示是否正常。

（3）设备接头触点有无发热、烧红现象，金具有无变形和螺栓有无断损和脱落、电晕放电等情况。

（4）运转设备声音是否异常（如冷却器风扇、油泵和水泵等）。

（5）设备干燥装置是否已失效（如硅胶变色）。

（6）设备绝缘子、瓷套有无破损和灰尘污染。

（7）设备的计数器、指示器的动作和变化指示情况（如避雷器动作计数器、断路器操作指示器等）。

认知 3　电气设备维护要求及周期

电气设备维护要求及周期有以下规定：

（1）应结合发电厂、变电站设备情况及无人值班变电站《设备定期巡视周期表》，制定《设备定期维护周期表》，按时进行设备维护工作，每月至少进行一次。

（2）全厂、站安全工器具检查、整理、清扫工作每月进行一次，要求工器具清洁、合格、摆放整齐。

（3）全厂、站保护定值、压板核对、保护对时、间隔维护、主变压器冷却装置检查、清扫并进行投退切换工作每月进行一次；要求一次设备及保护屏检查清扫干净，保护定值、压板投退正确。冷却装置工作正常并按要求轮换。

（4）全厂、站门窗、孔洞、消防器材、防小动物设施、防火设施检查清扫工作每月进行一次，要求门窗孔洞关堵严密，玻璃完好，设备保管妥善、合格。

（5）厂、站用电源每月必须轮换一次，并运行 1h 以上。

（6）全厂、站接地螺栓、防误闭锁装置锁头注油工作每半年进行一次，要求维护到位。

（7）蓄电池维护检查、测量电压并记录工作每月进行一次，要求记录正确，维护到位。

（8）全厂、站室内、外照明，检修照明、事故照明检查，每月进行一次，要求开关电源合格，事故照明切换正常。

（9）每年入冬前、雨季前对取暖、驱潮电源检查一次，要求设施完好。

（10）每年进行一次主变压器冷却装置备用电源起动试验，要求运行正常。火灾报警系统试验检查，要求设施完好。

任务四　倒闸操作及操作票

认知 1　电气设备运行状态与倒闸操作概念

一、电气设备的状态

电气设备有运行、热备用、冷备用和检修 4 种不同的状态。

1．运行状态

电气设备的运行状态是指断路器及隔离开关都在合闸位置，电路处于接通状态（包括变压器、避雷器、辅助设备，如仪表等）。

2．热备用状态

电气设备的热备用状态是指断路器在断开位置，而隔离开关仍在合闸位置，其特点是断路器一经操作即可接通电源。

3．冷备用状态

电气设备的冷备用状态是指设备的断路器及隔离开关均在断开位置。其显著特点是该设备（如断路器）与其他带电部分之间有明显的断开点。设备冷备用根据工作性质分为断路器冷备用与线路冷备用等。现分别叙述如下：

（1）断路器冷备用。这时接在断路器上的电压互感器及所用（厂用）变压器的高低压熔断器应取下，高压侧隔离开关应拉开，如高压侧无法断开，则应拉开低压侧隔离开关。

（2）线路冷备用。此时接在线路上的电压互感器、所用（厂用）变压器高低压熔断器一律取下，高压侧隔离开关应拉开，如高压侧无法断开，则应断开低压侧。

（3）"电压互感器与避雷器"的冷备用。当其与高压隔离开关及低压熔断器隔离后，即处于冷备用状态，无高压隔离开关的电压互感器当低压侧熔断器取下后即可处于冷备用状态。

（4）母线从运行或检修转为冷备用。应包括母线电压互感器转为冷备用。

4．检修状态

电气设备的检修状态是指设备的断路器和隔离开关均已断开，并采取了必要的安全措施。如检修设备（如断路器）两侧均装设了保护接地线（或合上了接地隔离开关），安装了临时遮拦，并悬挂了工作标示牌，该设备即处于检修状态。装设临时遮拦的目的是将工作场所与带电设备区域相隔离，限制工作人员的活动范围，以防在工作中因疏忽而误碰高压带电部分。

电气设备检修根据工作性质可分为断路器检修和线路检修等。

二、倒闸操作的概念

将电气设备由一种状态转变到另一种状态所进行的一系列操作，叫做倒闸操作。

倒闸操作主要是指为适应电力系统运行方式改变的需要，而必须进行的拉、合断路器、隔离开关、高压熔断器等（以下简称为一次设备）的操作。为适应一次设备运行状态的改变，继电保护及自动装置（以下简称二次设备）运行状态亦应做相应的改变，如继电保护装置的投入或退出、保护定值的调整等。操作并采取必要的组织、技术措施，以确保安全运行。

认知 2 倒闸操作的分类、基本条件和要求

一、倒闸操作的分类

（1）监护操作。由两人进行同一项的操作。

监护操作时，其中一人对设备较为熟悉者作监护。特别重要和复杂的倒闸操作，由熟练的运行人员操作，运行值班负责人监护。

（2）单人操作。由一人完成的操作。

1）单人值班的变电站或发电厂升压站操作时，运行人员根据发令人用电话传达的操作指令填用操作票，复诵无误。

2）实行单人操作的设备、项目及运行人员需经设备运行管理单位批准，人员应通过专项考核。

（3）检修人员操作。由检修人员完成的操作。

1）经设备运行单位考试合格、批准的本单位的检修人员，可进行 220kV 及以下的电气设备由热备用至检修或由检修至热备用的监护操作，监护人应是同一单位的检修人员或设备运行人员。

2）检修人员进行操作的接、发令程序及安全要求应由设备运行单位总工程师审定，并报相关部门和调度机构备案。

二、倒闸操作的基本条件

（1）有与现场内一次设备和实际运行方式相符的一次系统模拟图（包括电子接线图）。

（2）操作设备应有明显的标志，包括命名、编号、分合指示、旋转方向、切换指示相位的颜色。

（3）高压电气设备都应装有完善的防误操作闭锁装置。

（4）有值班调度员、运行值班负责人正式发布的指令，并经事先审核的操作票。

（5）下列情况应挂机械锁：

1）未装设防误操作闭锁装置或闭锁装置失灵的刀闸手柄、阀厅大门或网门。

2）当电气设备处于冷备用时，网门闭锁失去作用时的有电间隔网门。

3）设备检修时，回路中的各来电刀闸操作手柄和电动操作刀闸机械箱的箱门。

机械锁要一把钥匙开一把锁，钥匙要编号并妥善保管。

三、倒闸操作的基本要求

（1）停电拉闸操作顺序。按断路器（开关）—负荷侧隔离开关（刀闸）—电源侧隔离开关（刀闸）的顺序依次进行；送电合闸操作应按与上述相反的顺序进行。禁止带负荷拉合隔离开关（刀闸）。

（2）开始操作前，应先在模拟图（或微机防误装置、微机监控装置）上进行核对性模拟预演，无误后再进行操作。操作前应先核对系统方式、设备名称、编号和位置，操作中应认真执行监护复诵制度（单人操作时也应高声唱票），宜全过程录音。操作过程中应按操作票填写的顺序逐项操作。每操作完一步，应检查无误后做一个"√"记号，全部操作完毕后进行复查。

（3）监护操作时，操作人在操作过程中不准有任何未经监护人同意的操作行为。

（4）操作中发生疑问时，应立即停止操作并向发令人报告。待发令人再行许可后，方可进行操作。不准擅自更改操作票，不准随意解除闭锁装置。

（5）电气设备操作后的位置检查应以设备实际位置为准，无法看到实际位置时，可通过设备机械位置指示、电气指示、带电显示装置、仪表及各种遥测、遥信等信号的变化来判断。判断时，应有两个及以上的指示，且所有指示均已同时发生对应变化，才能确认该设备已操作到位。以上检查项目应填写在操作票中作为检查项。

（6）换流站直流系统应采用程序操作，程序操作不成功，在查明原因并经调度值班员许可后可进行遥控步进操作。

（7）用绝缘棒拉合隔离开关（刀闸）、高压熔断器或经传动机构拉合断路器（开关）和隔离开关（刀闸），均应戴绝缘手套。雨天操作室外高压设备时，绝缘棒应有防雨罩，还应穿绝缘靴。接地网电阻不符合要求的，晴天也应穿绝缘靴。雷电时，一般不进行倒闸操作，禁止在就地进行倒闸操作。

（8）装卸高压熔断器，应戴护目眼镜和绝缘手套，必要时使用绝缘夹钳，并站在绝缘垫或绝缘台上。

（9）断路器（开关）遮断容量应满足电网要求。如遮断容量不够，应将操动机构（操作机构）用墙或金属板与该断路器（开关）隔开，应进行远方操作，重合闸装置应停用。

（10）电气设备停电后（包括事故停电），在未拉开有关隔离开关（刀闸）和采取安全措施前，不得触及设备或进入遮拦，以防突然来电。

（11）单人操作时不得进行登高或登杆操作。

（12）在发生人身触电事故时，可以不经许可，即行断开有关设备的电源，但事后应立即报告调度（或设备运行管理单位）和上级部门。

（13）同一直流系统两端换流站间发生系统通信故障时，两站间的操作应根据值班调度员的指令配合执行。

（14）双极直流输电系统单极停运检修时，禁止操作双极公共区域设备，禁止合上停运极中性线大地/金属回线隔离开关（刀闸）。

（15）直流系统升降功率前应确认功率设定值不小于当前系统允许的最小功率，且不能超过当前系统允许的最大功率限制。

（16）手动切除交流滤波器（并联电容器）前，应检查系统有足够的备用数量，保证满足当前输送功率无功需求。

（17）交流并联电容器退出运行后再次投入运行前，应满足电容器放电时间要求。

认知 3 倒闸操作的原则

一、停、送电操作原则

（1）拉、合隔离开关及小车断路器停、送电时，必须检查并确认断路器在断开位置（倒母线除外，此时母线联络断路器必须合上）。

（2）严禁带负荷拉、合隔离开关，所装电气和机械防误闭锁装置不能随意退出。

（3）停电时，先断开断路器，再拉开负荷侧隔离开关，最后拉开母线侧隔离开关；送电时，先合上电源侧隔离开关，再合上负荷侧隔离开关，最后合上断路器。

（4）手动操作过程中，若发现误拉隔离开关，不准把已拉开的隔离开关重新合上。只有用手动涡轮传动的隔离开关，在动触点未离开静触点刀刃之前，允许将误拉的隔离开关重新合上，不再操作。

（5）超高压线路送电时，必须先投入并联电抗器后再合线路断路器。

（6）线路停电前要先停用重合闸装置，送电后要再投入。

二、母线倒闸操作原则

（1）倒母线必须先合上母线联络断路器，并取下控制熔断器，以保证母线隔离开关在并、解列时满足等电位操作的要求。

（2）在母线隔离开关的合、拉过程中，如可能产生较大火花时，应依次先合靠母线联络断路器最近的母线隔离开关；拉闸的顺序则与其相反。尽量减小操作母线隔离开关时的电位差。

（3）拉母线联络断路器前，母线联络断路器的电流表应指示为零；同时，母线隔离开关辅助触点、位置指示器应切换正常。以防"漏"倒设备，或从母线电压互感器二次侧反充电，引起事故。

（4）倒母线的过程中，母线差动保护的工作原理如不遭到破坏，一般均应投入运行。同时，应考虑母线差动保护非选择性开关的拉、合及低电压闭锁母线差动保护压板的切换。

（5）母线联络断路器因故不能使用，必须用母线隔离开关拉、合空载母线时，应先将该母线电压互感器二次侧断开（取下熔断器或低压断路器），防止运行母线的电压互感器熔断器熔断或低压断路器跳闸。

（6）母线停电后需做安全措施的，应验明母线无电压后，方可合上该母线的接地开关或装设接地线。

（7）向检修后或处于备用状态的母线充电，充电断路器有速断保护时，应优先使用；无速断保护时，其主保护必须加用。

（8）母线倒闸操作时，先给备用母线充电，检查两组母线电压相等，确认母线联络断路器已合好后，取下其控制电源熔断器，再进行母线隔离开关的切换操作。母线联络断路器断开前，负荷已全部转移，母线联络断路器电流表指示为零，再断开母线联络断路器。

（9）其他注意事项。

1）严禁将检修中的设备或未正式投运设备的母线隔离开关合上。

2）禁止用分段断路器（串有电抗器）代替母线联络断路器进行充电或倒母线。

3）当拉开工作母线隔离开关后，若发现合上的备用母线隔离开关接触不好或放弧，应立即将拉开的开关再合上，并查明原因。

4）停电母线的电压互感器所带的保护（如低电压、低频、阻抗保护等），如不能提前切换到运行母线的电压互感器上供电，则事先应将这些保护停用，并断开跳闸压板。

三、变压器的停、送电操作原则

（1）双绕组升压变压器停电时，应先拉开高压侧断路器，再拉开低压侧断路器，最后拉开两侧隔离开关。送电时的操作顺序与此相反。

（2）双绕组降压变压器停电时，应先拉开低压侧断路器，再拉开高压侧断路器，最后拉开两侧隔离开关。送电时的操作顺序与此相反。

（3）三绕组升压变压器停电时，应依次拉开高、中、低压三侧断路器，再拉开三侧隔离开关。送电时的操作顺序与此相反。

（4）三绕组降压变压器停、送电的操作顺序与三绕组升压变压器相反。

总的来说，变压器停电时，先拉开负荷侧断路器，后拉开电源侧断路器。送电时的操作顺序与此相反。

认 知 4 防 止 误 操 作 的 措 施

一、防止误拉误合断路器或隔离开关的措施

（1）倒闸操作发令、接令或联系操作要正确、清楚，并坚持重复命令。

（2）操作前进行"三对照"，操作中坚持"三禁止"，操作后坚持复查，遵守"五不干"。

1）三对照：①对照操作任务、运行方式，由操作人填写操作票；②对照"电气模拟图"审查操作票并预演；③对照设备编号无误后再操作。

2）三禁止：①禁止操作人、监护人一齐动手操作，失去监护；②禁止有疑问盲目操作；③禁止边操作、边做与其无关的工作（或聊天），以免分散精力。

3）五不干：①操作任务不清不干；②操作时无操作票不干；③操作票不合格不干；④应有监护而无监护人不干；⑤设备编号不清不干。

（3）预定的重大操作或运行方式将发生特殊的变化，电气运行专责工程师（技术员）应提前制定"临时措施"，注意事项、事故预想等，使值班人员操作时心中有数。

（4）通过平时技术培训，使值班人员掌握正确的操作方法，并领会规程的精神实质。

二、防止带负荷拉合隔离开关的措施

（1）明确带负荷拉合隔离开关事故的主要原因。

1）拉合回路时，回路负荷电流超过了隔离开关开断小电流的允许值。

2）拉合环路时，环路电流及断口电压差超过了容许限度。

3）人为误操作，如走错间隔拉错隔离开关，或断路器未拉开就拉合隔离开关等。

（2）掌握防止带负荷拉合隔离开关的具体措施。

1）按照隔离开关允许的使用范围及条件进行操作。拉合负荷电路时，严格控制电流值，确保在全电压下开断的小电流值在允许值范围内。

2）拉合规程规定之外的环路，必须谨慎，要有相应的安全和技术措施。

3）加强操作监护，对号检查，防止走错间隔、动错设备、误拉误合隔离开关。同时，对隔离开关普遍加装防误操作闭锁装置。

4）拉合隔离开关前，现场检查断路器，必须在断开位置。隔离开关经操作后，操动机构的定位销一定要锁好，防止因机构滑脱接通或断开负荷电路。

5）倒母线及拉合母线隔离开关，属于等电位操作，故必须保证母线联络断路器合入，同时取下该断路器的控制电源熔断器，以防止跳闸。

6）隔离开关检修时，与其相邻运行的隔离开关机构应锁住，以防止误拉合。

7）手车断路器的机械闭锁必须可靠，检修后应实际操作进行验收，以防止将手车带负荷拉出或推入间隔，引起短路。

三、防止带电挂接地线或带电合接地开关的措施

（1）断路器、隔离开关拉闸后，必须检查实际位置是否拉开，以免回路电源未切断。

（2）坚持验电，及时发现带电回路，查明原因。

（3）正确判断正常带电与感应电的区别，防止误把带电当静电。

272

（4）隔离开关拉开后，若一侧带电，一侧不带电，应防止将有电一侧的接地开关合入，造成短路。当隔离开关两侧均装有接地开关时，一旦隔离开关拉开，接地开关与主隔离开关之间的机械闭锁即失去作用，此时任意一侧接地开关都可以自由合入。

（5）普遍安装带电显示器，并闭锁接地开关，有电时不允许接地开关合入。

四、防止带地线合闸的措施

（1）加强地线的管理。按编号使用地线；拆、挂地线要做记录并登记。

（2）防止在设备系统上遗留地线。

1）拆、挂地线或拉合接地开关，电气接线图要与现场位置一致。交接班检查设备时，要查对现场地线的位置、数量是否正确。

2）禁止任何人不经值班人员同意，在设备系统上私自拆、挂地线，挪动地线的位置，或增加地线的数量。

3）设备第一次送电或检修后送电，值班人员应到现场进行检查，掌握地线的实际情况；调度人员下令送电前，事先应与发电厂、变电所、用户的值班人员核对地线，防止漏拆接地线。

（3）对于一经操作可能向检修地点送电的隔离开关，其操动机构要锁住，并悬挂"有人工作，禁止合闸"的标示牌，防止误操作。

（4）正常倒母线，严禁将检修设备的母线隔离开关误合入。事故倒母线，要按照"先拉后合"的原则操作，即先将故障母线上的母线隔离开关拉开，然后再将运行母线上的母线隔离开关合入，严禁将两母线的母线隔离开关同时合入并列，使运行的母线再短路。

（5）设备检修后的注意事项。

1）检修后的隔离开关应保持在断开位置，以免接通检修回路的地线，送电时引起人为短路。

2）防止工具、仪器、梯子等物件遗留在设备上，送电后引起接地或短路。

3）送电前，坚持摇测设备绝缘电阻。万一遗留地线，通过摇绝缘可以发现。

认 知 5　倒 闸 操 作 的 操 作 票

倒闸操作是电力系统的一项非常重要的工作，填写操作票、执行操作票制度是防止误操作的主要组织措施之一。

一、操作票的填写

（1）倒闸操作由操作人员填用操作票。

（2）操作票应用黑色或蓝色的钢（水）笔或圆珠笔逐项填写。用计算机开出的操作票应与手写票面统一；操作票票面应清楚整洁，不得任意涂改。操作票应填写设备的双重名称，即设备名称和编号。操作人和监护人应根据模拟图或接线图核对所填写的操作项目，并分别手工或电子签名，然后经运行值班负责人（检修人员操作时由工作负责人）审核签名。

每张操作票只能填写一个操作任务。

二、列入和不列入操作票的项目

（一）应填入操作票内的项目

（1）应拉合的设备［断路器（开关）、隔离开关（刀闸）、接地刀闸（装置）等］，验电，装拆接地线，合上（安装）或断开（拆除）控制回路或电压互感器回路的空气开关、熔断器，切换保护回路和自动化装置及检验是否确无电压等。

（2）拉合设备［断路器（开关）、隔离开关（刀闸）、接地刀闸（装置）等］后检查设备的位置。

（3）进行停、送电操作时，在拉合隔离开关（刀闸）、手车式开关拉出、推入前，检查断路器（开关）确在分闸位置。

（4）在进行倒负荷或解、并列操作前后，检查相关电源运行及负荷分配情况。

（5）设备检修后合闸送电前，检查送电范围内接地刀闸（装置）已拉开，接地线已拆除。

（6）高压直流输电系统启停、功率变化及状态转换、控制方式改变、主控站转换，控制、保护系统投退，换流变压器冷却器切换及分接头手动调节。

（7）阀冷却、阀厅消防和空调系统的投退、方式变化等操作。

（8）直流输电控制系统对断路器进行的锁定操作。

（二）可不用工作票的工作

（1）事故应急处理。

（2）拉合断路器（开关）的单一操作。

上述操作在完成后应做好记录，事故应急处理应保存原始记录。

三、执行操作票的工作程序

（1）预发命令和接收任务。

（2）填写操作票。

（3）审核批准。

（4）正式接受操作命令。

（5）模拟预演。

（6）操作前准备。

（7）核对设备。

（8）高声唱票实施操作。

（9）检查设备、监护人逐项勾票。

（10）操作汇报，做好记录。

（11）评价、总结。

任务五 事 故 处 理

认知 1 电气设备的工作状态

一、电气设备的正常运行状态

电气设备在规定的外部环境下（额定电压、额定气温、额定海拔、额定冷却条件、规定的介质状况等），保证连接（或在规定的时间内）正常达到额定工作能力的状态，称为额定工作状态，即电气设备的正常运行状态。

二、电气设备的异常状态

电气设备的异常状态就是不正常的工作状态，是相对于设备正常工作状态而言的。设备的异常状态是指设备在规定的外部条件下，部分或全部失去额定工作能力的状态，如设备不能承受额定电压、出力达不到铭牌要求、达不到规定的运行时间等。

三、电气设备的事故状态

故障状态指异常状态逐渐发展到设备丧失部分机能或全部机能，不能维持运行的状态。故障又分障碍和事故两种状态。事故有：对用户少送电；主要设备不见损坏，达到一定程度；电网异常运行达到瓦解或电能质量超过标准到一定范围。

认 知 2　事 故 处 理 一 般 程 序

（1）判断故障性质。根据计算机显像管（显示器）图像显示、光字牌报警信号、系统中有无冲击摆动现象、继电保护及自动装置动作情况、仪表及计算机打印记录、设备的外部特征等进行分析、判断。

（2）判明故障范围。设备故障时，值班人员应到故障现场，严格执行安全规程，对设备进行全面检查。母线故障时，应检查所有与其相连接的断路器和隔离开关。

（3）解除对人身和设备安全的威胁。若故障对人身和设备安全构成威胁，应立即设法消除，必要时可停止设备运行。

（4）保证非故障设备的运行。将故障设备隔离，确保非故障设备的运行。

（5）做好现场安全措施。对于故障设备，在判明故障性质后，值班人员应做好现场安全措施，以便检修人员进行抢修。

（6）及时汇报。值班人员必须迅速、准确地将事故处理情况报告给值长或值班长（机长）。

小　　结

电气运行就是电气运行值班人员对电能的生产、输送、分配和使用过程中的电气设备与输配线路所进行的监视、控制、操作与调节。电气运行必须满足安全性和经济性。

为保证电力系统安全运行，电力系统建立有电气运行的组织调度及机构，我国的电网调度机构是 5 级调度管理模式，即国调、网调、省调、地调和县调。

电气运行管理制度最基本的内容是人们常说的"两票三制"，即工作票制度、操作票制度、交接班制度、巡回检查制度和设备定期试验与切换制度。

工作票是指将需要检修、试验的设备、工作内容、工作人员、安全措施等填写在具有固定格式的书面上，以作为进行工作的书面联系。根据工作性质的不同，在电气设备上工作时的工作票可分为 3 种：第一种工作票、第二种工作票、带电作业工作票。工作票流程如下：填写工作票→签发工作票→接收工作票→布置安全措施→工作许可→工作开工→工作监护→工作间断→工作终结→工作票终结。

电气设备有运行、热备用、冷备用和检修 4 种不同的状态。将电气设备由一种状态转变到另一种状态所进行的一系列操作，叫倒闸操作。操作票是倒闸操作的依据，执行操作票的工作程序：预发命令和接受任务→填操作票→审核→模拟预演→操作前准备→实施操作→操作汇报→评价、总结。

思 考 练 习

1. 对电气运行的主要要求是什么？

2. 电气运行规程包括哪些内容？

3. 两票、三制指的是什么？主要包括哪些内容？

4. 工作票的种类及使用范围有哪些？

5. 怎样填写工作票？执行工作票的程序是什么？

6. 怎样填写操作票？如何执行操作票？

7. 电气设备巡视的内容有哪些？

8. 何谓倒闸操作？电气设备的状态有哪几种？

9. 倒闸操作的基本条件是什么？对倒闸操作的基本要求有哪些？

10. 如何防止倒闸操作中的误操作？

项目十七　电力变压器的运行及维护

能力目标

（1）熟悉变压器额定容量和负荷能力的概念，掌握变压器正常过负荷能力分析。

（2）掌握变压器并列运行的条件。

（3）熟悉变压器的运行与维护。

（4）熟悉变压器异常运行的特点及相应的处理办法。

案例引入

问题：

1. 变压器（见图 17-1）的额定容量和负荷能力之间是什么关系？如何进行变压器正常过负荷能力分析？

图 17-1　电力变压器

2. 变压器并列运行有什么条件？为什么有这样的条件？

3. 如何识别变压器异常运行？常见故障如何处理？

任务一　变压器的过负荷能力

认知 1　额定容量和负荷能力的基本概念

一、变压器的额定容量

变压器的额定容量（即铭牌容量）是指在规定的环境温度下，变压器能获得经济而合理的效率和具有正常的预期寿命（20～30 年）时所允许长期连续运行的容量。

二、变压器的负荷能力

变压器的负荷能力系指在短时间内所能输出的功率，在一定条件下，它可能超过额定容量。

变压器在运行中的负荷变化范围很大，不可能长期固定在额定值运行，多数时间内，变压器在欠负荷运行；在短时间内，又要求过负荷运行。因此，有必要规定一个短时容许负荷，即变压器的过负荷能力。负荷能力的大小和持续时间决定于：①变压器的电流和温度不要超过规定的限值；②在整个运行期间，变压器的绝缘老化不超过正常值，即不损害正常的预期寿命。这是因为，当变压器的负荷超过额定值时，将产生诸如变压器的绕组、绝缘部件、油、铁芯等的温度升高的效应，并使变压器的寿命缩短。

为了保证变压器的安全和正常的预期寿命，国际电工标准（IEC）规定了变压器过负荷运行时不要超过表 17－1 的限值。

表 17－1   适用于过负荷时的温度和电流的限值   单位：℃

负 荷 类 型	配电变压器	中型变压器	大型变压器
通常周期性负荷电流（标幺值）	1.5	1.5	1.3
热点温度及与绝缘材料接触的金属部件的温度	140	140	120
顶层油温	105	105	105
长期急救周期性负荷电流（标幺值）	1.8	1.5	1.3
热点温度及与绝缘材料接触的金属部件的温度	150	140	130
顶层油温	115	115	115
短时急救周期性负荷电流（标幺值）	2	1.8	1.5
热点温度及与绝缘材料接触的金属部件的温度	—	160	160
顶层油温	—	115	115

认知 2   变压器的发热与绝缘老化

一、变压器发热时的特点

变压器运行时，其绕组和铁芯中的电能损耗都将转变为热能，使变压器各部分的温度升高。在油浸式变压器中，这些热量传递给油，再通过外壳扩散到周围空气中。其整个散热过程有 3 个特点：

（1）各发热元件如铁芯、高压绕组、低压绕组等所产生的热量都传递给油，其发热过程是独立的，只与其本身的损耗有关。

（2）在散热过程中，引起的各部分温度差别很大。沿变压器的高度方向，绕组的温度最高，最大热点在高度方向的 70％～75％处；沿截面方向（径向），温度最高处位于线圈厚度的 1/3 处。

（3）变压器主要有两个散热区段。一段是热量由绕组和铁芯表面以对流方式传递到变压器油中，这部分占总温升的 20％～30％；另一段是热量由油箱壁以对流方式和辐射方式扩散到周围空气中，这部分占总温升的 60％～70％。

由上述可知，变压器在运行时，各部分将出现温度的升高。温度的升高会引起变压器绝缘的老化，严重时可能直接导致变压器的损坏。因此，规定了变压器的温升限值，如表17-1所示的过负荷时的温度和电流的限值。运行经验和研究结果表明，当变压器绕组的绝缘在98℃以下使用时，变压器的正常寿命为20～30年。

二、变压器的绝缘老化

变压器的绝缘老化是指绝缘受热或其他物理、化学作用而逐渐失去其机械强度和电气强度的现象。其主要原因是温度、湿度、氧气以及油中劣化产物的影响，其中高温是促成绝缘老化的直接原因。在实际运行中，绝缘介质的工作温度越高，氧化作用及其他化学反应进行得越快，引起机械强度及电气强度丧失得就越快，即绝缘的老化速度越快，变压器的使用年限（寿命）也越短。研究结果指出，在80～140℃的范围内，变压器的使用年限和绕组最热点温度的关系为

$$Z = Ae^{-p\theta} \tag{17-1}$$

式中　Z——变压器的使用年限；

　　　A——常数；

　　　p——系数；

　　　θ——变压器绕组最热点的温度，℃。

经验证明，绕组最热点的温度维持在98℃时，变压器能获得正常使用年限（20～30年），根据式（17-1）计算，正常使用年限应为

$$Z_N = Ae^{-p \times 98} \tag{17-2}$$

研究表明，绕组温度每增长6℃，使用年限将缩短一半，此即绝缘老化的6℃规则。表17-2给出了变压器各不同温度下的相对老化率。

表17-2　　　　　　　　　　各不同温度下的相对老化率

绕组最热点温度（℃）	80	86	92	98	104	110	116	122	28	134	140
相对老化率v（%）	0.125	0.25	0.5	1.0	2.0	4.0	8.0	16.0	32.0	64.0	128.0

需要说明的是，在国家标准中规定A级绝缘绕组温升为65℃，最高环境温度为再加上40℃，此时绕组最热点的温度为65+40=105（℃），查表17-2可知，相对老化率大于2，但这是变压器的极限工作温度，由于环境温度一般小于+40℃，所以变压器绕组实际工作在105℃的时间是很少的，这时不应限制变压器的负荷。

三、等值老化原则

如上所述，变压器运行时，如果维持其绕组最热点的温度在+98℃左右，可以获得正常使用年限。实际上，绕组温度受气温和负荷变动的影响，往往变化范围很大。因此，如果将绕组最高允许温度规定为+98℃，则可能在大部分时间内，绕组温度达不到该值，致使变压器的负荷能力未得到充分利用；反之，若不规定绕组的最高允许温度，或者将该值规定得过高，变压器又有可能达不到正常使用年限。为了正确地解决上述问题，可利用等值老化原则，即在一部分时间内，根据运行要求，容许绕组温度大于98℃，而在另一部分时间内，使绕组的温度小于98℃。只要使变压器在温度较高的时间内多损耗的寿命，与变压器在温度较低的时间内少损耗的寿命相互补偿，这样变压器的预期寿命可以和恒温

98℃运行时的寿命等值。换言之，等值老化原则就是使变压器在一定时间间隔 T_M（一年或一昼夜）内，绝缘老化（或所损耗的寿命）等于一个常数，即

$$\int_0^{T_M} e^{p\theta} dt = 常数 \tag{17-3}$$

这个常数为绕组温度在整个时间间隔 T_M 内保持恒定温度＋98℃时，变压器所损耗的寿命，数值为 $T_M e^{98p}$。

实际上，为了判断变压器在不同负荷下绝缘老化的情况，或在欠负荷期间变压器负荷能力的利用情况，通常引入比值 λ 来表明，λ 称为绝缘老化率，具体表达式为

$$\lambda = \int_0^{T_M} e^{p\theta} dt / T_M e^{98p} = \frac{1}{T_M} \int_0^{T_M} e^{p(\theta-98)} dt \tag{17-4}$$

显然，当 $\lambda > 1$ 时，变压器的老化大于正常老化，预期寿命将缩短；如果 $\lambda < 1$，则说明变压器的负荷能力未得到充分利用。因此，在一定时间间隔内，维持变压器的老化率接近于 1，是制定变压器负荷能力的主要依据。

认知 3　油浸变压器过负荷能力

一、变压器正常运行的过负荷

变压器正常运行时，其负荷也是经常变动的，很少恒定不变。根据等值老化原则，可以在一部分时间内，使变压器的负荷大于额定负荷，而在另一部分时间内，使变压器的负荷小于额定负荷，只要在过负荷期间多损耗的寿命和在欠负荷期间少损耗的寿命能相互补偿，则仍可获得规定的使用年限。变压器的正常过负荷能力就是以不牺牲其正常寿命为原则而制定的。换句话说，在整个时间间隔内，只要做到变压器绝缘老化率不大于 1 即可。同时还规定：

（1）过负荷期间，绕组最热点的温度不得超过 140℃，上层油温不得超过 95℃。

（2）变压器的最大过负荷不得超过额定负荷的 50%。

高峰负荷时，变压器正常允许的过负荷时间参见表 17-3。

表 17-3　　　　　　　　变压器正常允许的过负荷时间　　　　　　单位：h，min

过负荷倍数	过负荷前上层油温（℃）						
	17	22	28	33	39	44	50
	允许连续运行						
1.05	5.50	5.25	4.50	4.00	3.00	1.3	
1.10	3.50	3.25	2.50	2.10	1.25	0.10	
1.15	2.50	2.25	1.50	1.20	0.35		
1.20	2.05	1.40	1.15	0.45			
1.25	1.35	1.15	0.50	0.25			
1.30	1.10	0.50	0.30				
1.35	0.55	0.35	0.15				
1.40	0.40	0.25					
1.45	0.25	0.10					
1.50	0.15						

二、变压器事故时允许的过负荷

当系统发生故障时，首要任务是设法保证不间断供电，而变压器绝缘的老化加速则是次要的，所以事故过负荷和正常过负荷不同，它是以牺牲变压器的寿命为代价的。绝缘老化率允许比正常过负荷时高得多。事故过负荷也称急救负荷，是在较短的时间内，让变压器多带一些负荷，以作急用。为了保证可靠性，在确定变压器事故过负荷的允许值时，同样要考虑到绕组最热点的温度不应过高，以避免引起事故的扩大。和正常过负荷时一样，事故过负荷时绕组最热点的温度也不得超过 140℃，负荷电流不得超过额定值的两倍。事故过负荷的允许值和允许时间应由制造厂规定，也可参考表 17－4。

表 17－4　　　　　　　　变压器事故允许过负荷

过负荷倍数		1.3	1.6	1.75	2.0	2.4	3.0
允许时间（min）	户内	60	15	8	4	2	50s
	户外	120	45	20	10	3	1.5s

三、冷却系统故障时变压器允许的过负荷

油浸风冷变压器，当冷却系统发生事故切除全部风扇时，允许带额定负荷运行的时间不超过表 17－4 所列规定。

强迫油循环风冷、强迫油循环水冷变压器，当事故切除冷却系统时（对强油风冷指停止风扇及油泵，对强油水冷指停止水剂油泵），在额定负荷下允许的运行时间：容量为 125MVA 及以下者为 20min；容量为 125MVA 以上者为 10min。按上述规定，油面温度尚未达到 75℃时，允许继续运行，直到油温上升到 75℃为止。

任务二　变压器的并列运行条件及分析

认知 1　变压器并列运行的优点及并列运行的条件

一、变压器并列运行的优点

在发电厂和变电所中，通常将两台或数台变压器并列运行，并列运行与一台大容量变压器单独运行相比具有下列优点：

（1）提高供电可靠性。当一台退出运行时，其他变压器仍可照常供电。

（2）提高运行经济性。在低负荷时，可停运部分变压器，从而减少能量损耗，提高系统的运行效率，并改善系统的功率因数，保证经济运行。

（3）减小备用容量。为了保证供电，必须设置备用容量，变压器并列运用可使单台变压器容量较小，从而做到减小备用容量。

以上几点说明了变压器并列运行的必要性和优越性，但并列运行的台数也不宜过多。

二、变压器并列运行的条件

变压器并列运行时，通常希望它们之间无平衡电流；负荷分配与额定容量成正比，与短路阻抗成反比；负荷电流的相位相互一致。要做到上述几点，并列运行的变压器就必须满足以下条件：

（1）具有相等的一、二次电压，即变比相等。

（2）变压器的短路电压百分比 $U_d\%$（短路阻抗标幺值）应相等。

（3）绕组连接组别相同，相位相同。

上述 3 个条件中，第（1）条和第（2）条往往不可能做到绝对相等，一般规定变比的偏差不得超过 $\pm0.5\%$，短路电压百分比 $U_d\%$ 的偏差不得超过 $\pm10\%$。第（3）条是变压器并列运行的绝对条件。

<h2 style="text-align:center">认知 2　变压器并列运行条件的分析</h2>

在某些特殊情况下，需将两台不符合并列运行条件的变压器并列运行，这时必须校验这种并列运行造成的影响，并采取相应的措施，以免导致危险的后果。为了便于分析，下面讨论两台单相变压器的并列运行情况，其结论可推广到三相变压器。

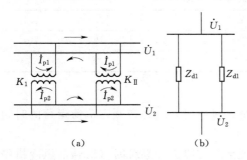

图 17-2　两台变比不同的单相变压器
的并列运行

（a）接线图；（b）等效电路图

一、变比不同的变压器的并列运行

图 17-2 示出了两台变比不同的单相变压器的并列运行的接线图和等效电路图。由于变比不同，变压器二次侧的电动势不相等，并在变压器二次绕组和一次绕组的闭合回路中产生平衡电流 $\dot{I}_{p2}$ 和 $\dot{I}_{p1}$。空载时，平衡电流可由等效电路求得。

$$\dot{I}_{p2}=\frac{\dot{E}_{2I}-\dot{E}_{2II}}{Z_{dI(2)}+Z_{dII(2)}}$$
$$=\frac{\dot{E}_1/K_I-\dot{E}_1/K_{II}}{(Z_{dI(1)}+Z_{dII(1)})/K^2}\approx\frac{\dot{U}_1(K_{II}-K_I)}{(Z_{dI(1)}+Z_{dII(1)})/K^2} \qquad (17-5)$$

式中　$\dot{E}_{2I}$、$\dot{E}_{2II}$——Ⅰ、Ⅱ号变压器二次电动势；

$\dot{E}_1$——Ⅰ、Ⅱ号变压器一次的几何平均电动势；

$Z_{dI(1)}$、$Z_{dII(1)}$——Ⅰ、Ⅱ号变压器归算到一次的阻抗；

$Z_{dI(2)}$、$Z_{dII(2)}$——Ⅰ、Ⅱ号变压器归算到二次的阻抗；

K_I、K_{II}——Ⅰ、Ⅱ号变压器的变比；

$K=\sqrt{K_I K_{II}}$——两台变压器的几何平均变比。

因为

$$Z_{dI(1)}=\frac{u_{*dI}U_{N1I}}{I_{N1I}}, Z_{dII(1)}=\frac{u_{*dII}U_{N1II}}{I_{N1II}}$$

故

$$I_{p1}=I_{p2}/K=\frac{U_1\Delta K_*}{\dfrac{u_{*dI}U_{N1I}}{I_{N1I}}+\dfrac{u_{*dII}U_{N1II}}{I_{N1II}}}$$

式中　u_{*dI}、u_{*dII}——Ⅰ、Ⅱ号变压器的短路电压标幺值；

ΔK_*——两台变压器变比之差对于几何平均变比的标幺值，$\Delta K_*=\dfrac{K_{\mathrm{I}}-K_{\mathrm{II}}}{K}$。

假设 $U_{\mathrm{N1I}}=U_{\mathrm{N1II}}=U_1$，而且 $\alpha=\dfrac{I_{\mathrm{N1I}}}{I_{\mathrm{N1II}}}=\dfrac{S_{\mathrm{NI}}}{S_{\mathrm{NII}}}$

则得

$$\frac{I_{\mathrm{p1}}}{I_{\mathrm{N1I}}}=\frac{\Delta K_*}{u_{*\mathrm{dI}}+\alpha u_{*\mathrm{dII}}}\qquad(17-6)$$

如果两台变压器的短路电压标幺值相等，即 $u_{*\mathrm{dI}}=u_{*\mathrm{dII}}=u_{*\mathrm{d}}$，则

$$\frac{I_{\mathrm{p1}}}{I_{\mathrm{N1I}}}=\frac{\Delta K_*}{u_{*\mathrm{d}}(1+\alpha)}\qquad(17-7)$$

由式（17-6）和式（17-7）可知，平衡电流决定于 ΔK_* 和变压器的内部阻抗，变压器的内部阻抗通常很小，即使 ΔK_* 不大，即两台变压器的变压比相差不大，也可能引起很大的平衡电流。例如，在式（17-7）中，如果两台变压器的容量相同，短路电压相等（取标幺值为 0.05），变压比如果相差 1%，则平衡电流可达额定值的 10%。平衡电流不同于负荷电流，在没有带负荷时便已存在，它占据了变压器的一部分容量，一般 ΔK_* 不得超过 0.5%。

当变压器有负荷时，平衡电流叠加在负荷电流上。这时，一台变压器的负荷减轻，另一台变压器的负荷则加重。所以，变比不同的变压器并列运行时，有可能产生过负荷现象，如果增大后的负荷超过其额定负荷时，则必须校验其过负荷能力是否在允许范围内。

二、短路电压不同的变压器并列运行

若有一组变压器并列运行，它们的电流分别为 $\dot I_{\mathrm{I}}$、$\dot I_{\mathrm{II}}$、$\cdots$、$\dot I_n$，短路阻抗分别为 Z_{dI}、Z_{dII}、$\cdots$、$Z_{\mathrm{d}n}$。假设它们的变比相同，则变压器中的电压降也应相等，即

$$\dot I_{\mathrm{I}}Z_{\mathrm{dI}}=\dot I_{\mathrm{II}}Z_{\mathrm{dII}}=\cdots=\dot I_n Z_{\mathrm{d}n}$$

故

$$\dot I_{\mathrm{I}}/\dot I_{\mathrm{II}}/\cdots/\dot I_n=\frac{1}{Z_{\mathrm{dI}}}/\frac{1}{Z_{\mathrm{dII}}}/\cdots/\frac{1}{Z_{\mathrm{d}n}}$$

如果阻抗角相同，则有

$$I_{\mathrm{I}}/I_{\mathrm{II}}/\cdots/I_n=\frac{I_{\mathrm{N1}}}{u_{*\mathrm{dI}}}/\frac{I_{\mathrm{NII}}}{u_{*\mathrm{dII}}}/\cdots/\frac{I_{\mathrm{N}n}}{u_{*\mathrm{d}n}}$$

所以，对第 K 台变压器有以下关系，即

$$\frac{I_{\mathrm{K}}}{\displaystyle\sum_{i=1}^{n}I_i}=\frac{\dfrac{I_{\mathrm{N}k}}{u_{*\mathrm{d}k}}}{\displaystyle\sum_{i=1}^{n}\dfrac{I_{\mathrm{N}i}}{u_{*\mathrm{d}i}}}$$

则

$$I_K=\frac{\displaystyle\sum_{i=1}^{n}I_i}{\displaystyle\sum_{i=1}^{n}\dfrac{I_{\mathrm{N}i}}{u_{*\mathrm{d}i}}}\times\frac{I_{\mathrm{N}k}}{u_{*\mathrm{d}k}}$$

故

$$S_K = \frac{\sum\limits_{i=1}^{n} S_i}{\sum\limits_{i=1}^{n} \dfrac{S_{Ni}}{u_{*di}}} \times \frac{S_{Nk}}{u_{*dk}} = \frac{S_{\Sigma}}{\sum\limits_{i=1}^{n} \dfrac{S_{Ni}}{u_{*di}}} \times \frac{S_{Nk}}{u_{*dk}} \qquad (17-8)$$

式中 S_{Σ}——n 台变压器的总负荷，$S_{\Sigma} = \sum\limits_{i=1}^{n} S_i$。

当只有两台变压器并列运行时，有

$$S_I = \frac{S_{\Sigma} S_{NI} u_{*dII}}{S_{NI} u_{*dII} + S_{NII} u_{*dI}} \qquad (17-9)$$

$$\frac{S_I}{S_{II}} = \frac{S_{NI} u_{*dII}}{S_{NII} u_{*dI}} \qquad (17-10)$$

由此可见，当数台变压器并列运行时，如果短路阻抗不同，负荷并不按其额定容量成比例分配。由式（17-10）可知，负荷分配与短路阻抗的大小成反比，短路阻抗小的变压器承担的负荷比例大，容易出现过负荷。如果改变变比，使短路阻抗大的变压器的二次电动势抬高，则可减少过负荷。这是因为对于短路阻抗较小的变压器，平衡电流可以减轻其过负荷（因为平衡电流的方向与负荷电流的方向相反），而对于短路阻抗较大的变压器，平衡电流可以使其负荷增加。

三、绕组连接组别不同的变压器并列运行

绕组连接组别不同的变压器并列运行时，同名相电压间出现位移角 φ，其大小等于连接组号 N_I 与 N_{II} 之差乘以 $30°$，即

$$\varphi = (N_I - N_{II}) \times 30° \qquad (17-11)$$

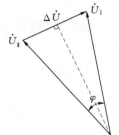

例如，一台变压器的连接组别为 Y，y_0，而另一台变压器的连接组别为 Y，d11，则同名相电压间的位移角 $\varphi = (12-11) \times 30° = 30°$。

由于位移角的存在，并列的变压器间将出现平衡电流。产生电流的电压可由图 17-3 所示相量图求得，即

$$\Delta U = 2\sin\frac{\varphi}{2} U \qquad (17-12)$$

图 17-3 绕组连接组别不同的变压器并列运行的相量图

式中，$U = U_I = U_{II}$。

所以，平衡电流为

$$I_p = \frac{\Delta U}{Z_{dI} + Z_{dII}} = \frac{2\sin\dfrac{\varphi}{2}}{\dfrac{u_{*dI}}{I_{NI}} + \dfrac{u_{*dII}}{I_{NII}}} \qquad (17-13)$$

当并列运行的变压器的容量和短路电压都相同，而只有其绕组连接组别不同时，则变压器间的平衡电流为

$$I_p = \frac{\sin\dfrac{\varphi}{2}}{u_{*d}} I_N \qquad (17-14)$$

例如，当位移角 $\varphi = 30°$，短路电压标幺值 $u_{*d} = 0.055$ 时，平衡电流为

$$I_p = \frac{\sin 15°}{0.055} I_N = 4.7 I_N$$

这样大的电流，只有在事故情况下才允许通过，而允许通过的时间则要依照事故过负荷的规定，不得超过事故过负荷的允许时间。因此，变压器是不允许长期在同名相电压间存在位移角的情况下并列运行的。

一般情况下，如果需要将绕组连接组别不同的变压器并列运行时，应根据连接组别差异的情况，采用将各相易名、始端与末端对换等方法，将变压器的连接组别化为同一连接组别后，才能并列运行。

【例 17-1】 两台变压器，高压侧额定电压相同，低压侧额定电压不等。两台变压器的已知条件如表 17-5 所示。

表 17-5 　　　　　　　　　　　例 17-1 表

变　　量	变　压　器 I	变　压　器 II
$S(\text{kVA})$	2400	3200
$U_{1N}/U_{2N}(\text{kV})$	35/6.3	35/6.0
$I_{1N}/I_{2N}(\text{A})$	39.6/220	52.8/308
$u_d\%$	5.0	5.0

试求：（1）这两台变压器并列运行时的平衡电流；（2）如果变压器 I 的 $u_d\%$ 由 5.0 增至 6.0，平衡电流有无变化。其值等于多少？

解：（1）

$$K_I = \frac{35000}{6300} = 5.56$$

$$K_{II} = \frac{35000}{6000} = 5.83$$

$$K = \sqrt{K_I K_{II}} = \sqrt{5.56 \times 5.83} = 5.69$$

$$\Delta K_* = \frac{5.83 - 5.56}{5.69} = 0.047$$

$$\alpha = \frac{I_{N1I}}{I_{N1II}} = \frac{39.6}{52.8} = 0.75$$

根据式（17-7）有

$$\frac{I_{p1}}{I_{N1I}} = \frac{\Delta K_*}{u_{*d}(1+\alpha)} = \frac{0.047}{0.05(1+0.75)} = 0.54$$

一次侧平衡电流

$$I_{p1} = 0.54 \times 39.6 = 21.38(\text{A})$$

二次侧平衡电流

$$I_{p2} = K I_{p1} = 5.69 \times 21.38 = 121.65(\text{A})$$

（2）如果变压器 I 的 $u_d\%$ 由 5.0 增至 6.0，根据式（17-6）有

$$\frac{I_{p1}}{I_{N1I}} = \frac{\Delta K_*}{u_{*dI} + \alpha u_{*dII}} = \frac{0.047}{0.06 + 0.75 \times 0.05} = 0.48$$

一次侧平衡电流

$$I_{p1} = 0.48 \times 39.6 = 19.01(A)$$

二次侧平衡电流

$$I_{p2} = KI_{p1} = 5.69 \times 19.01 = 108.16(A)$$

由上述计算可见，当变压器 I 低压侧电压高于变压器 II 的低压侧电压时，平衡电流占到了额定电流的 55%，因此在运行中很容易出现过负荷，此时增加变压器 I 的 u_d% 值，可有效地减小平衡电流。

任务三　变压器的运行与维护

认知 1　变压器的投入与停运的相关规定

（1）对新投运的变压器以及长期停用或大修后的变压器，在投运之前，应重新按部颁《电气设备预防性试验规程》（GB/Z 24846—2009）进行必要的试验，绝缘试验应合格，并符合基本要求的规定，值班人员还应仔细检查并确定变压器处于完好状态，具备带电运行条件，有载开关或无载开关处于规定位置，且三相一致；各保护部件、过电压保护及继电保护系统处于正常可靠状态。

（2）新投运的变压器必须在额定电压下做冲击合闸试验，冲击 5 次；大修或更换改造后进行正式冲击。

（3）变压器投运、停运操作顺序，应在运行规程（或补充部分）中加以规定，并须遵守下列事项：

1）强迫油循环风冷式变压器投入运行时，应先逐台投入冷却器并按负载情况控制投入的台数；变压器停运时，要先停变压器，冷却装置继续运行一段时间，待油温不再上升后再停。

2）变压器的充电应当由装设有保护装置的电源侧的断路器进行，并考虑到其他侧是否会超过绝缘方面所不允许的过电压现象。

（4）在 110kV 及以上中性点直接接地系统中，投运和停运变压器时，在操作前必须将中性点接地，操作完毕可按系统需要决定中性点是否断开。

（5）装有储油柜的变压器带电前应排尽套管升高座、散热器及净油器等上部的残留空气，对强迫油循环变压器，应开启油泵，使油循环一定时间后将空气排尽。开启油泵时，变压器各侧绕组均应接地。

（6）运行中的备用变压器应随时可以投入运行，长期停运者应定期充电，同时投入冷却装置。

认知 2　变压器分接开关的运行与维护

目前，分接开关大多采用电阻式组合型，总体结构可分为 3 部分，即控制部分、传动部分和开关部分。有载分接开关对供电系统的电压合格率有着重要作用。有载分接开关应用越来越广泛，以适应对电压质量的考核要求。

1. 变压器无载分接开关

无载分接开关从一个位置变到另一个位置的切换操作是很少进行的。由于远行中长期不作切换操作，在触头柱和触头环上覆盖了一层氧化膜。为了消除氧化膜，以达到接触良好，在变压器停运后，操作分接开关时，要先将分接开关正反方向来回旋转几次。对于分相调节的分接开关，要校核各相位置都必须对应相同。分接开关每一挡的位置，都必须用销钉螺钉固定。如果分接开关的工作状态存在可疑现象，则应通过测量直流电阻来检查接触是否良好。切换分接开关位置时，要作好记录；切换分接开关后（即在工作位置）要测量直流电阻，以免分接开关接触不良造成事故。

2. 变压器有载分接开关

（1）有载分接开关投运前，应检查其油枕油位是否正常，有无渗漏油现象，控制箱防潮应良好。用手动操作一个（升一降）循环，挡位指示器与计数器应正确动作，极限位置的闭锁应可靠，手动与电动控制的联锁亦应可靠。

（2）对于有载开关的瓦斯保护，其重瓦斯应投入跳闸，轻瓦斯则接信号。瓦斯继电器应装在运行中便于安全放气的位置。新投运有载开关的瓦斯继电器安装后，运行人员在必要时（有载筒体内有气体）应适时放气。

（3）有载分接开关的电动控制应正确无误，电源可靠。各接线端子接触良好，驱动电机转动正常、转向正确，其熔断器额定电流按电机额定电流 2～2.5 倍配置。

（4）有载分接开关的电动控制回路，在主控制盘上的电动操作按钮，与有载开关控制箱按钮应完好，电源指示灯、行程指示灯应完好，极限位置的电气闭锁应可靠。

（5）有载分接开关的电动控制回路应设置电流闭锁装置，其电流整定值为主变压器额定电流的 1.2 倍，电流继电器返回系数应不小于 0.9。当采用自动调压时主控制盘上必须有动作计数器，自动电压控制器的电压互感器断线闭锁应正确可靠。

（6）新装或大修后有载分接开关，应在变压器空载运行时，在主控制室用电动操作按钮及手动至少试操作一个（升一降）循环，各项指示正确，极限位置的电气闭锁可靠，方可调至要求的分解挡位以带负荷运行，并加强监视。

（7）值班员根据调度下达的电压曲线及电压参数，自行调压操作。每次操作应认真检查分接头动作和电压和电流变化情况（每调一个分接头计为一次），并作好记录。

（8）两台有载调压变压器并联运行时，允许在变压器 85% 额定负荷电流以下进行分接变换操作。但不能在单台变压器上连续进行两个分接变换操作。需在一台变压器的一个分接变换完成后再进行另一台变压器的一个分接变换操作。

（9）值班人员进行有载分接开关控制时，应按巡视检查要求进行，在操作前后均应注意并观察瓦斯继电器有无气泡出现。

（10）当运行中有载分接开关的瓦斯继电器发出信号或分接开关油箱换油时，禁止操作，并应拉开电源隔离开关。

（11）当运行中轻瓦斯频繁动作时，值班人员应作好记录并向调度汇报，停止操作，分析原因及时处理。

（12）有载分接开关的油质监督与检查周期。

1）运行中每 6 个月应取油样进行耐压试验一次，其油耐压值不低于 30kV/2.5mm。

当油耐压在 $25 \sim 30 \text{kV}/2.5\text{mm}$ 之间应停止使用自动调压控制器，若油耐压低于 $25\text{kV}/$ 2.5mm 时应停止调压操作并及时安排换油。当运行 $1 \sim 2$ 年或变换操作达 5000 次时应换油。

2）有载分接开关本体吊芯检查：①新投运 1 年后，或分接开关变换 5000 次；②运行 $3 \sim 4$ 年或累计调节次数达 $10000 \sim 20000$ 次，进口设备按制造厂规定；③结合变压器检修。

（13）有载分接开关吊芯检查时，应测试过渡电阻值，并与制造厂出厂数据一致。

（14）当电动操作出现"连动"（即操作一次，出现调正一个以上的分接头，俗称"滑挡"）现象时，应在指示盘上出现第二个分接头位置后，立即切断驱动电机的电源，然后手动操作到符合要求的分接头位置，并通知维修人员及时处理。

任务四　变压器异常运行的分析及常见故障的处理

认知 1　变压器运行异常的主要表现

电力变压器在运行中一旦发生异常情况，将影响系统的正常运行以及对用户的正常供电，甚至造成大面积停电。变压器运行中的异常情况一般有以下几种。

1. 声音异常

（1）正常状态下变压器的声音。变压器属静止设备，但运行中仍然会发出轻微的连续不断的"嗡嗡"声。这种声音是运行中电气设备的一种特有现象，一般称为"噪声"。产生这种噪声的原因有：

1）励磁电流的磁场作用使硅钢片振动。

2）铁芯的接缝和叠层之间的电磁力作用引起振动。

3）绕组的导线之间或绕组之间的电磁力作用引起振动。

4）变压器上的某些零部件引起振动。

正常运行中变压器发出的"嗡嗡"声是连续均匀的，如果产生的声音不均匀或有特殊响声，应视为不正常现象，判断变压器的声音是否正常，可借助于"听音棒"等工具进行。

（2）变压器的异常声音。若变压器的声音比平时增大，且声音均匀，可能有以下几种原因：

1）电网发生过电压。当电网发生单相接地或产生谐振过电压时，都会使变压器的声音增大。出现这种情况时，可结合电压、电流表计的指示进行综合判断。

2）变压器过负荷。变压器过负荷时会使其声音增大，尤其是在满负荷的情况下突然有大的动力设备投入，将会使变压器发出沉重的"嗡嗡"声。

3）变压器有杂音。若变压器的声音比正常时增大且有明显的杂音，但电流电压无明显异常时，则可能是内部夹件或压紧铁芯的螺钉松动，使得硅钢片振动增大所造成。

4）变压器有放电声。若变压器内部或表面发生局部放电，声音中就会夹杂有"噼啪"放电声。发生这种情况时，若在夜间或阴雨天气下，可看到变压器套管附近有蓝色的电晕或火花，则说明瓷件污秽严重或设备线夹接触不良，若变压器的内部放电，则是不接地的部件静电放电，或是分接开关接触不良放电，这时应将变压器作进一步检测或停用。

5）变压器有水沸腾声。若变压器的声音夹杂有水沸腾声且温度急剧变化，油位升高，则应判断为变压器绕组发生短路故障，或分接开关因接触不良引起严重过热，这时应立即停用变压器进行检查。

6）变压器有爆裂声。若变压器声音中夹杂有不均匀的爆裂声，则是变压器内部或表面绝缘击穿，此时应立即将变压器停用检查。

7）变压器有撞击声和摩擦声。若变压器的声音中夹杂有连续的有规律的撞击声和摩擦声，则可能是变压器外部某些零件如表计、电缆、油管等，因变压器振动造成撞击或摩擦、或外来高次谐波源所造成，应根据情况予以处理。

2. 油温异常

（1）变压器在运行中温度变化是有规律的。由于运行中的变压器内部的铁损和铜损转化为热量，热量向四周介质扩散。当发热与散热达到平衡状态时，变压器各部分的温度趋于稳定。铁损是基本不变的，而铜损随负荷变化。顶层油温表指示的是变压器顶层的油温，温升是指顶层油温与周围空气温度的差值。运行中要以监视顶层油温为准，温升是参考数字（目前对绕组热点温度还没有能直接监视的条件）。若发现在同样正常条件下，油温比平时高出 $10℃$ 以上，或负载不变而温度不断上升（冷却装置运行正常），则认为变压器内部出现异常。

变压器的绝缘耐热等级为 A 级时，绕组绝缘极限温度为 $105℃$，对于强油循环的变压器，根据 IEC 推荐的计算方法：变压器在额定负载下运行，绕组平均温升为 $65℃$，通常最热点温升比油平均温升约高 $13℃$，即 $65+13=78$（$℃$），如果变压器在额定负载和冷却介质温度为 $+20℃$ 条件下连续运行，则绕组最热点温度为 $98℃$，其绝缘老化率等于 1（即老化寿命为 20 年）。因此，为了保证绝缘不过早老化，运行人员应加强变压器顶层油温的监视，规定控制在 $85℃$ 以下。

（2）导致温度异常的原因。

1）内部故障引起温度异常。变压器内部故障，如绕组之间或层间短路，绕组对周围放电，内部引线接头发热；铁芯多点接地使涡流增大过热；零序不平衡电流等漏磁通形成回路而发热等因素引起变压器温度异常。发生这些情况，还将伴随着瓦斯或差动保护动作。故障严重时，还可能使防爆管或压力释放阀喷油，这时变压器应停用检查。

2）冷却器运行不正常引起温度异常。冷却器运行不正常或发生故障，如潜油泵停运、风扇损坏、散热器管道积垢冷却效果不良、散热器阀门没有打开、散热器堵塞等因素引起温度升高。应对冷却系统进行维护或冲洗，以提高冷却效果。

3. 油位异常

变压器储油柜的油位表一般标有 $-30℃$、$+20℃$、$+40℃$ 等 3 条线，它是指变压器使用地点在最低温度、年平均温度下满载时和最高环境温度时对应的油位线。根据这 3 个标志可以判断是否需要加油或放油。运行中变压器温度的变化会使油的体积发生变化。从而引起油位的上下位移。常见的油位异常有以下几种情况：

（1）假油位。如变压器温度变化正常，而变压器油标管内的油位变化不正常或不变，则说明是假油位。运行中出现假油位的原因有以下几种：

1）油标管堵塞。

2）油枕呼吸器堵塞。

3）防爆管通气孔堵塞。

4）变压器油枕内存有一定数量的空气。

（2）油面过低。油面过低应视为异常。因其低到一定限度时会造成轻瓦斯保护动作；严重缺油时，变压器内部绕组暴露，导致绝缘下降，甚至造成因绝缘散热不良而引起损坏事故。处于备用的变压器如严重缺油，也会吸潮而使其绝缘降低。造成变压器油面过低或严重缺油的原因有：

1）变压器严重渗油。

2）修试人员因工作需要多次放油后未作补充。

3）气温过低且油量不足，或油枕容积偏小，不能满足运行要求。

4. 变压器外观异常

变压器运行中外观异常有下列原因：

（1）防爆管防爆膜破裂。防爆管防爆膜破裂，引起水和潮气进入变压器内，导致绝缘油乳化及变压器的绝缘强度降低。原因有下列几个：

1）防爆膜材质与玻璃选择处理不当。当材质未经压力试验验证、玻璃未经退火处理，受到自身内应力的不均匀导致裂面。

2）防爆膜及法兰加工不精密、不平正，装置结构不合理，检修人员安装防爆膜时工艺不符合要求，紧固螺钉受力不匀，接触面无弹性等所造成。

3）呼吸器堵塞或抽真空充氮情况时不慎，受压力而破损。

（2）压力释放阀的异常。当变压器油超过一定标准时，释放器便开始动作进行溢油或喷油，从而减小油压，保护了油箱。如果变压器油量过多、气温又高而造成非内部故障的溢油现象，溢出过多的油后释放器会自动复位，仍起到密封的作用。释放器备有信号报警以便运行人员迅速发现异常进行查处。

（3）套管闪络放电。套管闪络放电会造成发热，导致绝缘老化受损甚至引起爆炸，常见原因如下：

1）套管表面过脏，如粉尘、污秽等。在阴雨天就会发生套管表面绝缘强度降低，容易发生闪络事故，若套管表面不光洁，在运行中电场不均匀会发生放电现象。

2）高压套管制造不良，末屏接地焊接不良形成绝缘损坏，或接地末屏出线的瓷瓶心轴与接地螺套不同心，接触不良或末屏不接地，也有可能导致电位提高而逐步损坏。

3）当系统内部或外部过电压时，套管内由于存在隐患而导致击穿。

（4）渗、漏油。渗漏油是变压器常见的缺陷，常见的具体部位及原因如下：

1）阀门系统。蝶阀胶垫材质、安装不良、放油阀精度不高、螺纹处渗漏。

2）胶垫。接线桩头、高压套管基座、电流互感器出线桩头胶垫不密封、无弹性、渗漏。一般胶垫压缩应保持在 2/3，有一定的弹性，随运行时间的增长、温度过高、振动等原因造成老化龟裂失去弹性或本身材质不符合要求，位置不对称、偏心。

3）绝缘子破裂渗、漏油。

4）设计制造不良。高压套管升高座法兰、油箱外表、油箱底盘大法兰等焊接处，因有的法兰制造和加工粗糙形成渗、漏油。

5. 颜色、气味异常

变压器的许多故障常伴有过热现象，使得某些部件或局部过热，因而引起一些有关部件的颜色变化或产生特殊气味。

（1）引线、线卡处过热引起异常。套管接线端部紧固部分松动，或引线头线鼻子等，接触面发生严重氧化，使接触处过热，颜色变暗失去光泽，表面镀层也遭到破坏。连接接头部分一般温度不宜超过 70℃，可用示温蜡片检查，一般黄色熔化为 60℃，绿色熔化为 70℃，红色熔化为 80℃，也可用红外线测温仪测量。温度很高时会发出焦臭味。

（2）套管、绝缘子有污秽或损伤严重时发生放电、闪络，并产生一种特殊的臭氧味。

（3）呼吸器硅胶一般正常干燥时为蓝色，其作用为吸附空气中进入油枕胶袋、隔膜中的潮气，以免变压器受潮，当硅胶蓝色变为粉红色，表明受潮而且硅胶已失效，一般粉红色部分超过 2/3 时应予更换。硅胶变色过快的原因主要有：

1）如长期天气阴雨空气湿度较大，吸湿变色过快。

2）呼吸器容量过小，如有载开关采用 0.51kg 的呼吸器，变色过快是常见现象，应更换较大容量的呼吸器。

3）硅胶玻璃罩罐有裂纹破损。

4）呼吸器下部油封罩内无油或油位太低起不到良好的油封作用，使湿空气未经油封过滤而直接进入硅胶罐内。

5）呼吸器安装不良，如胶垫龟裂不合格，螺钉松动安装不密封而受潮。

（4）附件电源线或二次线的老化损伤，造成短路产生的异常气味。

（5）冷却器中电机短路、分控制箱内接触器、热继电器过热等烧损产生焦臭味。

认知 2　变压器常见故障的处理

一、变压器自动跳闸处理

当变压器的断路器（高压侧或高、中、低压三侧）跳闸后，调度及运行人员应采取下列措施：

（1）如有备用变压器，应立即将其投入，以恢复向用户供电，然后再查明故障变压器的跳闸原因。

（2）如无备用变压器，则应尽快转移负荷、改变运行方式，同时查明何种保护动作。在检查变压器跳闸原因时，应查明变压器有无明显的异常现象，有无外部短路、线路故障、过负荷，有无明显的火光、怪声、喷油等现象。如确实证明变压器各侧断路器跳闸不是由于内部故障引起，而是由于过负荷、外部短路或保护装置二次回路误动作造成的，则变压器可不经内部检查重新投入运行。

如果不能确认变压器跳闸是上述外部原因造成的，则应对变压器进行事故分析，如通过电气试验、油化分析等与以往数据进行比较分析。如经以上检查分析能判断变压器内部无故障，应重新将保护系统气体继电器投到跳闸位置，将变压器重新投入。整个操作过程应慎重行事。

如经检查判断为变压器内部故障，则需对变压器进行吊壳检查，直到查出故障并予以处理。

二、变压器瓦斯保护动作后处理

瓦斯保护是变压器的主保护之一，它能反映变压器内部发生的各种故障。变压器运行中如发生局部过热，在很多情况下，当还没有表现为电气方面的异常时，首先表现出的是油气分解的异常，即油在局部高温下分解为气体，由于故障性质和危险程度的不同，产生气的速度和产气量多少不同，气体逐渐集聚在变压器顶盖上端及气体继电器内，引起瓦斯保护动作。

1. 轻瓦斯保护动作后处理

轻瓦斯保护动作后，复归音响信号查看信号继电器，值班员应汇报调度和上级，并检查有无其他信号，观察气体继电器动作的次数，间隔时间的长短，检查气体的性质，主要是颜色、气味、可燃性以及变压器的外观等方面。分清是变压器本体轻瓦斯动作还是有载调压开关轻瓦斯动作。不要急于恢复继电器掉牌，然后查看变压器本体或有载调压开关油枕的油位是否正常，气体继电器内充气量多少，以判断动作原因。查明动作原因后复归信号继电器掉牌及光字牌。

（1）非变压器故障的原因，且气体继电器内充满油，无气体，则排除其他方面的故障，变压器可继续运行。

（2）未发现变压器故障的现象，但气体继电器内有气体，经取气检查为无色、无味、不可燃，可能属进入空气。此时，应及时排气，监视并记录每次轻瓦斯信号发出的时间间隔。如时间间隔逐渐变长，说明变压器内部和密封无问题，空气会逐渐排完。如时间间隔不变，甚至变短，说明密封不严进入空气，应汇报调度和上级，并按其命令进行处理。

（3）发现变压器有故障现象，或经取气检查为有色、有味、可燃气体，则应将变压器停电检查。如仅为油面低所造成的，可设法处理漏油及带电加油（应先将重瓦斯改接于信号位置）。

（4）若不能确定动作原因为非变压器故障，也不能确定为外部原因，而且又未发现其他异常，则应将瓦斯保护投入跳闸回路，并加强对变压器的监视，认真观察其发展变化。

2. 重瓦斯保护动作后处理

运行中的变压器发生瓦斯保护动作跳闸，或轻瓦斯保护信号和轻瓦斯保护跳闸同时出现，则首先应想到该变压器有内部故障的可能，对变压器的这种处置应谨慎。

故障变压器内产生的气体，是由于变压器内不同部位、不同的过热形式甚至金属短路、放电造成的。因此判明气体继电器内气体的性质、气体集聚的数量及集聚速度，对判断变压器故障的性质及严重程度是至关重要的。

在未经检查处理和试验合格前，不允许将变压器投入运行，以免造成故障或事故扩大。

3. 定时限过流保护动作跳闸后处理

当变压器由于定时限过流保护动作跳闸时，应先复归事故音响，然后检查判断有无越级跳闸的可能，即检查各出线开关保护装置的动作情况，各操作机构有无卡涩现象。如查明是因某一出线故障引起的越级跳闸，则应拉开故障出线的断路器，再将变压器投入运行，并恢复向其余各线路送电。如果查不出是否属越级跳闸，则应将所有出线的断路器全部拉开，并检查变压器其他侧母线及本体有无异常情况，若查不出明显故障时，则变压器可以在空载下试投送一次，试投正常后再逐条恢复线路送电。当在合某一路出线断路器时又出现越级跳变压器断路器时，则应将该出线停用，恢复变压器和其余出线的供电。若检查中发现某侧母线有明显故障征象或主变压器本体有明显的故障征象时，则不许可合闸送电，应进一步检查处理。

4. 变压器着火后处理

变压器着火时，不论何种原因，应首先拉开各侧断路器，切断电源，停用冷却装置，并迅速采取有效措施进行灭火。同时汇报调度及上级主管领导。若油溢在变压器顶盖上着火时，则应迅速开启下部阀门，将油位放至着火部位以下，同时用灭火设备以有效方法进行灭火。变压器因喷油引起着火燃烧时，应迅速用黄砂覆盖、隔离、控制火势蔓延，同时用灭火设备灭火。以上情况应及时通知消防部门协助处理，同时通知调度以便投入备用变压器供电或采取其他转移负荷措施。装有水喷淋灭火器装置的变压器，在变压器着火后，应先切断电源，再起动水喷淋系统。

5. 变压器紧急拉闸停用

变压器有下列情况之一时，应紧急拉闸停止运行，并迅速汇报调度：

（1）音响较正常时有明显增大，而且极不均匀或为沉重的异常声，内部有爆裂的放电声。

（2）在正常负荷和冷却条件下，非油温计故障引起的上层油温异常升高，且不断上升。

（3）严重漏油。确认油面已急剧下降至最低限值并无法堵漏，油位还在继续下降已低于油位标的指示限度。

（4）防爆管或压力释放阀起动喷油，或变压器冒烟、着火。

（5）套管发现有严重破损和放电现象。

（6）油色剧变，油内出现炭质等。

小　　结

变压器运行时，一定条件下可能超过额定容量。变压器在正常运行及事故时允许一定的过负荷能力，变压器过负荷会引起变压器过热，加速绝缘老化，应根据等值老化原则确定变压器的过负荷能力。

变压器并列运行的条件是：变比相等、$U_d\%$ 相等、绕组接线组别相同。第 3 个条件必须满足，前 2 个条件允许一定的偏差，否则不能并列运行。

变压器异常运行时常伴有一些现象，应进行分析判断。

思　考　练　习

1. 什么是变压器的额定容量？什么是变压器的负荷能力？

2. 什么是等值老化原则？

3. 变压器的正常过负荷能力是根据什么原则制定的？怎样分析？

4. 变压器的并列运行有什么优点？

5. 变压器并列运行的条件是什么？为什么要满足这些条件？

6. 对变压器的投运和停运有什么规定？

7. 变压器异常运行时有哪些现象？如何判断？

8. 变压器常见故障有哪些？怎样处理？

项目十八　高压电气设备的运行及维护

能力目标

（1）掌握断路器的正常运行条件与巡视检查项目。

（2）掌握高压断路器的常见故障及其处理方法。

（3）掌握隔离开关运行中的检查维护项目及事故处理方法。

（4）掌握互感器运行中的检查维护项目及事故处理方法。

（5）掌握高压熔断器运行维护时的注意事项。

案例引入

随着电网自动化程度的越来越高和无人值班站的广泛推行，对高压电气设备安全运行要求也越来越高，只有充分、准确掌握高压电气设备的运行状况，及时发现设备缺陷，并熟练掌握相应的故障发生时的处理措施，才能保证高压电气设备安全稳定运行。

问题：断路器、隔离开关、互感器、熔断器在运行中容易出现哪些故障现象？对已经出现的故障应如何及时、正确地处理？

知识要点

任务一　断路器的运行维护及事故处理

认知 1　断路器正常运行要求

一、断路器正常运行要求

在电网运行中，高压断路器操作和动作较为频繁。为使断路器能安全可靠地运行，保证其性能，必须做到以下几点：

（1）在正常运行时，断路器的工作电流、最大工作电压、额定开断电流不得超过额定值。

（2）为使运行中的断路器正常工作，应检查其操作电源完备可靠，气体断路器的气压正常，液压操动断路器的油压、弹簧操动断路器的储能、电磁操动断路器的合闸电源及远距离操作电源均应符合运行要求。

（3）所有运行中的断路器，对具有远距离操作接线的断路器，在带有工作电压时的分（合）操作，一般均应采用远距离操作方式，禁止使用手动机械分闸，或手动就地操作按钮分闸。只有在远距离分闸失灵或当发生人身及设备事故而来不及远距离拉开断路器时，方可允许手动机械分闸（油断路器），或者用就地操作按钮分闸（空气断路器）。对运行中断路器的就地操作，应禁止手动慢分闸和快合闸。在操作空载线路时应迅速就地操作，但只限于操动机构为三相联动方式的断路器；对分相式操动机构的断路器，则不准分相就地操作。对于装有自动合闸的断路器，在条件可能的情况下，还应先解除重合闸后再行手动分闸，若条件不可能时，应在手动分闸后，立即检查是否重合上了，若已重合上即应再手动分闸。

（4）明确断路器的允许分、合闸次数，以保证一定的工作年限。根据标准，一般断路器允许空载分、合闸次数（也称机械寿命）应达 1000～2000 次。为了加长断路器的检修周期，断路器还应有足够的电气寿命即允许连续分、合闸短路电流或负荷电流的次数。

（5）禁止将有拒绝分闸缺陷或严重缺油、漏油、漏气等异常情况的断路器投入运行。若需要紧急运行，必须采取措施，并得到上级运行领导人的同意。

（6）对采用空气操动的断路器，其气压应保持在允许的调整范围内，若超过允许值，应及时调整，否则需停止对断路器的操作。

（7）一切断路器均应在断路器轴上装有分、合闸机械指示器，以便运行人员在操作或检查时用它来校对断路器断开或合闸的实际位置。

（8）在检查断路器时，运行人员应注意辅助触点的状态。若发现触点在轴上扭转、松动或固定触片自转盘脱离，应紧急检修。

（9）检查断路器合闸的同时性。因调整不当，合闸后因拉杆断开或模梁折断而造成一相未合导致两相运行时，应立即停止运行。

（10）需经同期合闸的断路器，必须满足同期条件后方可合闸送电。

二、断路器严禁投入运行的情况

为使断路器运行正常，在下述情况下断路器严禁投入运行：

（1）严禁将有拒跳或合闸不可靠的断路器投入运行。

（2）严禁将严重缺油、漏气、漏油及绝缘介质不合格的断路器投入运行。

（3）严禁将动作速度、同期、跳合闸时间不合格的断路器投入运行。

（4）断路器合闸后，由于某种原因，一相未合闸，应立即拉开断路器，查明原因。缺陷消除前，一般不可进行第二次合闸操作。

认知 2　断路器运行中的巡视检查

在断路器运行时，电气值班人员必须依照现场规程和制度，对断路器进行巡视检查，及时发现缺陷，并尽快设法解除，以保证断路器的安全运行。

一、SF$_6$ 断路器运行中的巡视检查项目

（1）套管不脏污，无破损裂痕及闪络放电现象。

（2）检查连接部分有无过热现象，如有应停电退出。

（3）内部无异声（漏气声、振动声）及异臭味。

（4）壳体及操作机构完整，不锈蚀；各类配管及其阀门有无损伤、锈蚀，开闭位置是否正确，管道的绝缘法兰与绝缘支持是否良好。

（5）断路器分合位置指示是否正确，其指示应与当时实际运行工况相符。

（6）检查 SF_6 气体压力是否保持在额定表压，SF_6 气体压力正常值为 $0.4 \sim 0.6$MPa，如压力下降即表明有漏气现象，应及时查出泄漏位置并进行消除，否则将危及人身及设备安全。

（7）SF_6 气体中的含水量监视。当水分较多时，SF_6 气体会水解成有毒的腐蚀性气体；当水分超过一定量，在湿度降低时会凝结成水滴，粘附在绝缘表面。这些都会导致设备腐蚀和绝缘性能降低，因此必须严格控制 SF_6 气体中的含水量。

二、真空断路器运行中的巡视检查项目

（1）断路器分合位置指示是否正确，其指示应与当时实际运行工况相符。

（2）支持绝缘子有无裂痕、损伤，表面是否光洁。

（3）真空灭弧室有无异常（包括声响），如果是玻璃外壳可观察屏蔽罩颜色有无明显变化。

（4）金属框架或底座有无严重锈蚀和变形。

（5）可观察部位的连接螺栓有无松动、轴销有无脱落或变形。

（6）接地是否良好。

（7）引线接触部位或有示温蜡片的部位有无过热现象，引线松弛度是否适中。

三、操动机构的检查

操动机构性能在很大程度上决定了断路器的性能及质量优劣，因此对于断路器来说，操动机构是非常重要的。巡视检查中，必须重视对操动机构的检查。主要检查项目有以下几点：

（1）正常运行时，断路器的操动机构动作应良好，断路器分、合闸位置与机构指示器及红、绿指示灯应相符。

（2）机构箱门开启灵活，关闭紧密、良好。

（3）操动机构应清洁、完整、无锈蚀，连杆、弹簧、拉杆等应完整，紧急分闸机构应保持在良好状态。

（4）端子箱内二次线和端子排完好，无受潮、锈蚀、发霉等现象，电缆孔洞应用耐火材料封堵严密。

（5）冬季或雷雨季节，电加热器应能正常工作。

（6）断路器在分闸状态时，分闸连杆应复归，分闸锁扣到位，合闸弹簧应在储能位置。

（7）辅助开关触点应光滑平整，位置正确。

（8）各不同型号机构，应定时记录油泵（气泵）起动次数及打泵时间，以监视有无渗漏现象引起的频繁起动。

四、断路器运行中的特殊巡视检查项目

（1）在系统或线路发生事故使断路器跳闸后，应对断路器进行下列检查：

1）检查各部位有无松动、损坏。

2）检查瓷件是否断裂等。

3）检查各引线接点有无发热、熔化等。

（2）高峰负荷时应检查各发热部位是否发热变色、示温片是否熔化脱落。

（3）天气突变、气温骤降时，应检查油位是否正常，连接导线是否紧密等。

（4）下雪天应观察各接头处有无溶雪现象，以便发现接头发热。雪天、浓雾天应检查套管有无严重放电闪络现象。

（5）雷雨、大风过后，应检查套管瓷件有无闪络痕迹、室外断路器上有无杂物、导线有无断股或松胶等现象。

五、断路器的紧急停运

当巡视检查发现下列情况之一时，应立即用上一级断路器断开连接该断路器的电源，将该断路器进行停电处理。

（1）断路器套管爆炸断裂。

（2）断路器着火。

（3）内部有严重的放电声。

（4）油断路器严重缺油，SF_6 断路器 SF_6 气体严重外泄。

（5）套管穿心螺钉与导线（铝线）连接处发热熔化等。

认知 3　断路器常见故障及其处理

断路器可能会由于设计、制造缺陷、安装、检修质量不好、检修不及时以及检查维护不好等原因而发生事故。

一、断路器拒绝合闸故障处理

断路器拒绝合闸，既可能有本身的原因，也可能有操作回路的原因。因此，对拒绝合闸的断路器，应从以下几个方面依次查找原因：

（1）检查直流电源是否正常、有无电压、电压是否合格、控制回路熔断器是否完好。

（2）检查合闸线圈是否烧坏或匝间是否短路、合闸回路是否断线（以绿色信号来监视）、合闸接触器辅助触头接触是否良好。

（3）检查操作把手触点、连线、端子处有无异常，操作把手与断路器是否联动。

（4）检查油断路器机构箱内辅助触点是否接触良好、联动机构是否起作用、电缆连接有无开脱断线的情况。

（5）检查断路器合闸机构是否有卡涩现象、连接杆是否有脱钩情况。

（6）检查液压机构油压是否低于额定值、合闸回路是否闭锁。

（7）检查弹簧储能机构合闸弹簧是否储能良好（检查牵引杆位置）；检查分闸连杆复归是否良好、分闸锁扣是否钩住。

根据以上步骤，就会逐步找到断路器拒绝合闸的原因，予以排除。

二、断路器拒绝跳闸故障处理

断路器拒绝跳闸，应从以下几个方面检查：

（1）检查直流回路是否良好。直流电压是否合格，直流回路接线是否完好，操作回路熔断器是否完好。

（2）检查跳闸回路。跳闸回路有无断线（以红灯监视），跳闸线圈是否烧坏或匝间是否短路，跳闸铁芯是否卡涩，行程是否正确。

（3）检查操作回路。操作把手是否良好，断路器内辅助触点接触是否良好，控制电缆接头有无开、松、脱、断情况。

（4）检查断路器本身有无异常，断路器跳闸机构有无卡涩，触头是否熔焊在一起。

（5）检查液压机构压力是否低于规定值，断路器跳闸回路是否被闭锁。

三、SF₆断路器的常见故障及其处理

1. SF₆断路器漏气故障

SF₆断路器漏气可能的原因有：①密封面紧固螺栓松动；②焊缝渗漏；③压力表渗漏；④瓷套管破损。

相应处理方法是：①紧固螺栓或更换密封件；②补焊、刷漆；③更换压力表；④更换新瓷套管。

2. SF₆断路器本体绝缘不良，放电闪络故障

可能的原因有：瓷套管严重污秽和瓷套管炸裂或绝缘不良所致。

处理方法是：清理污秽及其异物，更换合格瓷套管。

3. SF₆断路器爆炸和气体外泄故障

SF₆断路器发生意外爆炸事故或严重漏气导致气体外泄时，值班人员接近设备需要谨慎，尽量选择从上风接近设备，并立即投入全部通风装置。在事故后 15min 以内，人员不准进入室内，在 15min 以后，4h 以内，任何人进入室内时都必须穿防护衣、戴防毒面具。若故障时有人被外泄气体侵袭，应立即清洗后送医院治疗。

四、真空断路器的常见故障及其处理

1. 真空断路器灭弧室真空度降低

真空灭弧室真空度降低的原因有：

（1）真空灭弧室漏气。主要是由于焊缝不严密或密封部位存在微观漏气造成的。

（2）真空灭弧室内部金属材料含气释放。在真空灭弧室最初几次电弧放电过程中，触头材料中释放出一些残余的微量气体，使灭弧室压力在一段时间内上升，导致真空灭弧室真空度降低，当真空度降低到一定值时将会影响它的开断能力和耐压水平。因此必须定期检查真空灭弧管内的真空度是否满足要求。

2. 真空断路器接触电阻增大

真空灭弧室的触头接触面在经过多次开断电流后会逐渐被电磨损，导致接触电阻增大，这对开断性能和导电性能都会产生不利影响。因此规程规定要测量导电回路电阻。

处理方法是：对接触电阻明显增大的，除要进行触头调节外，还应检查真空灭弧室的真空度，必要时更换相应的灭弧室。

3. 真空断路器拒动现象

在真空断路器检修和运行过程中，有时会出现不能正常合闸或分闸的现象，称为拒动。

处理方法：当发生拒动现象时，首先要分析拒动的原因，然后针对拒动的原因进行处理。分析的基本思路是先找控制回路，若确定控制回路无异常，再在断路器方面查找。若断定故障确实出在断路器方面，再将断路器从线路上解列下来进行检修。真空断路器发生的拒动现象、原因及处理方法如表 18-1 所示。

表 18-1   真空断路器拒动现象、原因及处理方法

动作异常现象	原　因	处　理　方　法
不能进行合闸动作	(1) 合闸线圈烧坏或断线 (2) 各触点接触不良	(1) 更换 (2) 用砂纸打磨触点
有合闸动作，但合不上	(1) 由于受合闸时的冲击力使跳闸杠杆跳起 (2) 由于摩擦，跳闸拉杆及其他各连杆回不去	(1) 调整跳闸杠杆的位置达到产品技术要求 (2) 检查销子是否被卡住，并注入润滑油
不能分闸	(1) 分闸线圈烧坏或断线 (2) 辅助触点接触不良 (3) 由于摩擦，跳闸杠杆变紧	(1) 更换 (2) 调整触点或更换触点 (3) 检查销子是否卡住，注入黄油，调整到合适位置
计数器指示不准	操作计数器的拉杆偏斜	松开拉杆的螺钉，重新调整

4. 真空断路器其他故障

(1) 当真空断路器灭弧室发出"咝咝"声时，可判断为内部真空损坏，此时值班人员向上级汇报申请停电处理。

(2) 发现真空管发热变色时，应加强监视，并进行负荷转移及处理。

任务二　隔离开关的运行维护及事故处理

认知 1　隔离开关的操作及注意事项

在电力系统的变、配电设备中，隔离开关数量最多。隔离开关主要用来使电气回路间有一个明显的断开点，以便在检修设备和线路停电时，隔离电源、保证安全。另外，用隔离开关与断路器相配合，可进行改变运行方式的操作，达到安全运行的目的。

一、隔离开关允许操作的设备或线路

隔离开关与断路器不同，它没有灭弧装置，不具备灭弧性能。因此，严禁用隔离开关来拉、合负荷电流和故障电流（如短路电流等），但由于隔离开关本身具有一定的自然灭弧能力，所以可以利用隔离开关切断电流较小的电路。在系统正常工作的前提下，允许用隔离开关来开、合下列电路或设备：

(1) 电压互感器。

(2) 避雷器。

(3) 变压器中性点接地回路。

(4) 消弧线圈。

(5) 空载电流较小的空载变压器（运行经验表明拉、合励磁电流小于 2A 的空载变压器）。

(6) 充电电流较小的母线。

(7) 电容电流不超过 5A 的空载线路。

虽然可以利用隔离开关来拉、合电压互感器及小容量变压器等一些设备。但为了简化

记忆，防止误操作，电气运行人员不一定要记住隔离开关允许操作的设备或线路，只要遵守下列操作事项就不会产生误操作：

若隔离开关所在的回路中有断路器、接触器等具有灭弧性能的开关电器或起动器等，那么就绝对不允许用隔离开关来拉、合电路；若隔离开关所在的回路中没有断路器、接触器等具有灭弧性能的开关电器或起动器等，就可以用隔离开关来开、合电路。

二、隔离开关合闸操作及注意事项

在进行隔离开关合闸操作时必须迅速果断，但合闸终了时用力不可过猛，防止冲击过大损坏隔离开关及其附件。合闸后应检查是否已合到位，动、静触点是否接触良好等。

如果在隔离开关合闸操作的过程中发现触点间有电弧产生（即误合隔离开关时），应果断将隔离开关合到位。严禁将隔离开关再拉开，以免造成带负荷拉刀闸的误操作。

三、隔离开关拉闸操作及注意事项

在进行隔离开关拉闸操作前，应首先检查其机械闭锁装置，确认无闭锁后再进行拉闸操作。在拉闸操作的开始时，要缓慢而又谨慎，当刀片刚刚离开静触头时注意有无电弧产生。若无电弧产生等异常情况，则迅速果断地拉开，以利于迅速灭弧。隔离开关拉闸后应检查是否已拉到位。如果在隔离开关刀片刚刚离开静触头瞬间有电弧产生，应果断地将隔离开关重新合上，停止操作，待查明原因并处理完毕后再进行合闸操作。

如果在隔离开关刀片刚刚离开静触头瞬间有电弧产生（即误拉隔离开关时），仍强行拉开隔离开关的话，可能造成带负荷拉刀闸的严重事故。

四、隔离开关与断路器配合操作及注意事项

隔离开关与断路器配合操作时的操作倾序是：断开电路时，先拉开断路器，再拉开隔离开关；送电时，先合隔离开关，再合断路器。总之，在隔离开关与断路器配合操作时，隔离开关必须在断路器处于断开（分闸）位置时才能进行操作。

认知 2 隔离开关运行维护中的检查项目及注意事项

一、隔离开关的正常运行

隔离开关的正常运行状态是指在额定条件下，连续通过额定电流而热稳定、动稳定不被破坏的工作状态。

二、隔离开关的正常巡视检查项目

隔离开关在运行中，要加强巡检，及时发现异常和缺陷并进行处理，防止异常和缺陷转化为事故。具体检查项目如下：

（1）隔离开关本体检查。检查开关合闸状况是否完好，有无合不到位或错位现象。

（2）绝缘子检查。检查隔离开关绝缘子是否清洁完整，有无裂纹、放电现象和闪络痕迹。

（3）触头检查：

1）检查触头有无脏污、变形锈蚀，触头是否倾斜。

2）检查触头弹簧或弹簧片有无折断现象。

3）检查隔离开关触头是否由于接触不良引起发热、发红。夜巡时应特别留意，看触头是否烧红，严重时会烧焊在一起，使隔离开关无法拉开。

（4）操作机构检查。检查操作连杆及机械部分有无锈蚀、损坏，各机件是否紧固，有无歪斜、松动、脱落等不正常现象。

（5）底座检查。检查隔离开关底座连接轴上的开口销是否断裂、脱落；法兰螺栓是否紧固，有无松动现象；底座法兰有无裂纹等。

（6）接地部分检查。对于接地的隔离开关，应检查接地刀口是否严密，接地是否良好，接地体可见部分是否有断裂现象。

（7）防误闭锁装置检查。检查防误闭锁装置是否良好；在隔离开关拉、合后，检查电磁锁或机械锁是否锁牢。

认知 3　隔离开关异常运行分析及事故处理

一、隔离开关异常运行分析

1. 接触部分过热

正常情况下，隔离开关不应出现过热现象，其温度不应超过 70℃，可用示温蜡片检查试验。若接触部分温度达到 80℃时，则应减少负荷或将其停用。

运行中隔离开关过热的原因主要有：

（1）隔离开关容量不足或过负荷。

（2）隔离开关操作不到位，使导电接触面变小，接触电阻超过规定值。

（3）触头烧伤或表面氧化，或静刀片压紧弹簧压力不足，接触电阻增大。

（4）隔离开关引线连接处螺钉松动发热。

2. 运行中隔离开关不能分、合闸的主要原因

（1）传动机构螺钉松动，销子脱落。

（2）隔离开关连杆与操作机构脱节。

（3）动、静触头变形错位。

（4）动、静触头烧熔粘连。

（5）传动机构转轴生锈。

（6）冰冻冻结。

（7）瓷件破裂、断裂。

遇到上述情况要认真查找原因，不可硬拉硬合，否则会造成设备损坏，扩大停电范围。

3. 隔离关自动掉落合闸的主要原因

一些垂直开合的隔离开关，在分闸位置时，如果操作机构的闭锁失灵或未加锁，遇到振动较大情况，隔离开关可能会自动落下合闸。发生这种情况很危险，尤其是当有人在停电设备上工作时，很可能造成人身伤害、设备损坏等事故。

隔离关自动掉落合闸的主要原因有：

（1）处于分闸位置的隔离开关操作机构未加锁。

（2）机械闭锁失灵，如弹簧销子振动滑出。

为防止此类情况发生，要求操作机构的闭锁装置要可靠，拉开隔离开关后必须加锁。

4．其他异常

运行中的隔离开关应按时巡视检查，若发现下列异常应及时处理：

（1）隔离开关绝缘子断裂破损或闪络放电。

（2）隔离开关动、静触头放电或烧熔粘连。

（3）隔离开关分流软线烧断或断股严重。

二、隔离开关的事故处理

1．隔离开关过热

隔离开关接触不良，或者触头压力不足，都会引起发热。隔离开关发热严重时，可能损坏与之连接的引线和母线，可能产生高温而使隔离开关瓷件爆裂。

发现隔离开关过热，应报告调度员设法转移负荷，或减少通过的负荷电流，以减少发热量。如果发现隔离开关发热严重，应申请停电处理。

2．隔离开关瓷件破损

隔离开关瓷件在运行中发生破损或放电，应立即报告调度员，尽快处理。

3．带负荷误拉、合隔离开关

在变电所运行中，严禁用隔离开关拉、合负荷电流。

（1）误分隔离开关。发生带负荷拉隔离开关时，如刀片刚离刀口（已起弧），应立即将隔离开关反方向操作合好。如已拉开，则不许再合上。

（2）误合隔离开关。运行人员带负荷误合隔离开关，则不论何种情况，都不允许再拉开。如确需拉开，则应用该回路断路器将负荷切断以后，再拉开隔离开关。

4．隔离开关拉不开、合不上

运行中的隔离开关，如果发生拉不开的情况，不要硬拉，应查明原因处理后再拉。

任务三　互感器的运行维护及事故处理

认知 1　互 感 器 运 行 的 要 求

互感器在变电站中属于高压配电装置，称为四小器（电流互感器、电压互感器、耦合电容器和避雷器）。虽然是小型电器，但由于一次侧直接连在母线上，一旦发生事故，往往造成全厂或全站停电，甚至引起系统故障。高压互感器爆炸是一种威胁很大的恶性事故，往往引起大火，瓷片乱飞打坏其他设备，甚至威胁人身安全。因此，运行中的维护和检查是十分重要的。

（1）互感器的二次侧应按规定有可靠的一点保安接地；电压互感器二次侧不能短路；电流互感器二次侧不能开路。

（2）两组母线电压互感器在倒换操作中，在高压侧未并联前，不得将二次并联，以免发生电压互感器反充电、保险熔断等引起保护误动作。

（3）经开关联络运行的两组电压互感器，不允许二次侧长期并列运行。

（4）多组电压互感器合用一组绝缘监察表时，禁止同处于测量位置。

（5）充油式互感器油色、油位应处于正常位置，呼吸塞应旋松，有呼吸器者应注意硅胶受潮情况。变电站应结合检修、预试、安全检查对室外充油电流互感器（非全密封）进行放水。每年春、秋季各一次，并检查皮囊密封与进水情况。

（6）中性点不直接接地电网单相接地运行期间，应注意监视电压互感器的发热情况。如有两台，可倒换运行。

（7）在倒换电压互感器或电压互感器停运前，应注意防止其所带的保护装置、自动装置的失压或误动。

（8）正常运行时电压互感器本体发热或高压保险连续熔断两次，则应测量绝缘电阻和直流电阻值，无问题后方可恢复运行。

（9）与电压互感器相连接的设备（如母线）检修时，应拔下电压互感器低压侧熔断器，以免低压回路窜电经互感器升压危及安全。

认知 2　电流互感器的运行及事故处理

一、电流互感器的运行

电流互感器的正常运行状态是指在额定条件下运行，其热稳定和动稳定不被损坏，二次电流在额定运行值时，电流互感器能达到规定的准确度等级。运行中的电流互感器二次回路不准开路，二次绕组必须可靠接地。

二、电流互感器在运行中的巡视检查

（1）充油电流互感器在运行中，外观应清洁、油量充足，无渗、漏油现象。

（2）瓷套管或其他绝缘介质无裂纹损坏。

（3）一次引线、线卡及二次回路各连接部分螺钉应坚固，接触良好。

（4）外壳及二次回路一点接地应良好。

（5）对环氧式的电流互感器，要定期进行局部放电试验，以检查其绝缘水平，防止爆炸起火。

（6）检查电流互感器一、二次侧接线应牢固，二次线圈应该经常接上仪表，防止二次侧开路。

（7）有放水装置的电流互感器，应进行定期放水，以免雨水积聚在电流互感器上。

（8）检查电流表的三相指示值应在允许范围内，不允许过负荷运行。

（9）检查户内浸膏式电流互感器应无流膏现象。

三、电流互感器的故障处理

1. 电流互感器本体故障

（1）过热、冒烟现象。

原因可能是负荷过大、一次侧接线接触不良、内部故障、二次回路开路等。

（2）声音异常。

原因有铁芯松动、二次开路、严重过负荷等。

（3）外绝缘破裂放电或内部放电。

电流互感器在运行中，发现有上述现象，应进行检查判断，若鉴定不属于二次回路开路故障，而是本体故障，应转移负荷或立即停用。若声音异常等故障较轻微，可不立即停

用汇报调度和上级，安排计划停电检修，在停电前，值班员应加强监视。

2. 二次开路故障

电流互感器一次电路大小与二次负载的电流大小无关，互感器正常工作时，由于阻抗很小，接近于短路状态，一次电流所产生的磁通势大部分被二次电流的磁通势所抵消，总磁通密度不大，二次线圈电动势也不大。当电流互感器开路时，阻抗无限大，二次电流为零，其磁通势也为零，总磁势等于一次绕组磁通势，也就是一次电流完全变成了励磁电流，在二次线圈产生很高的电动势，其峰值可达几千伏，危及人身安全，或造成仪表、保护装置、互感器二次绝缘损坏，也可能使铁芯过热而损坏。

（1）造成二次开路的原因有以下几个：

1）端子排上电流回路导线端子的螺钉未拧紧，经长时间氧化或振动造成松动脱落。

2）二次回路电流很大时发热烧断，造成电流互感器二次开路。

3）可切换三相电流切换开关接触不良。

4）设备部件设计制造不良。

5）室外端子箱、接线盒进水受潮，端子螺钉和垫片锈蚀严重，造成开路。

6）保护盘上，电流互感器端子连接片未放或铜片未接触而压在胶木上，造成保护回路开路，相当于电流互感器二次开路。

（2）电流互感器二次开路的判断。

1）三相电流表指示不一致（某路相电流为零）；功率指示降低；计量表计转慢或停转。

2）差动保护断线或电流回路断线光字牌亮。

3）电流互感器二次回路端子、元件线头等放电打火。

4）电流互感器本体有异常声音或发热、冒烟等。

5）继电保护发生误动或拒动（此情况可在开关误跳闸或越级跳闸后检查原因时发现）。

（3）电流互感器二次开路的处理。检查处理电流互感器二次开路故障时，应穿绝缘鞋，戴绝缘手套，使用工具。

1）先分清二次开路故障属哪一组电流回路、开路的相别，对保护有无影响。汇报调度，停用可能误动的保护；尽量减小一次负荷电流或转移负荷后停电处理。

2）依照图纸，将故障电流互感器二次回路短接，若在短接时发现有火花，则说明短接有效；若在短接时没有火花，可能短接无效。开路点在短接点之前应再向前短接。

3）若开路点为外部元件接头松动、接触不良等，可立即处理后，投入所退出的保护。

4）运行人员自己无法处理，或无法查明原因，应及时汇报上级派人处理。如条件允许，应转移负荷后，停用故障电流互感器。

认知 3 电压互感器的运行及维护

一、电压互感器的运行

电压互感器的正常运行状态是指在额定条件下运行，其热稳定和动稳定不被破坏，二次电压在额定运行值时，电压互感器能达到规定的准确度等级。运行中的电压互感器各级熔断器应配置适当，二次回路不得短路，并有可靠接地。

二、电压互感器运行操作注意事项

1. 电压互感器投入运行前的检查项目

（1）电压互感器周围应无影响送电的杂物。

（2）各连接部位接触良好，无松动现象。

（3）电压互感器及其绝缘子无裂纹、无脏污、无破损现象。

（4）接地部分接地良好。

（5）电压互感器附属设备及回路应情况良好，无影响运行的异常或缺陷。

（6）充油式电压互感器油位正常、油色清洁，无渗、漏油现象。

2. 电压互感器的操作及注意事项

（1）投入运行操作及注意事项。

1）电压互感器及其所属设备、回路上无检修等工作，工作票已收回。

2）检查电压互感器及其附属回路、设备均正常，没有影响送电的异常情况。

3）放上一、二次侧熔丝。

4）合上电压互感器隔离开关。

5）电压互感器投入运行后，应检查电压互感器及其附属回路、设备运行正常。

注意事项：若在投入运行过程中，发现异常情况，应立即停止投运操作，待查明原因并处理完毕后再投入运行。

（2）电压互感器退出运行的操作及注意事项。

1）先将接在该电压互感器回路上的，在该电压互感器退出运行后可能引起误动作的继电保护和自动装置停用（如低电压保护、备用电源自投装置等）。

说明：如果相关继电保护装置和自动装置可以切换至另一组电压互感器回路运行，则不必将它们停用，通过电压互感器的自动或手动切换装置切换至另一组电压互感器回路即可。

2）拉开电压互感器高压侧隔离开关。

3）取下高压侧熔丝。

4）取下低压侧熔丝。

5）根据需要，采取相应的安全措施。

注意事项：若无特别要求，停用的电压互感器，除了取下高压侧熔丝外，还应取下低压侧熔丝，以防止低压侧电源反充至高压侧。

（3）电压互感器二次侧切换操作的注意事项。

1）电压互感器一次侧不在同一系统时，其二次侧严禁并列切换。

2）当低压侧熔丝熔断后，在没有查明原因前，即使电压互感器在同一系统，也不得进行二次切换操作。

三、电压互感器运行中的检查项目

电压互感器在运行中，电气运行人员应加强巡回检查（具体间隔时间各个单位有所不同，但间隔时间最好不超过 4h），以便及时发现异常和缺陷并进行处理，防止异常和缺陷转化为事故。具体检查项目如下：

（1）电压互感器高、低压侧熔丝应完好。

（2）各连接部位接触良好，无松动现象，辅助开关接点接触良好。

（3）电压互感器及其绝缘子无裂纹、无脏污、无破损现象。

（4）没有焦味及烧损现象。

（5）无放电（声音、弧光）现象。

（6）接地部分接地良好。

（7）充油式电压互感器油位正常、油色清洁，无渗、漏油现象。

四、电压互感器的故障处理

1. 电压互感器本体故障

电压互感器有下列故障之一时，应立即停用：

（1）高压熔断器熔体连续熔断2～3次（指10～35kV）。

（2）内部发热，温度过高。

（3）内部有放电声或其他噪声。

（4）电压互感器严重漏油、流胶或喷油。

（5）内部发出焦臭味、冒烟或着火。

（6）套管严重破裂放电，套管、引线与外壳之间有火花放电。

2. 电压互感器一次侧高压熔断器熔断

电压互感器在运行中，发生一次侧高压熔断器熔断时，运行人员应正确判断，汇报调度，停用自动装置，然后拉开电压互感器的隔离开关，取下二次侧熔丝（或断开电压互感器二次小开关）。在排除电压互感器本身故障后，调换熔断的高压熔丝，将电压互感器投入运行，正常后投上自动装置。

3. 电压互感器二次侧熔丝熔断（或小开关跳闸）

在电压互感器运行中，发生二次侧熔丝熔断（或电压互感器小开关跳闸），运行人员应正确判断，汇报调度，停用自切装置。二次熔丝熔断时，运行人员应及时调换二次熔丝。若更换后再次熔断，则不应再更换，应查明原因后再处理。

任务四　高压熔断器的运行与维护

认知1　高压熔断器运行时注意的事项

为使熔断器能更可靠、安全地运行，除按规程要求严格地选择正规厂家生产的合格产品及配件（包括熔件等）外，高压熔断器运行和维护时应注意下列几项：

（1）室内型熔断器瓷管的密封是否完好，导电部分与固定底座静触头的接触是否紧密。

（2）检查瓷绝缘部分有无损伤和放电痕迹。

（3）检查熔断器的额定值与熔体的配合和负荷电流是否相适应。

（4）室外型熔断器的导电部分接触是否紧密，弹性触点的推力是否有效，熔体本身有否损伤，绝缘管有无损坏和变形。

（5）室外型熔断器的安装角度有无变动，分、合操作时应动作灵活无卡滞，熔体熔断时熔丝管掉落应迅速，以形成明显的隔离间隙，上、下触点应对准。

（6）室外型焰丝管（BW 型）上端口的磷铜膜片是否完好，紧固熔体时应将膜片压封住熔断管上端口，以保证灭弧速度。焰丝管正常时不应发生受力震动而掉落的现象。

认知 2　停电检修时对熔断器检查内容

（1）静、动触点接触是否吻合，紧密完好，有无烧伤痕迹。

（2）熔断器转动部位是否灵活，有无锈蚀、转动不灵等异常，零部件是否损坏。

（3）熔体本身有无受到损伤，经长期通电后有无发热伸长过多变得松弛无力。

（4）熔管经多次动作管内产气用消弧管是否烧伤及日晒雨淋后是否损伤变形。

（5）清扫绝缘子并检查有无损伤、裂纹或放电痕迹，拆开上、下引线后，用 2500V 摇表测试绝缘电阻应大于 $300\mathrm{M}\Omega$。

（6）检查熔断器上下连接引线有无松动、放电、过热现象。

小　结

断路器、隔离开关、互感器、熔断器正常运行应满足一定的条件，运行过程中要进行操作和维护，设备巡视项目分一般巡视和特殊巡视，应按照不同电气设备运行维护的相关规定严格执行，保证设备正常运行。

思　考　练　习

1. 断路器在运行中的巡视检查项目有哪些？

2. 断路器有哪些常见异常运行情况？如何处理？

3. 断路器故障的原因可能有哪些？

4. 隔离开关有哪些常见异常运行情况？如何处理？

5. 电流互感器在运行中的巡视检查项目有哪些？

6. 电压互感器在运行中的巡视检查项目有哪些？

7. 高压熔断器运行维护时应注意的检查项目有哪些？

项目十九 变电站倒闸操作

能力目标

（1）能够正确判断给定变电站的运行方式。

（2）能够根据给定条件正确填写操作票。

案例引入

图 19-1 所示为变电站电气主接线图。

问题：图 19-1 中主变压、220kV 母线、220kV 线路、110kV 线路、110kV 母线、10kV 母线、10kV 出线、电容器等电气设备改变运行方式时，应如何进行倒闸操作？

知识要点

任务一 220kV 某变电站设备和系统、保护配置

一、220kV 变电站一次设备正常运行方式

220kV 变电站一次设备分 3 个电压等级，分别为 220kV、110kV、10kV。220kV 采用双母线接线方式，110kV 采用双母线接线方式，10kV 采用单母线分段接线方式，两台主变压器并列运行。

220kV 变电站一次系统主接线如图 19-1 所示。

220kV：东方 2 线、东方 3 线、1 号主变压器 220kV 侧运行于 220kV Ⅰ 母线，东方 1 线、东方 4 线、2 号主变压器 220kV 侧运行于 220kV Ⅱ 母线。220kV 母联 200 断路器在合位，母差有选择。

110kV：1 号主变压器 110kV 侧、东方 5 线、东方 6 线运行于 110kV Ⅰ 母线，2 号主变压器 110kV 侧、东方 7 线、东方 8 线运行于 110kV Ⅱ 母线，110kV 母联 100 断路器在合位，母差有选择。

10kV：1 号主变压器 10kV 侧、东方 9 线、东方 10 线、东方 11 线、1 号接地变压器运行于 10kV Ⅰ 段母线，2 号主变压器 10kV 侧、东方 12 线、东方 13 线、2 号接地变压器运行于 10kV Ⅱ 段母线，10kV 分段 014 断路器热备用，1 号、3 号电容器运行，2 号、4 号电容器热备用。

主变压器：1 号主变压器 220kV 侧中性点（1-QS20）、110kV 侧中性点（1-QS10）接地，2 号主变压器 220kV 侧中性点（2-QS20）不接地、2 号主变压器 110kV 侧中性点（2-QS10）接地。

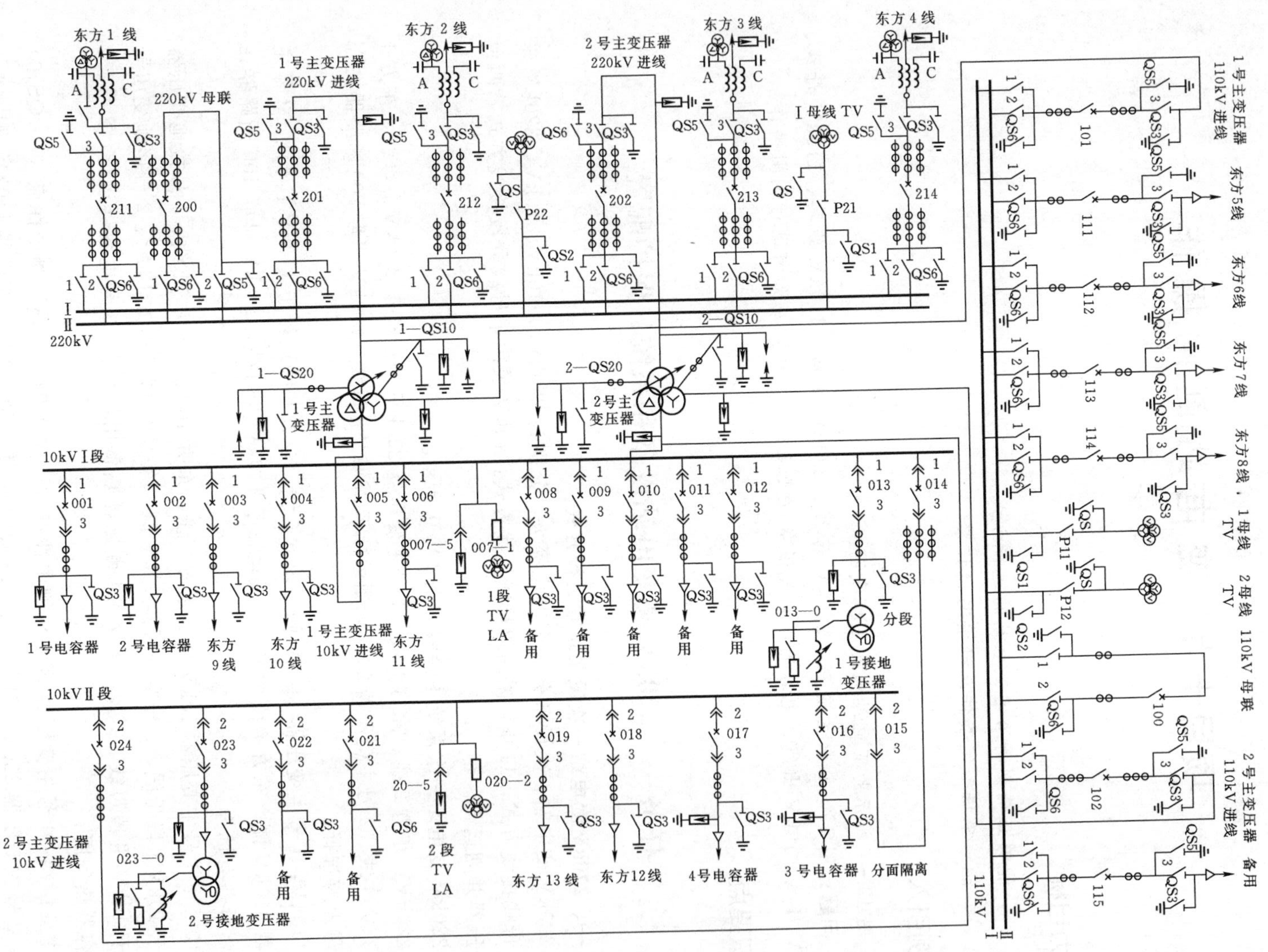

图 19-1 220kV 变电站一次系统主接线图

0.4kV：1 号站用变压器低压侧 41 断路器带 0.4kV Ⅰ 段母线负荷运行；2 号站用变压器低压侧 42 断路器带 0.4kV Ⅱ 段母线负荷运行，0.4kV 分段 40 断路器热备用。

直流系统 Ⅰ、Ⅱ 母线分段运行。1 号充电柜对 1 组蓄电池进行浮充电，并带 Ⅰ 段母线负荷；2 号充电柜对 2 组蓄电池进行浮充电，并带 Ⅱ 段母线负荷；禁止两组蓄电池长时间并列运行。

220kV、110kV 设备区为 GIS 组合电器。

二、继电保护及自动装置

1 号主变压器配有 PST－1200（双重配置）、PST－12 型成套保护装置。

2 号主变压器配有 RCS－978（双重配置）、RCS－974FG、RCS－921A 型成套保护装置。

220kV 母线配有 BP－2B、RCS－915 型母线保护装置，110kV 母线配有 RCS－915 型母线保护装置。

220kV 东方 3 线、东方 4 线配有 LFP－901A、LFP－902A、RCS－923 型成套保护装置，东方 1 线、东方 2 线配有 RCS－931、RCS－902A、RCS－923 型成套保护装置。110kV 东方 5 线、东方 6 线、东方 7 线、东方 8 线配有 RCS－941 型成套保护装置。10kV 线路配有 RCS－9612A 型成套保护装置，10kV 接地变压器配有 RCS－9621A 型成套保护装置，10kV 电容器配有 RCS9633B 型成套保护装置，10kV 分段配有 RCS－9652Ⅱ 型备用电源自投装置。

220kV 母差保护、失灵保护投入，110kV 母差保护投入。

220kV 东方 3 线 213 断路器投单相重合闸，东方 4 线 214 断路器投综合重合闸，东方 1 线 211 断路器、东方 2 线 212 断路器投三相重合闸。

110kV 东方 5 线 111 断路器、东方 6 线 112 断路器、东方 7 线 113 断路器、东方 8 线 114 断路器重合闸投入。

10kV 东方 9 线 003 断路器、东方 10 线。04 断路器、东方 11 线 006 断路器、东方 12 线 018 断路器、东方 13 线。19 断路器重合闸投入，10kV 备自投装置投入。

任务二　10kV 系统倒闸操作

认知 1　线　路　操　作

10kV 东方 9 线 003 断路器及线路由检修转为运行。

操作项目如下：

（1）检查 10kV 东方 9 线 003 断路器保护投入正确。

（2）拉开 10kV 东方 9 线 003－QS3 接地开关。

（3）检查 10kV 东方 9 线 003－QS3 接地开关确在分位。

（4）检查 10kV 东方 9 线 003 断路器在开位。

（5）将 10kV 东方 9 线 003 小车断路器由检修位置推至试验位置。

（6）检查 10kV 东方 9 线 003 小车断路器确已推至试验位置。

（7）装上10kV东方9线003断路器二次插件。

（8）合上10kV东方9线003断路器控制直流电源空气断路器。

（9）合上10kV东方9线003断路器保护直流电源空气断路器。

（10）将10kV东方9线003小车断路器由试验位置推至工作位置。

（11）检查10kV东方9线003小车断路器确已推至工作位置。

（12）将10kV东方9线003断路器操作方式开关切至远方位置。

（13）选择10kV东方9线003断路器合闸。

（14）检查10kV东方9线003断路器合闸选线正确。

（15）合上10kV东方9线003断路器。

（16）检查10kV东方9线003断路器合位监控信号指示正确。

（17）检查10kV东方9线003断路器合位机械位置指示正确。

（18）检查10kV东方9线003断路器负荷指示正确，电流值，A相＿ A、B相＿ A、C相＿ A。

认知2　母　线　操　作

10kVⅡ段母线由运行转为检修（见图19-2）。

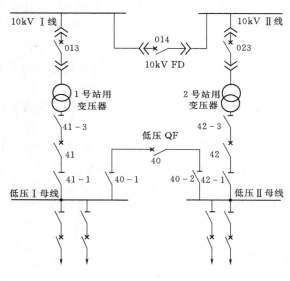

图19-2　站用电一次系统接线图

操作项目如下：

1. 切换站用电系统操作

（1）检查10kV 1号接地变压器确不会超负荷。

（2）拉开10kV 2号接地变压器低压侧42断路器。

（3）检查10kV 2号接地变压器低压侧42断路器负荷指示正确，电流值，A相＿ A、B相＿ A、C相＿ A。

（4）检查10kV 2号接地变压器低压侧42断路器确在分位。

（5）检查0.4kV低压11母线电压指示正确。

（6）将10kV 2号接地变压器低压侧42断路器由运行位置拉至试验位置。

（7）检查10kV 2号接地变压器低压侧42断路器确已拉至试验位置。

（8）拉开10kV 2号接地变压器低压侧42-1隔离开关。

（9）检查10kV 2号接地变压器低压侧42-1隔离开关确在分位。

（10）拉开10kV 2号接地变压器低压侧42-3隔离开关。

（11）检查10kV 2号接地变压器低压侧42-3隔离开关确在分位。

（12）检查10kV 1、2号接地变压器低压侧分段40-1、40-2隔离开关确在合位。

（13）合上 10kV 1、2 号接地变压器低压侧分段 40 断路器。

（14）检查 10kV 1、2 号接地变压器低压侧分段 40 断路器负荷指示正确，电流值，A 相__ A、B 相__ A、C 相__ A。

（15）检查 10kV 1、2 号接地变压器低压侧分段 40 断路器在合位。

（16）检查 10kV 1 号接地变压器低压侧 41 断路器负荷指示正确，电流值，A 相__ A、B 相__ A、C 相__ A。

（17）检查 0.4kV 低压 II 母线电压指示正确。

（18）检查 1、2 号主变压器风冷系统运行正常。

（19）选择 10kV 2 号接地变压器 023 断路器分闸。

（20）检查 10kV 2 号接地变压器 023 断路器分闸选线正确。

（21）拉开 10kV 2 号接地变压器 023 断路器。

（22）检查 10kV 2 号接地变压器 023 断路器分位监控信号指示正确。

（23）检查 10kV 2 号接地变压器 023 断路器分位机械位置指示正确。

（24）检查 10kV 2 号接地变压器 023 断路器负荷指示正确，电流值，A 相__ A、B 相__ A、C 相__ A。

（25）将 10kV 2 号接地变压器 023 断路器操作方式开关切至就地位置。

（26）将 10kV 2 号接地变压器 023 小车断路器由工作位置拉至试验位置。

（27）检查 10kV 2 号接地变压器 023 小车断路器确已拉至试验位置。

（28）检查 10kV 2 号接地变压器电流互感器接地变压器侧带电显示器三相指示无电。

（29）拉开 10kV 2 号接地变压器 023 断路器控制直流电源空气断路器。

（30）拉开 l0kV 2 号接地变压器 023 断路器保护直流电源空气断路器。

（31）拉开 10kV 2 号接地变压器 023 断路器合闸电源空气断路器。

（32）拉开 10kV 2 号接地变压器 023 断路器加热电源空气断路器。

（33）拉开 10kV 2 号接地变压器 023 断路器带电显示器电源空气断路器。

（34）取下 10kV 2 号接地变压器 023 断路器二次插件。

（35）将 10kV 2 号接地变压器 023 小车断路器由试验位置拉至检修位置。

（36）检查 10kV 2 号接地变压器 023 小车断路器确已拉至检修位置。

2. 退出备用自投装置和 10kV 分段

（1）投入 10kV 分段 014 断路器操控屏投入闭锁备自投保护连接片。

（2）退出 10kV 分段 014 断路器操控屏合 014 断路器保护连接片。

（3）退出 10kV 分段 014 断路器操控屏跳 1 号主变压器 10kV 侧主 005 断路器保护连接片。

（4）退出 10kV 分段 014 断路器操控屏跳 2 号主变压器 10kV 侧 024 断路器保护连接片。

（5）检查 10kV 分段 014 断路器确在分闸位置。

（6）检查 10kV 分段 014 断路器分位监控信号指示正确。

（7）检查 10kV 分段 014 断路器分位机械位置指示正确。

（8）检查 10kV 分段 014 断路器负荷指示正确，电流值，A 相__ A、B 相__ A、C 相

__ A。

(9) 将 10kV 分段 014 断路器操作方式开关切至就地位置。

(10) 将 10kV 分段 014 小车断路器由工作位置拉至试验位置。

(11) 检查 10kV 分段 014 小车断路器确已拉至试验位置。

(12) 拉开 10kV 分段 014 断路器控制直流电源空气断路器。

(13) 拉开 10kV 分段 014 断路器保护直流电源空气断路器。

(14) 拉开 10kV 分段 014 断路器合闸电源空气断路器。

(15) 拉开 10kV 分段 014 断路器加热电源空气断路器。

(16) 拉开 10kV 分段 014 断路器带电显示器电源空气断路器。

(17) 取下 10kV 分段 014 断路器二次插件。

(18) 将 10kV 分段 014 小车断路器由试验位置拉至检修位置。

(19) 检查 10kV 分段 014 小车断路器确已拉至检修位置。

(20) 将 10kV 分段 015 分段隔离柜由工作位置拉至检修位置。

(21) 检查 10kV 分段 015 分段隔离柜确已拉至检修位置。

3. 退出电容器组

(1) 选择 10kV 3 号电容器 016 断路器分闸。

(2) 检查 10kV 3 号电容器 016 断路器分闸选线正确。

(3) 拉开 10kV 3 号电容器 016 断路器。

(4) 检查 10kV 3 号电容器 016 断路器分位监控信号指示正确。

(5) 检查 10kV 3 号电容器 016 断路器分位机械位置指示正确。

(6) 检查 10kV 3 号电容器 016 断路器负荷指示正确，电流值，A 相__ A、B 相__ A、C 相__ A。

(7) 将 10kV 3 号电容器 016 断路器操作方式断路器切至就地位置。

(8) 将 10kV 3 号电容器 016 小车断路器由工作位置拉至试验位置。

(9) 检查 10kV 3 号电容器 016 小车断路器确已拉至试验位置。

(10) 检查 10kV 3 号电容器电流互感器电容器侧带电显示器三相指示无电。

(11) 拉开 10kV 3 号电容器 016 断路器控制直流电源空气断路器。

(12) 拉开 10kV 3 号电容器 016 断路器保护直流电源空气断路器。

(13) 拉开 10kV 3 号电容器 016 断路器合闸电源空气断路器。

(14) 拉开 10kV 3 号电容器 016 断路器加热电源空气断路器。

(15) 拉开 10kV 3 号电容器 016 断路器带电显示器电源空气断路器。

(16) 取下 10kV 3 号电容器 016 断路器二次插件。

(17) 将 10kV 3 号电容器 016 小车断路器由试验位置拉至检修位置。

(18) 检查 10kV 3 号电容器 016 小车断路器确已拉至检修位置。

(19) 检查 10kV 4 号电容器 017 小车断路器确已拉至试验位置。

(20) 检查 10kV 4 号电容器 017 电流互感器电容器侧带电显示器三相指示无电。

(21) 拉开 10kV 4 号电容器 017 断路器控制直流电源空气断路器。

(22) 拉开 10kV 4 号电容器 017 断路器保护直流电源空气断路器。

（23）拉开 10kV 4 号电容器 017 断路器合闸电源空气断路器。

（24）拉开 10kV 4 号电容器 017 断路器加热电源空气断路器。

（25）拉开 10kV 4 号电容器 017 断路器带电显示器电源空气断路器。

（26）取下 10kV 4 号电容器 017 断路器二次插件。

（27）将 10kV 4 号电容器 017 小车断路器由试验位置拉至检修位置。

（28）检查 10kV 4 号电容器 017 小车断路器确已拉至检修位置。

4. 退出母线负荷侧所有出线间隔

（1）选择 10kV 东方 12 线 018 断路器分闸。

（2）检查 10kV 东方 12 线 018 断路器分闸选线正确。

（2）拉开 10kV 东方 12 线 018 断路器。

（4）检查 10kV 东方 12 线 018 断路器分位监控信号指示正确。

（5）检查 10kV 东方 12 线 018 断路器分位机械位置指示正确。

（6）检查 10kV 东方 12 线 018 断路器负荷指示正确，电流值，A 相＿ A、B 相＿ AC 相＿ A。

（7）将 10kV 东方 12 线 018 断路器操作方式断路器切至就地位置。

（8）将 10kV 东方 12 线 018 小车断路器由工作位置拉至试验位置。

（9）检查 10kV 东方 12 线 018 小车断路器确已拉至试验位置。

（10）检查 10kV 东方 12 线电流互感器线路侧带电显示器三相指示无电。

（11）拉开 10kV 东方 12 线 018 断路器控制直流电源空气断路器。

（12）拉开 10kV 东方 12 线 018 断路器保护直流电源空气断路器。

（13）拉开 10kV 东方 12 线 018 断路器合闸电源空气断路器。

（14）拉开 10kV 东方 12 线 018 断路器加热电源空气断路器。

（15）拉开 10kV 东方 12 线 018 断路器带电显示器电源空气断路器。

（16）取下 10kV 东方 12 线 018 断路器二次插件。

（17）将 10kV 东方 12 线 018 小车断路器由试验位置拉至检修位置。

（18）检查 10kV 东方 12 线 018 小车断路器确已拉至检修位置。

（19）选择 10kV 东方 13 线 019 断路器分闸。

（20）检查 10kV 东方 13 线 019 断路器分闸选线正确。

（21）拉开 10kV 东方 13 线 019 断路器。

（22）检查 10kV 东方 13 线 019 断路器分位监控信号指示正确。

（23）检查 10kV 东方 13 线 019 断路器分位机械位置指示正确。

（24）检查 10kV 东方 13 线 019 断路器负荷指示正确，电流值，A 相＿ A、B 相＿ A、C 相＿ A。

（25）将 10kV 东方 13 线 019 断路器操作方式断路器切至就地位置。

（26）将 10kV 东方 13 线 019 小车断路器由工作位置拉至试验位置。

（27）检查 10kV 东方 13 线 019 小车断路器确已拉至试验位置。

（28）检查 10kV 东方 13 线电流互感器线路侧带电显示器三相指示无电。

（29）拉开 10kV 东方 13 线 019 断路器控制直流电源空气断路器。

（30）拉开 10kV 东方 13 线 019 断路器保护直流电源空气断路器。

（31）拉开 10kV 东方 13 线 019 断路器合闸电源空气断路器。

（32）拉开 10kV 东方 13 线 019 断路器加热电源空气断路器。

（33）拉开 10kV 东方 13 线 019 断路器带电显示器电源空气断路器。

（34）取下 10kV 东方 13 线 019 断路器二次插件。

（35）将 10kV 东方 13 线 019 小车断路器由试验位置拉至检修位置。

（36）检查 10kV 东方 13 线 019 小车断路器确已拉至检修位置。

5. 断开母线电源侧断路器

（1）拉开 10kVⅡ段母线电压互感器二次空气断路器。

（2）检查 10kVⅡ段母线电压表计指示正常。

（3）选择 2 号主变压器 10kV 侧 024 断路器分闸。

（4）检查 2 号主变压器 10kV 侧 024 断路器分闸选线正确。

（5）拉开 2 号主变压器 10kV 侧 024 断路器。

（6）检查 2 号主变压器 10kV 侧 024 断路器分位监控信号指示正确。

（7）检查 2 号主变压器 10kV 侧 024 断路器分位机械位置指示正确。

（8）检查 2 号主变压器 10kV 侧 024 断路器负荷指示正确，电流值，A 相__ A、B 相 __ A、C 相__ A。

（9）将 2 号主变压器 10kV 侧 024 断路器操作方式断路器切至就地位置。

（10）将 2 号主变压器 10kV 侧 024 小车断路器由工作位置拉至试验位置。

（11）检查 2 号主变压器 10kV 侧 024 小车断路器确已拉至试验位置。

（12）拉开 2 号主变压器 10kV 侧 024 断路器控制直流电源空气断路器。

（13）拉开 2 号主变压器 10kV 侧 024 断路器合闸电源空气断路器。

（14）拉开 2 号主变压器 10kV 侧 024 断路器加热电源空气断路器。

（15）拉开 2 号主变压器 10kV 侧 024 断路器带电显示器电源空气断路器。

（16）取下 2 号主变压器 10kV 侧 024 断路器二次插件。

（17）将 2 号主变压器 10kV 侧 024 小车断路器由试验位置拉至检修位置。

（18）检查 2 号主变压器 10kV 侧 024 小车断路器确已拉至检修位置。

6. 断开所停母线 TV 间隔

（1）拉开 10kVⅡ段母线电压互感器柜装置电源空气断路器。

（2）拉开 10kVⅡ段母线电压互感器柜加热电源空气断路器。

（3）拉开 10kVⅡ段母线电压互感器柜带电显示器电源空气断路器。

（4）取下 10kVⅡ段母线电压互感器柜二次插件。

（5）将 10kVⅡ段母线电压互感器柜由工作位置拉至检修位置。

（6）检查 10kVⅡ段母线电压互感器柜确已拉至检修位置。

7. 做好母线停电安排和措施

（1）在 10kVⅡ段母线上三相验电确无电压。

（2）在 10kVⅡ段母线上装设接地线（若干组）。

任务三　110kV 系统倒闸操作

认 知 母 线 操 作

东方 5 线 111 断路器、东方 6 线 112 断路器、1 号主变压器 110kV 侧 101 断路器由 110kV Ⅰ母线倒Ⅱ母线运行，110kV Ⅰ母线由运行转为冷备用。

操作项目如下：

（1）检查 110kV 母联 100 断路器在合位。

（2）投入 110kV RCS-915 母线保护屏投单母线保护连接片。

（3）检查 110kV RCS-915 巧母线保护屏液晶显示投单母线连接片确已投入。

（4）拉开 110kV 母联 100 断路器控制直流空气断路器。

（5）合上 110kV 东方 5 线 111 断路器汇控柜隔离开关电机电源空气断路器。

（6）检查 110kV 东方 5 线 111-1 隔离开关确在合位。

（7）检查 110kV 东方 5 线 111-1 隔离开关合位监控信号指示正确。

（8）选择 110kV 东方 5 线 111-2 隔离开关合位机械位置指示正确。

（9）检查 110kV 东方 5 线 111-2 隔离开关合闸选线正确。

（10）合上 1100kV 东方 5 线 111-2 隔离开关。

（11）检查 110kV 东方 5 线 111-2 隔离开关合位监控信号指示正确。

（12）检查 110kV 东方 5 线 111-2 隔离开关合位机械位置指示正确。

（13）检查 110kV RCS-915 母线保护屏 110kV 东方 5 线 111-2 隔离开关位置，指示灯 L2 亮。

（14）按下 110kV RCS-915 母线保护屏隔离开关位置确认按钮。

（15）检查 110kV 东方 5 线保护屏电压切换且母线，指示灯亮。

（16）选择 110kV 东方 5 线 111-1 隔离开关分闸。

（17）检查 110kV 东方 5 线 111-1 隔离开关分闸选线正确。

（18）拉开 110kV 东方 5 线 111-1 隔离开关。

（19）检查 110kV 东方 5 线 111-1 隔离开关分位监控信号指示正确。

（20）检查 110kV 东方 5 线 111-1 隔离开关分位机械位置指示正确。

（21）检查 110kV RCS-915 母线保护屏 110kV 东方 5 线 111-1 隔离开关位置，指示灯 L1 灭。

（22）按下 110kV RCS-915 母线保护屏隔离开关位置确认按钮。

（23）检查 110kV 东方 5 线保护屏电压切换Ⅰ母线，指示灯灭。

（24）拉开 110kV 东方 5 线 111 断路器汇控柜隔离开关电机电源空气断路器。

（25）合上 110kV 东方 6 线 112 断路器汇控柜隔离开关电机电源空气断路器。

（26）检查 110kV 东方 6 线 112-1 隔离开关合位监控信号指示正确。

（27）检查 110kV 东方 6 线 112-1 隔离开关合位机械位置指示正确。

（28）选择 110kV 东方 6 线 112-2 隔离开关合闸。

（29）检查 110kV 东方 6 线 112 - 2 隔离开关合闸选线正确。

（30）合上 110kV 东方 6 线 112 - 2 隔离开关。

（31）检查 110kV 东方 6 线 112 - 2 隔离开关合位监控信号指示正确。

（32）检查 110kV 东方 6 线 112 - 2 隔离开关合位机械位置指示正确。

（33）检查 110kV RCS - 915 母线保护屏 110kV 东方 6 线 112 - 2 隔离开关位置，指示灯 L2 亮。

（34）按下 110kV RCS - 915 母线保护屏隔离开关位置确认按钮。

（35）检查 110kV 东方 6 线保护屏电压切换Ⅱ母线，指示灯亮。

（36）选择 110kV 东方 6 线 112 - 1 隔离开关分闸。

（37）检查 110kV 东方 6 线 112 - 1 隔离开关分闸选线正确。

（38）拉开 110kV 东方 6 线 112 - 1 隔离开关。

（39）检查 110kV 东方 6 线 112 - 1 隔离开关分位监控信号指示正确。

（40）检查 110kV 东方 6 线 112 - 1 隔离开关分位机械位置指示正确。

（41）检查 110kV RCS - 915 母线保护屏 110kV 东方 6 线 112 - 1 隔离开关位置，指示灯 L1 灭。

（42）按下 110kV RCS - 915 母线保护屏隔离开关位置确认按钮。

（43）检查 110kV 东方 6 线保护屏电压切换Ⅰ母线，指示灯灭。

（44）拉开 110kV 东方 6 线 112 断路器汇控柜隔离开关电机电源空气断路器。

（45）合上 110kV 1 号主变压器 110kV 侧 101 断路器汇控柜隔离开关电机电源空气断路器。

（46）检查 110kV 1 号主变压器 110kV 侧 101 - 1 隔离开关合位监控信号指示正确。

（47）检查 110kV 1 号主变压器 110kV 侧 101 - 1 隔离开关合位机械位置指示正确。

（48）选择 110kV 1 号主变压器 110kV 侧 101 - 2 隔离开关合闸。

（49）检查 110kV 1 号主变压器 110kV 侧 101 - 2 隔离开关合闸选线正确。

（50）合上 110kV 1 号主变压器 110kV 侧 101 - 2 隔离开关。

（51）检查 110kV 1 号主变压器 110kV 侧 101 - 2 隔离开关合位监控信号指示正确。

（52）检查 110kV 1 号主变压器 110kV 侧 101 - 2 隔离开关合位机械位置指示正确。

（53）检查 110kV RCS - 915 母线保护屏，110kV 1 号主变压器 110kV 侧 101 - 2 隔离开关位置，指示灯 L2 亮。

（54）按下 110kV RCS - 915 母线保护屏隔离开关位置确认按钮。

（55）检查 110kV 1 号主变压器保护屏 110kV 侧电压切换Ⅱ母线，指示灯亮。

（56）选择 110kV 1 号主变压器 110kV 侧 101 - 1 隔离开关分闸。

（57）检查 110kV 1 号主变压器 110kV 侧 101 - 1 隔离开关分闸选线正确。

（58）拉开 110kV 1 号主变压器 110kV 侧 101 - 1 隔离开关。

（59）检查 110kV 1 号主变压器 110kV 侧 101 - 1 隔离开关分位监控信号指示正确。

（60）检查 110kV 1 号主变压器 110kV 侧 101 - 1 隔离开关分位机械位置指示正确。

（61）检查 110kV RCS - 915 母线保护屏 110kV 1 号主变压器 110kV 侧 101 - 1 隔离开关位置，指示灯 L1 灭。

（62）按下 110kV RCS－915 母线保护屏隔离开关位置确认按钮。

（63）检查 110kV 1 号主变压器保护屏 110kV 侧电压切换Ⅰ母线，指示灯灭。

（64）拉开 110kV 1 号主变压器 110kV 侧 101 断路器汇控柜隔离开关电机电源空气断路器。

（65）检查 2 号主变压器 110kV 侧 102－1 隔离开关分位监控信号指示正确。

（66）检查 2 号主变压器 110kV 侧 102－1 隔离开关分位机械位置指示正确。

（67）检查 110kV 东方 7 线 113－1 隔离开关分位监控信号指示正确。

（68）检查 110kV 东方 7 线 113－1 隔离开关分位机械位置指示正确。

（69）检查 110kV 东方 8 线 114－1 隔离开关分位监控信号指示正确。

（70）检查 110kV 东方 8 线 114－1 隔离开关分位机械位置指示正确。

（71）合上 110kV 母联 100 断路器控制直流空气断路器。

（72）退出 110kV RCS－915 母线保护屏投单母线保护连接片。

（73）检查 110kV RCS－915 母线保护屏液晶显示投单母线连接片确已退出。

（74）将 110kV RCS－915 母线保护屏电压切换把手由"双母线"切至"Ⅱ母线"位置。

（75）拉开 110kV Ⅰ母线 TV 保护二次空气断路器。

（76）拉开 110kV Ⅰ母线 TV 计量二次空气断路器。

（77）拉开 110kV Ⅰ母线 TV 开口三角二次空气断路器。

（78）检查 110kV Ⅰ母线电压表计指示正确。

（79）选择 100kV 母联 100 断路器分闸。

（80）检查 110kV 母联 100 断路器分闸选线正确。

（81）拉开 110kV 母联 100 断路器。

（82）检查 110kV 母联 100 断路器负荷指示正确，电流值，A 相＿ A、B 相＿ A、C 相＿ A。

（83）检查 110kV 母联 100 断路器分位监控信号指示正确。

（84）检查 110kV 母联 100 断路器分位机械位置指示正确。

（85）合上 110kV 母联 100 断路器汇控柜隔离开关电机电源空气断路器。

（86）选择 110kV 母联 100－1 隔离开关分闸。

（87）检查 110kV 母联 100－1 隔离开关分闸选线正确。

（88）拉开 110kV 母联 100－1 隔离开关。

（89）检查 110kV 母联 100－1 隔离开关分位监控信号指示正确。

（90）检查 110kV 母联 100－1 隔离开关分位机械位置指示正确。

（91）检查 110kV RCS－915 母线保护屏 100kV 母联 100－1 隔离开关位置，指示灯 L1 灭。

（92）按下 110kV RCS－915 母线保护屏隔离开关位置确认按钮。

（93）选择 110kV 母联 100－2 隔离开关分闸。

（94）检查 110kV 母联 100－2 隔离开关分闸选线正确。

（95）拉开 110kV 母联 100－2 隔离开关。

（96）检查 110kV 母联 100 - 2 隔离开关分位监控信号指示正确。

（97）检查 110kV 母联 100 - 2 隔离开关分位机械位置指示正确。

（98）检查 110kV RCS - 915 母线保护屏 110kV 母联 100 - 2 隔离开关位置，指示灯 L2 灭。

（99）按下 110kV RCS - 915 母线保护屏隔离开关位置确认按钮。

（100）拉开 110kV 母联 100 断路器汇控柜隔离开关电机电源空气断路器。

（101）合上 110kV Ⅰ母线 TV 汇控柜隔离开关电机电源空气断路器。

（102）选择 110kV Ⅰ母线 TVP11 隔离开关分闸。

（103）检查 110kV Ⅰ母线 TVP11 隔离开关分闸选线正确。

（104）拉开 110kV Ⅰ母线 TVP11 隔离开关。

（105）检查 110kV Ⅰ母线 TVP11 隔离开关分位监控信号指示正确。

（106）检查 110kV Ⅰ母线 TVP11 隔离开关分位机械位置指示正确。

（107）拉开 110kV Ⅰ母线 TV 汇控柜隔离开关电机电源空气断路器。

任务四　220kV 系统倒闸操作

认知　线路停、送电操作

220kV 东方 3 线线路由运行转为检修。

操作项目如下：

（1）检查 220kV 东方 3 线 213 - 3 隔离开关线路侧带电显示器指示正确。

（2）选择 220kV 东方 3 线 213 断路器分闸。

（3）检查 220kV 东方 3 线 213 断路器分闸选线正确。

（4）拉开 220kV 东方 3 线 213 断路器。

（5）检查 220kV 东方 3 线 213 断路器负荷指示正确，电流值，A 相＿ A、B 相＿ A、C 相＿ A。

（6）检查 220kV 东方 3 线 213 断路器分位监控信号指示正确。

（7）检查 220kV 东方 3 线 213 断路器分位机械位置指示正确。

（8）合上 220kV 东方 3 线 213 断路器汇控柜隔离开关电机电源空气断路器。

（9）选择 220kV 东方 3 线 213 - 3 隔离开关分闸。

（10）检查 220kV 东方 3 线 213 - 3 隔离开关分闸选线正确。

（11）拉开 220kV 东方 3 线 213 - 3 隔离开关。

（12）检查 220kV 东方 3 线 213 - 3 隔离开关分位监控信号指示正确。

（13）检查 220kV 东方 3 线 213 - 3 隔离开关分位机械位置指示正确。

（14）检查 220kV 东方 3 线 213 - 2 隔离开关分位监控信号指示正确。

（15）检查 220kV 东方 3 线 213 - 2 隔离开关分位机械位置指示正确。

（16）选择 220kV 东方 3 线 213 - 1 隔离开关分闸。

（17）检查 220kV 东方 3 线 213 - 1 隔离开关分闸选线正确。

（18）拉开 220kV 东方 3 线 213-1 隔离开关。

（19）检查 220kV 东方 3 线 213-1 隔离开关分位监控信号指示正确。

（20）检查 220kV 东方 3 线 213-1 隔离开关分位机械位置指示正确。

（21）检查 220kV RCS-915 母线保护Ⅰ屏 220kV 东方 3 线 213-1 隔离开关位置，指示灯 L1 灭。

（22）按下 220kV RCS-915 母线保护工屏隔离开关位置确认按钮。

（23）检查 220kV BP-2B 母线保护Ⅱ屏 220kV 东方 3 线 213-1 隔离开关位置，指示正确。

（24）检查 220kV 东方 3 线保护屏电压切换Ⅰ母线，指示灯灭。

（25）检查 220kV 东方 3 线 213-3 隔离开关线路侧带电显示器三相，指示无电。

（26）将 220kV 东方 3 线 213 间隔汇控柜操作方式选择开关由"远控"切至"近控"位置。

（27）合上 220kV 东方 3 线 213-QS3 接地开关。

（28）检查 220kV 东方 3 线 213-QS3 接地开关合位机械位置指示正确。

（29）检查 220kV 东方 3 线 213-QS3 接地开关合位监控信号指示正确。

（30）将 220kV 东方 3 线 213 间隔汇控柜操作方式选择开关由"近控"切至"远控"位置。

（31）拉开 220kV 东方 3 线 213 断路器汇控柜隔离开关电机电源空气断路器。

（32）拉开 220kV 东方 3 线线路 CVT 二次空气断路器。

（33）拉开 220kV 东方 3 线 213 断路器控制直流空气断路器Ⅰ。

（34）拉开 220kV 东方 3 线 213 断路器控制直流空气断路器Ⅱ。

任务五　主变压器倒闸操作

认知　主变压器由运行转为冷备用操作

220kV 2 号主变压器带全部负荷，1 号主变压器由运行转为冷备用。

操作项目如下：

1. 1 号主变压器 10kV 侧负荷转移操作

（1）检查 1 号主变压器负荷＿＿＿ MVA；2 号主变压器负荷＿＿＿ MVA。

（2）检查 220kV 母联 200 断路器在合位。

（3）检查 10kV 分段 014 断路器保护投入正确。

（4）检查 2 号主变压器 10kV 侧 024 断路器在合位。

（5）检查 1 号主变压器有载调压分接头在＿＿＿位置；2 号主变压器有载调压分接头在＿＿＿位置。

（6）检查 10kV 分段 014 断路器在热备用状态。

（7）选择 10kV 分段 014 断路器合闸。

（8）检查 10kV 分段 014 断路器合闸选线正确。

（9）合上 10kV 分段 014 断路器。

（10）检查 10kV 分段 014 断路器负荷指示正确，电流值，A 相__ A、B 相__ A、C 相__ A。

（11）检查 10kV 分段 014 断路器合位监控信号指示正确。

（12）检查 10kV 分段 014 断路器合位机械位置指示正确。

（13）选择 1 号主变压器 10kV 侧 005 断路器分闸。

（14）检查 1 号主变压器 10kV 侧 005 断路器分闸选线正确。

（15）拉开 1 号主变压器 10kV 侧 005 断路器。

（16）检查 1 号主变压器 10kV 侧 005 断路器负荷指示正确，电流值，A 相__ A、B 相__ A、C 相__ A。

（17）检查 1 号主变压器 10kV 侧 005 断路器分位监控信号指示正确。

（18）检查 1 号主变压器 10kV 侧 005 断路器分位机械位置指示正确。

2. 1 号主变压器停电操作前进行的 1、2 号主变压器中性点和相关保护检查、操作

（1）退出 1 号主变压器保护Ⅰ屏投高间隙零序保护连接片。

（2）退出 1 号主变压器保护Ⅱ屏投高间隙零序保护连接片。

（3）检查 2 号主变压器保护Ⅰ屏投高间隙零序保护连接片确已退出。

（4）检查 2 号主变压器保护Ⅱ屏投高间隙零序保护连接片确已退出。

（5）合上 1 号主变压器 220kV 侧中性点 1－QS20 接地开关操控柜隔离开关电机电源空断路器。

（6）选择 1 号主变压器 220kV 侧中性点 1－QS20 接地开关合闸。

（7）检查 1 号主变压器 220kV 侧中性点 1－QS20 接地开关合闸选线正确。

（8）合上 1 号主变压器 220kV 侧中性点 1－QS20 接地开关。

（9）检查 1 号主变压器 220kV 侧中性点 1－QS20 接地开关合位监控信号指示正确。

（10）检查 1 号主变压器 220kV 侧中性点 1－QS20 接地开关合位机械位置指示正确。

（11）拉开 1 号主变压器 220kV 侧中性点 1－QS20 接地开关操控柜隔离开关电机电源空断路器。

（12）检查 2 号主变压器 110kV 侧中性点 2－QS10 接地开关确在合位。

3. 1 号主变压器 110kV 侧停电操作

（1）检查 1 号主变压器 10kV 侧 005 断路器确在分位。

（2）选择 1 号主变压器 110kV 侧 101 断路器分闸。

（3）检查 1 号主变压器 110kV 侧 101 断路器分闸选线正确。

（4）拉开 1 号主变压器 110kV 侧 101 断路器。

（5）检查 1 号主变压器 110kV 侧 101 断路器表计指示正确，电流值，A 相__ A、B 相__ A、C 相__ A。

（6）检查 1 号主变压器 110kV 侧 101 断路器分位监控信号指示正确。

（7）检查 1 号主变压器 110kV 侧 101 断路器分位机械位置指示正确。

（8）拉开 1 号主变压器 110kV 侧 101 断路器储能电源空气断路器。

4.1 号主变压器 220kV 侧停电操作

（1）选择 1 号主变压器 220kV 侧 201 断路器分闸。

（2）检查 1 号主变压器 220kV 侧 201 断路器分闸选线正确。

（3）拉开 1 号主变压器 220kV 侧 201 断路器。

（4）检查 1 号主变压器 220kV 侧 201 断路器表计指示正确，电流值，A 相＿ A、B 相 ＿ A、C 相＿ A。

（5）检查 1 号主变压器 220kV 侧 201 断路器分位监控信号指示正确。

（6）检查 1 号主变压器 220kV 侧 201 断路器分位机械位置指示正确。

（7）拉开 1 号主变压器 220kV 侧 201 断路器储能电源空气断路器。

5. 拉开 1 号主变压器各侧隔离开关操作

（1）检查 1 号主变压器 10kV 侧 005 断路器确在分位。

（2）将 1 号主变压器 10kV 侧 005 小车断路器拉至试验位置。

（3）检查 1 号主变压器 10kV 侧 005 小车断路器确已拉至试验位置。

（4）检查 1 号主变压器 110kV 侧 101 断路器在分位。

（5）合上 1 号主变压器 110kV 侧 101 断路器汇控柜隔离开关电机电源空气断路器。

（6）选择 1 号主变压器 110kV 侧 101 - 3 隔离开关分闸。

（7）检查 1 号主变压器 110kV 侧 101 - 3 隔离开关分闸选线正确。

（8）拉开 1 号主变压器 110kV 侧 101 - 3 隔离开关。

（9）检查 1 号主变压器 110kV 侧 101 - 3 隔离开关分位监控信号指示正确。

（10）检查 1 号主变压器 110kV 侧 101 - 3 隔离开关分位机械位置指示正确。

（11）检查 1 号主变压器 110kV 侧 101 - 2 隔离开关分位监控信号指示正确。

（12）检查 1 号主变压器 110kV 侧 101 - 2 隔离开关分位机械位置指示正确。

（13）选择 1 号主变压器 110kV 侧 101 - 1 隔离开关分闸。

（14）检查 1 号主变压器 110kV 侧 101 - 1 隔离开关分闸选线正确。

（15）拉开 1 号主变压器 110kV 侧 101 - 1 隔离开关。

（16）检查 1 号主变压器 110kV 侧 101 - 1 隔离开关分位监控信号指示正确。

（17）检查 1 号主变压器 110kV 侧 101 - 1 隔离开关分位机械位置指示正确。

（18）检查 110kV RCS - 915 母线保护屏 1 号主变压器 110kV 侧 101 - 1 隔离开关位置，指示灯 L1 灭。

（19）按下 110kV RCS - 915 母线保护屏隔离开关位置确认按钮。

（20）检查 1 号主变压器保护屏 110kV 侧电压切换Ⅰ母线，指示灯灭。

（21）拉开 1 号主变压器 110kV 侧 101 断路器汇控柜隔离开关电机电源空气断路器。

（22）检查 1 号主变压器 220kV 侧 201 断路器在分位。

（23）合上 1 号主变压器 220kV 侧 201 断路器汇控柜隔离开关电机电源空气断路器。

（24）选择 1 号主变压器 220kV 侧 201 - 3 隔离开关分闸。

（25）检查 1 号主变压器 220kV 侧 201 - 3 隔离开关分闸选线正确。

（26）拉开 1 号主变压器 220kV 侧 201 - 3 隔离开关。

（27）检查 1 号主变压器 220kV 侧 201 - 3 隔离开关分位监控信号指示正确。

（28）检查 1 号主变压器 220kV 侧 201－3 隔离开关分位机械位置指示正确。

（29）检查 1 号主变压器 220kV 侧 201－2 隔离开关分位监控信号指示正确。

（30）检查 1 号主变压器 220kV 侧 201－2 隔离开关分位机械位置指示正确。

（31）选择 1 号主变压器 220kV 侧 201－1 隔离开关分闸。

（32）检查 1 号主变压器 220kV 侧 201－1 隔离开关分闸选线正确。

（33）拉开 1 号主变压器 220kV 侧 201－1 隔离开关。

（34）检查 1 号主变压器 220kV 侧 201－1 隔离开关分位监控信号指示正确。

（35）检查 1 号主变压器 220kV 侧 201－1 隔离开关分位机械位置指示正确。

（36）检查 220kV RCS－915 母线保护Ⅰ屏 1 号主变压器 220kV 侧 201－1 隔离开关位置，指示灯 L1 灭。

（37）按下 220kV RCS－915 母线保护Ⅰ屏隔离开关位置确认按钮。

（38）检查 220kV BP－2B 母线保护Ⅱ屏 1 号主变压器 220kV 侧 201－1 隔离开关位置指示正确。

（39）检查 1 号主变压器保护屏 220kV 侧电压切换Ⅰ母线，指示灯灭。

（40）拉开 1 号主变压器 220kV 侧 201 断路器汇控柜隔离开关电机电源空气断路器。

6. 退出 1 号主变压器后备保护跳相关断路器操作

（1）退出 1 号主变压器Ⅰ屏后备保护跳中压侧 110kV 母联 100 断路器保护连接片。

（2）退出 1 号主变压器Ⅰ屏后备保护跳低压侧 10kV 分段 014 断路器保护连接片。

（3）退出 1 号主变压器Ⅱ屏后备保护跳中压侧 110kV 母联 100 断路器保护连接片。

（4）退出 1 号主变压器Ⅱ屏后备保护跳低压侧 10kV 分段 014 断路器保护连接片。

小　　结

　　倒闸操作是电气运行日常工作中最为常见和普遍的一项基本工作，同时又是一项重要而又复杂的工作。随着电力工业的快速发展，我国的电网规模和容量日益扩大，倒闸操作的规范性和正确性，是确保电网安全、可靠和稳定运行的重要基础，也关系着在电气设备上工作的工作人员及操作人员的生命安全，因此，正确的倒闸操作具有十分重要的意义。

思　考　练　习

根据图 19－1 和给定的条件完成下列倒闸操作：

1. 10kV 东方 9 线线路由运行转为检修。

2. 10kV 东方 9 线 003 断路器及线路由运行转为检修。

3. 10kVⅡ段母线由检修转为运行。

4. 110kV 东方 6 线线路由检修转为运行。

5. 110kV 东方 6 线 112 断路器及线路由运行转为检修。

6. 110kV 母联 100 断路器由检修转为运行。

7. 110kVⅠ母线 TV 由检修转为运行。

8. 东方 5 线 111 断路器、东方 6 线 112 断路器、1 号主变压器 110kV 侧 101 断路器由 110kV Ⅱ 母线倒 Ⅰ 母线运行，110kV Ⅰ 母线由冷备用转为运行。

9. 220kV Ⅰ 母线 TV 由检修转为运行。

10. 东方 3 线 213 断路器、东方 2 线 212 断路器、1 号主变压器 220kV 侧 201 断路器由 220kV Ⅰ 母线倒 Ⅱ 母线运行，220kV Ⅰ 母线由运行转为冷备用。

11. 220kV 1 号主变压器由冷备用转为运行，恢复 220kV 1、2 号主变压器标准运行方式。

12. 10kV 1 号电容器由检修转为运行。

13. 10kV 1 号电容器 001 断路器及电容器由运行转为检修。

14. 主变压器由冷备用转为运行操作。

15. 220kV Ⅰ 母线 TV 由运行转为检修。

参 考 文 献

［1］ 肖艳萍，等．发电厂变电站电气设备．北京：中国电力出版社，2008.
［2］ 杨娟，等．电气运行技术．北京：中国电力出版社，2009.
［3］ 范锡普．发电厂电气部分．第二版：北京：中国电力出版社，1995.
［4］ 胡志光．火电厂电气设备及运行．北京：中国电力出版社，2001.
［5］ 宗士杰，发电厂电气设备及运行．北京：中国电力出版社，1997.
［6］ 刘增良，等．电气设备及运行维护．北京：中国水利水电出版社，2004.
［7］ 于长顺，等．发电厂电气设备．北京：中国电力出版社，1991.
［8］ 沈诗佳，等．高电压技术．北京：中国电力出版社，2012.
［9］ 陈家斌．电气设备安装及调试．北京：中国水利水电出版社．2003.
［10］ 国家电网公司．电力安全工作规程．北京：中国电力出版社，2009.
［11］ 王子午，徐泽植．高压电器．北京：煤炭工业出版社，1998.
［12］ 徐永根，等．工业与民用配电设计手册．北京：中国电力出版社，1994.
［13］ 张士成．朱荣建．变电运行．北京：中国电力出版社，2003.
［14］ 张士成．变电运行技能培训教材（110kV变电所）．北京：中国电力出版社，2001.
［15］ 陈家斌．接地技术与接地装置．北京：中国电力出版社，2003.
［16］ 李建基．高压开关设备实用技术．北京：中国电力出版社，2005.
［17］ 陈家斌．SF_6断路器实用技术．北京：水利电力出版社，2004.
［18］ 水利电力部西北电力设计院．电力工程电气设计手册（电气一次部分）．北京：中国电力出版社，2008.
［19］ 闫和平．常用低压电器应用手册．北京：中国电力出版社，2006.
［20］ 狄富清．变电设备合理选择与运行维护．北京：机械工业出版社，2006.
［21］ 姚春球．发电厂电气部分．北京：中国电力出版社，2004.
［22］ 杜文学．供用电工程．北京：中国电力出版社，2005.
［23］ 导体和电器选择设计技术规定（DL/T5222—2005）．北京：中华人民共和国国家发展和改革委员会发布，2005.
［24］ 弋东方．电力工程电气设计手册．北京：中国电力出版社，2005.
［25］ 孙成宝．配电技术手册．北京：中国电力出版社，2000.
［26］ 焦日生，等．变电站倒闸操作解析．北京：中国电力出版社，2012.